土木工程专业实验教程

冯 勇 崔 龙 主编

中国农业大学出版社
·北京·

内 容 简 介

《土木工程专业实验教程》是根据《高等学校土木工程本科指导性专业规范》以及新疆农业大学水利与土木学院土木工程类建筑材料、材料力学、工程测量、土力学课程、流体力学和混凝土结构原理等的教学大纲要求，结合新疆农业大学工科实验中心的实验仪器设备编写而成的。本书共分 8 章，第 1 章实验数据的统计处理、第 2 章材料力学实验、第 3 章电工学及电气设备实验、第 4 章土木工程测量实验、第 5 章建筑材料试验、第 6 章流体力学实验、第 7 章土力学试验和第 8 章混凝土结构基本原理实验。本书讲述建筑材料、材料力学、工程测量电工实验、流体力学以及土工实验的内容、方法、要求和注意事项，每个实验内容包括实验目的、实验原理、仪器设备、操作步骤、记录与计算、思考题等部分。

本书将高等院校土木工程类本、专科学生要完成的专业基础课的实验部分汇集成一册，具有系统、灵活、方便等特点，适用于高等院校土木工程类本、专科相关师生，同时也可作为相关技术人员的参考用书。

图书在版编目(CIP)数据

土木工程专业实验教程/冯勇，崔龙主编. —北京：中国农业大学出版社，2016.8
ISBN 978-7-5655-1697-9

Ⅰ.①土…　Ⅱ.①冯…　②崔…　Ⅲ.①土木工程-实验-高等学校-教材
Ⅳ.①TU-33

中国版本图书馆 CIP 数据核字(2016)第 200976 号

书　　名　土木工程专业实验教程
作　　者　冯　勇　崔　龙　主编

策划编辑　赵　中　　　**责任编辑**　洪重光　郑万萍
封面设计　郑　川　　　**责任校对**　王晓凤
出版发行　中国农业大学出版社
社　　址　北京市海淀区圆明园西路 2 号　　　**邮政编码**　100193
电　　话　发行部 010-62818525，8625　　　读者服务部 010-62732336
　　　　　　编辑部 010-62732617，2618　　　出　版　部 010-62733440
网　　址　http://www.cau.edu.cn/caup　　　**E-mail** cbsszs@cau.edu.cn
经　　销　新华书店
印　　刷　北京时代华都印刷有限公司
版　　次　2016 年 9 月第 1 版　　2016 年 9 月第 1 次印刷
规　　格　787×1 092　　16 开本　　15.5 印张　　380 千字
定　　价　33.00 元

图书如有质量问题本社发行部负责调换

编 写 人 员

主　编　冯　勇　崔　龙

副主编　刘　亮　董文明　晋　强　何金春　李双喜　陈亮亮

编　者　（排名不分先后）

陈亮亮　李双喜　刘　亮　晋　强　冯　勇　牧振伟

董文明　李勇伟　何金春　崔　龙

前　言

近年来，随着新疆建筑事业的发展，土木工程学科建设也得到了快速发展，由于该专业课程实践性较强，实验教学已成为学科建设的重要教学环节，它不仅能帮助学生理解实验原理、熟练掌握实验方法步骤，而且有助于提高学生学习基本理论的兴趣，在以后的工程实践中具有广泛的应用。因此，在土木工程专业本科学习阶段，熟练掌握相关课程的实验原理、方法和技巧，不仅培养了大学生动手能力和科技创新能力，也能提高学生适应社会的能力。

土木工程专业课程实验较多，各课程的实验指导书也比较多，但系统地介绍土木工程专业的实验指导书比较少。在实验教学过程中，由于各课程实验的连贯性不是很强，学生对实验原理和操作过程掌握不好，对实验目的及在实际工程中的应用就更不清楚，为加强课程教学的连贯性和学生对专业知识的理解，提高学生综合解决实际问题的能力，在各课程实验指导书的基础上，编写一本能全面涵盖土木工程专业相关实验的教程，是教育形势和提高实践教学效果的必然要求。编者在参考了土木工程专业各课程实验指导书的前提下，结合多年来实践教学的经验，编写《土木工程专业实验教程》，旨在方便实践教学与指导，提高实验教学质量与效果。

根据新疆农业大学"十二五"规划教材建设要求、土木工程专业本科人才培养方案及课程教学大纲要求编写了《土木工程专业实验教程》。全书共分 8 章，第 1 章实验数据的统计处理、第 2 章材料力学实验、第 3 章电工学及电气设备实验、第 4 章土木工程测量实验、第 5 章建筑材料试验、第 6 章流体力学实验、第 7 章土力学试验、第 8 章混凝土结构基本原理实验。介绍了各课程在土木工程专业中的地位和作用、课程实验内容及课时分配情况，每项实验按照基本概念、目的和适用范围、实验原理、仪器设备、操作步骤、数据整理、注意事项和实验记录等内容进行统一编写。

本教材由冯勇（新疆农业大学）和崔龙（新疆农业大学）任主编。编写分工如下：第 1 章、第 2 章由陈亮亮（新疆农业大学）编写，第 3 章由李勇伟（新疆农业大学）编写，第 4 章由董文明、崔龙（新疆农业大学）编写，第 5 章由李双喜（新疆农业大学）编写，第 6 章由牧振伟（新疆农业大学）编写，第 7 章由刘亮（新疆农业大学）编写，第 8 章由晋强、冯勇（新疆农业大学）编写，教材中的插图及表格由何金春（新疆农业大学）完成，全书由冯勇统稿。

本书将高等院校土木工程专业本、专科学生要完成的专业基础课及专业课的实验内容汇集成一册，具有连贯性强、灵活方便等特点，适用于高等院校土木工程专业本、专科师生，同时也可作为土木工程相关技术人员的参考用书。

由于编者水平有限，书中不当之处在所难免，敬请读者批评指正，提出宝贵意见。

编　者

2016 年 3 月

目　录

第1章　实验数据的统计处理

第2章　材料力学实验

第3章　电工学及电气设备实验

第4章　土木工程测量实验

第 5 章 建筑材料试验

第 6 章 流体力学实验

第 7 章 土力学试验

第 8 章 混凝土结构基本原理实验

第1章　实验数据的统计处理

1　概述

研究材料的力学性能，首先应通过实验测试出性能参数，研究其规律（包括测试与结果的误差、数据的分布、测量不确定度、参数间的关系等），完善或建立其理论，并在工程中加以应用，最后通过实验来进行验证，可以说这是一门实验科学。因此，在做好实验的基础上，数据的统计处理就显得十分重要。

实验后（有时在实验时），对采集得到的数据进行整理换算、统计分析和归纳演绎，以得到代表力学性能的公式、图像、表格、数学模型和数值等，这就是数据处理。采集得到的数据是数据处理过程的原始数据，这些原始数据量大并有误差，有时杂乱无章，有时甚至有错误。所以，必须对原始数据进行处理，才能得到可靠的实验结果。

数据处理的内容和步骤包括：数据的记录和计算、数据的统计分析、数据的误差分析和数据的表示法。

2　数据的记录和计算

2.1　数据的记录

实验测量中，所使用的机器、仪表和量具，其标尺的最小分度值是随机器、仪表和量具的精度不同而不同的，应该根据实验要求和测量精度记录其有效数字。在测量时，除了要直接从标尺读出可靠的刻度值外，还应该尽可能地读出其最小分度线的下一位估计值（只需一位）。例如，百分表测变形，百分表的最小刻度值是 0.01 mm，其精度（仪器的最小刻度值代表了仪器的精度）即为 1/100 mm。但实际上，在最小刻度值间还可以作读数估计，例如可在百分表上读取 0.128 mm，其中，最后一位数字 8 就是估计出来的。这种由测量得来的可靠数字和末位的估计数字所组成的数字称为有效数字。有效数字反映了测量的精确度，这在实验中必须予以重视。由此可见，有效数字的位数取决于测量仪器的精度，不能随意增减。多写了位数，损失了测量所得的精度，也不合理。数字 0 可以是有效数字，也可以不是有效数字。0 作为有效数字，不要轻易舍掉。所以，在填写实验数据时，一定要注意其有效数字的位数应与仪器本身的精度相适应。例如用百分表测出的变形数据，其有效数字应取三位，即 0.128 mm 或 128×10^{-3} mm。多次测量同一物理量，取测量结果的算术平均值作为该物理量的量值。

2.2 计算法则

数据处理中往往需要对不同准确度的数据进行运算，按照一定法则进行计算，既节省时间又不会产生错误，下面列举常用的基本计算法则。

①记录数据时，只保留一位可疑数字。

②有效数字以后数字舍弃方法：凡末位有效数字后的第一位数字大于 5，则在末位上增加 1；若小于 5 则舍去不计；如等于 5 而末位数为奇数则增加 1；为偶数则舍去不计。

③计算有效数字位数时，如第一位数字大于或等于 8，则可多算一位。如 9.15 虽然只有三位，但可作四位看待。

④进行加减法运算时，各数所保留的小数点后的位数应与各数中小数点位数最少的相同。如 12.58＋0.008 1＋4.546 应写为 12.58＋0.01＋4.55＝17.14，而不应算成 17.144 1。

⑤进行乘除法运算时，各因子保留的位数以有效数字最少的为准，所得积或商的准确度不应高于准确度最低的因子。

⑥大于或等于 4 个的数据计算平均值时，有效位数增加一位。

3 数据的统计分析

数据处理时，统计分析是一个常用的方法，可以用统计分析从很多数据中找到一个或若干个代表值，也可以通过统计分析对试验的误差进行分析。以下介绍常用的统计分析的概念和计算方法。

3.1 平均值

平均值有算术平均值、几何平均值和加权平均值等。

算数平均值 $\bar{x}$ 为：

$$\bar{x} = \frac{1}{n}(x_1 + x_2 + \cdots + x_n) \tag{1-1}$$

式中，$x_1, x_2, \cdots, x_n$ 为一组试验值，算数平均值在最小二乘法意义下是所求真值的最佳近似，是最常用的一种平均值。

几何平均值 $\bar{x}_a$ 为：

$$\bar{x}_a = \sqrt[n]{x_1 x_2 \cdots x_n} \tag{1-2}$$

或

$$\lg\bar{x}_a = \frac{1}{n}\sum_{i=1}^{n}\lg x_i \tag{1-3}$$

当对一组实验值 (x_i) 取常用对数 ($\lg x_i$) 所得的图形的分布曲线更为对称（同 x_i 比较）时，常用此法。

加权平均值 $\bar{x}_w$ 为：

$$\bar{x}_w = \frac{w_1 x_1 + w_2 x_2 + \cdots + w_n x_n}{w_1 + w_2 + \cdots + w_n} \tag{1-4}$$

式中，w_i 为第 i 个试验值 x_i 的对应权，在计算用不同方法或不同条件观测同一物理量的均值时，可以对不同可靠程度的数据给予不同的“权”。

3.2 标准差

对一组实验值 $x_1, x_2, \cdots, x_n$，当它们的可靠程度相同时，其标准差 σ 为：

$$\sigma = \sqrt{\frac{1}{n-1}\sum_{i=1}^{n}(x_i - \bar{x})^2} \tag{1-5}$$

当它们的可靠程度不同时，其标准差 σ_w 为：

$$\sigma_w = \sqrt{\frac{1}{(n-1)\sum_{i=1}^{n} w_i}\sum_{i=1}^{n} w_i (x_i - \bar{x}_w)^2} \tag{1-6}$$

标准差反映了一组实验值在平均值附近的分散和偏离程度，标准差越大表示分散和偏离程度越大，反之则越小。它对一组实验值中的较大偏差反映比较敏感。

3.3 变异系数

变异系数 c_v 通常用来衡量数据的相对偏差程度，它的定义为：

$$c_v = \frac{\sigma}{\bar{x}} \tag{1-7a}$$

或

$$c_v = \frac{\sigma_w}{\bar{x}_w} \tag{1-7b}$$

式中，$\bar{x}$ 和 $\bar{x}_w$ 为平均值；σ 和 σ_w 为标准差。

3.4 随机变量和概率分布

力学实验的误差及材料的许多实验数据都是随机变量既有分散性和不确定性，又有规律性。对随机变量，应该用概率的方法来研究，即对随机变量进行大量的测量，对其进行统计分析，从中演绎归纳出随机变量的统计规律及概率分布。

为了对力学性能实验（随机变量）进行统计分析，得到它的分布函数，需要进行大量（几百次以上）的测量，由测量值得频率分布图来估计其概率分布。常用的概率分布有正态分布、二项分布、均匀分布、瑞利分布、χ^2 分布、t 分布和 F 分布等。

绘制频率分布图的步骤如下：

①按观测次序记录数据；

②按由大到小的次序重新排列数据；

③划分区间，将数据分组；

④计算各区间数据出现的次数、频率(出现次数和全部测定次数之比)和累计频率;

⑤绘制频率直方图及累计频率图。

可将频率分别近似作为概率分布(概率是当测定次数趋于无穷大的各组频率),并由此推断实验结果服从何种概率分布。

4 数据的误差分析

4.1 误差的概念

在实验中,依靠各种仪器测量某个物理量时,由于主客观原因的影响,不可能测得该物理量的真值。因此,在测量中存在着误差。随着实验手段的不断改进,测量的精确度虽然会不断提高,但是误差仍然不可能完全消除。但是,只要实验工作者对误差分析得当,则一方面可以避免不必要的误差,另一方面可以正确地处理测量数据,使其最大限度地接近真值。

在对一些物理量进行测量时,被测对象的值是客观存在的,称为真值 x,每次测量所得的值称为实测值(测量值) $x_i(i = 1,2,3,\cdots,n)$ 。

$$a_i = x_i - x(i = 1,2,3,\cdots,n) \tag{1-8}$$

真值和测量值的差值称为测量误差,简称为误差;实际实验中,真值是无法确定的,常用平均值代表真值。由于各种主观和客观的原因,任何测量数据不可避免地都包含一定的误差。只有了解了实验误差的范围,才有可能正确估计实验所得到的结果。同时,对实验误差进行分析将有助于在实验中控制和减少误差的产生。

误差分析的目的如下:

①已知各个测量的误差,估计实验结果的最后误差;

②根据实验的目的和要求,确定各个测量所需要的精度,选择相应精度的仪器。

4.2 准确度与精密度的概念

准确度指所测数值与真值的符合程度。精密度指所测数值重复性的大小。在一组测量中,尽管精密度很高,但准确度不一定很好。若准确度很好,测精密度也一定高。

4.3 误差的分类

根据误差的性质及产生的原因,误差可分为三类:

(1)系统误差　它是由某些固定不变的因素所引起的,因此其出现有固定偏向和一定的规律性。如材料试验机测力盘的示值不准,所测得的力值总是偏大或偏小。又如用电阻应变仪测量应变时,仪器面板上的灵敏系数旋转存在误差。又如因为实验人员的观察习惯,观测读数与实际值总偏离一个常量等。系统误差可以采取适当的措施给予校正和消除。

(2)偶然误差　在测量中,如果已经消除引起系统误差的一切因素,而所测数据仍在末一位或末二位数字上有差别，这类误差就是偶然误差。偶然误差时大时小，时正时负。单个偶然误差并无规律性，产生的原因一般都不清楚，因而无法控制。但是，在同样条件下对同一物理量进行多次测量，各次测量偶然误差的算术平均值随着测量次数的增加而逐渐接近于零。即偶然误差的总体符合统计规律。

(3)过失误差　过失误差是一种显然与事实不符的误差。它主要由于实验人员粗心大意、不按操作规程办事等原因造成，如读错仪表刻度(位数、正负号)、记录和计算错误等。过失误差一般数值较大，并且常与事实明显不符。必须把过失误差从实验数据中删除，还应分析出现过失误差的原因，采取措施以防止再次出现。

4.4　系统误差的消除

分析实验中的具体情况，可以尽可能地减少甚至消除系统误差。常用的方法如下：

(1)对称法　利用对称法进行实验可以消去由于载荷偏心等所引起的系统误差。如在做拉伸实验时，总是在试件两侧对称地装上引伸仪测量变形，取两侧变形的平均值来表示试件的变形，就可以消去载荷偏心的影响。

(2)校正法　经常对实验仪表进行校正，以减小因为仪表不准造成的系统误差。如根据计量部门规定，材料试验机的测力度盘(相对误差不能大于1%)必须每年用标准测力计(相对误差小于0.5%)校准；又如电阻应变仪的灵敏系数度盘，应定期用标准应变模拟仪进行校准。

(3)增量法　增量法也就是逐级加载法。当要测量某根杆件的变形或应变时，在比例极限内，载荷由 P_1 增加到 $P_2, P_3, \cdots$，在测量仪表上便可以读出各级载荷所对应的读数 $A_1, A_2, A_3, \cdots, A_i$，$\Delta A = A_i - A_{i-1}$ 称为读数差。各个读数差的平均值就是当载荷增加 ΔP(一般载荷都是等量增加)时的平均变形或应变。

增量法可以避免某些系统误差的影响。如材料试验机如果有摩擦力 f(常量)存在，则每次施加于试件上的真力为 $P_1+f, P_2+f, \cdots$，再取其增量 $\Delta P=(P_2+f)-(P_1+f)=P_2-P_1$，摩擦力 f 便消除了。又如某实验者读引伸仪时，习惯于把数字都读得偏高，如果采用增量法，而在实验进程中自始至终又都是同一个人读数，个人的偏向所带来的系统误差也就可以消除。

在实验过程中，记录人员如果能随时将读数差算出，还可以消除由于实验者粗心大意所造成的过失误差。在材料力学实验中，一般都采用增量法。

4.5　误差的计算

(1)相对误差 δ　在材料力学实验中把理论值作为真值 T，若各次测量值的算术平均值为 $\overline{M}$；则相对误差计算方法为：

$$\delta = \frac{T-\overline{M}}{T} \times 100\% \tag{1-9}$$

(2)标准离差 S　在多次测量中，常用标准差 S 来表示单个测量值或算术平均值的误差。在 n 次测量中，反映单个测量误差的标准离差为：

$$S=\sqrt{\frac{\sum(M_i-M_1)^2}{n-1}} \tag{1-10}$$

S 越大，测量数据波动越大，测量精度越低；S 越小，测量精度越高。

根据概率论原理，最优值为：

$$T=\overline{M}\pm eS \tag{1-11}$$

上式中，若 $e=0.6745$，T 出现的频率为 50%；而当 $e=3$ 时，T 出现的频率为 99.37%。

4.6 间接测量误差的估计

在测定材料的弹性模量 E 时，需要测量试件直径 d、长度 L、力和变形，然后再计算 E 值。上述每一个物理量在测量中都存在误差，由于误差传递，所以计算得到的弹性模量 E 值也有误差，这就是间接误差。

设 $x_1,x_2,\cdots,x_n$ 为 n 个可以直接测得的独立物理量；而每一个物理量的绝对误差为 $\Delta x_1,\Delta x_2,\cdots,\Delta x_n$；$y$ 为间接测量。它们之间的关系可以用下面的函数形式表示为：

$$y=f(x_1,x_2,\cdots,x_n) \tag{1-12}$$

因为单个物理量误差的存在而引起间接测量 y 的绝对误差为 Δy，则：

$$\Delta y=f(x_1+\Delta x_1,x_2+\Delta x_2,\cdots,x_n+\Delta x_n)-f(x_1,x_2,\cdots,x_n)$$

根据泰勒公式展开，并略去高次无穷小项，得：

$$\Delta y=f(x_1,x_2,\cdots,x_n)+\frac{\partial f}{\partial x_1}\Delta x_1+\frac{\partial f}{\partial x_2}\Delta x_2+\cdots+\frac{\partial f}{\partial x_n}\Delta x_n-f(x_1,x_2,\cdots,x_n)$$

即：

$$\Delta y=\frac{\partial f}{\partial x_1}\Delta x_1+\frac{\partial f}{\partial x_2}\Delta x_2+\cdots+\frac{\partial f}{\partial x_n}\Delta x_n \tag{1-13}$$

其相对误差为

$$\delta_y=\frac{\Delta y}{y}=\frac{x_1}{y}\frac{\partial f}{\partial x_1}\frac{\Delta x_1}{x_1}+\frac{x_2}{y}\frac{\partial f}{\partial x_2}\frac{\Delta x_2}{x_2}+\cdots+\frac{x_n}{y}\frac{\partial f}{\partial x_n}\frac{\Delta x_n}{x_n}$$

而 $\delta_{x_1}=\frac{\Delta x_1}{x_1},\delta_{x_2}=\frac{\Delta x_2}{x_2},\delta_{x_n}=\frac{\Delta x_n}{x_n}$ 为各单个测量的相对误差，则：

$$\delta_y=\frac{x_1}{y}\frac{\partial f}{\partial x_1}\delta_{x_1}+\frac{x_2}{y}\frac{\partial f}{\partial x_2}\delta_{x_2}+\cdots+\frac{x_n}{y}\frac{\partial f}{\partial x_n}\delta_{x_n} \tag{1-14}$$

对一些常用的函数形式，可以得到以下相对误差公式：

(1)积的误差

$$\left.\begin{aligned}y&=x_1x_2\cdots x_n\\ \delta_y&=\delta_{x_1}+\delta_{x_2}+\cdots+\delta_{x_n}\end{aligned}\right\} \tag{1-15}$$

(2)商的误差

$$\left.\begin{aligned} y &= \frac{x_1}{x_2} \\ \delta_y &= \delta_{x_1} + \delta_{x_2} \end{aligned}\right\} \tag{1-16}$$

(3)幂的误差

$$\left.\begin{aligned} y &= x_1^n \cdot x_2^n \\ \delta_y &= n\delta_{x_1} + m\delta_{x_2} \end{aligned}\right\} \tag{1-17}$$

(4)开方的误差

$$\left.\begin{aligned} y &= x^{\frac{1}{n}} \\ \delta_y &= \frac{1}{n}\delta_x \end{aligned}\right\} \tag{1-18}$$

例如:在测定弹性模量 E 时,按下式计算,即 $E=\dfrac{\Delta PL}{\overline{\Delta L}A}$。在式中,$\Delta P$ 为载荷增量;L 为引伸仪标距;$\overline{\Delta L}$ 为变形增量;A 为截面面积。

如果试件为圆截面,则 $A=\dfrac{\pi d^2}{4}$,计算 E 的相对误差为:

$$\delta_E = \delta_{\Delta P} + \delta_L + \delta_{\overline{\Delta L}} + 2\delta_d \tag{1-19}$$

从上式可以看出:试件直径的误差对结果影响较大,故做实验的时候,一方面要选择测量直径量具的精度,以与其他仪表相互协调,另一方面也要认真对待测量直径这一实验环节。

4.7 结论

根据以上分析,可以得到如下结论:

①系统误差可以设法减少或避免;

②偶然误差无法避免,但可反复多次测量,最后取算术平均值 $\overline{M}$,此值即为最优值;

③如理论值已知,则可与 $\overline{M}$ 比较,计算其相对误差;

④若无理论值,则应计算方根误差,由此估计真值;

⑤已知直接测量精度,则可根据其组合情况,估计结果的最大相对误差;

⑥根据各个物理量的误差所占的地位,应对测量精度提出适当要求,以便选择合适的仪器。

5 数据的表示

通过实验得到的数据,应该采用一定的方法来加以表示,从而显示出各数值之间的相互关系,以供研究。最常用的有列表表示法、图像表示法、方程表示法(公式法)三种。

5.1 列表表示法

表格按其内容和格式可分为汇总表格和关系表格两类。汇总表把实验结果中的主要内容或实验中的某些重要数据汇集于一表之中,起着类似于摘要和结论的作用,表中的行与行、列与列之间一般没有必然的关系；关系表格是把相互有关的数据按一定的格式列于表中，表中的行与行、列与列之间都有一定的关系，它的作用是使有一定关系的代表两个或若干个变量的数据更加清楚地表示出变量之间的关系和规律。

表格的主要组成部分和基本要求如下：

①每个表格都应该有一个表格名称，如果文章中有一个以上的表格时，还应该有表的编号。表名和编号通常放在表的顶端。

②项目及参数名称、符号和单位应与现行标准相符。

③数值的写法要整齐统一，有效数字的取舍合乎相关标准及所用设备精度的要求，小数点要对齐等。

④不论何种表格，每列都必须有列名，它表示该列数据的意义和单位；列名都放在每列的头部，应把每列的列名都放在第一行对齐，如果第一行空间不够，可以把列名的部分内容放在表格下面的注解中。应尽量把主要的数据列或自变量列放在靠左边的位置。

⑤表格中的内容应尽量完整，能完整地说明问题。

⑥如果需要对表格中的内容加以说明，可以在表格的下面、紧挨着表格加一注解，不要把注解放在其他任何地方，以免混淆。

5.2 图像表示法

实验数据还可以用图像来表示，图像表达有曲线图、直方图、形态图和馅饼图等形式，其中最常用的是曲线图和形态图。

5.2.1 曲线图

曲线可以清楚、直观地显示两个或两个以上的变量直接关系的变化过程，或显示若干个变量数据沿某一区域的分布；曲线可以显示变化过程或分布范围中的转折点、最高点、最低点及周期变化的规律；对于定性分布和整体规律分析来说，曲线图是最合适的方法。

曲线图的主要组成部分和基本要求如下：

①每个曲线图都必须有图名，如果文章中有一个以上的曲线图，还应该有图的编号。图名和图号通常放在图的底部。

②每个曲线应该有一个横坐标和一个或一个以上的纵坐标，每个坐标都应有名称；坐标的形式、比例和长度可根据数据的范围决定，但应该使整个曲线图清楚、准确地反映数据的规律。

③通常是取横坐标作为自变量，取纵坐标作为因变量。自变量通常只有一个，因变量可以有若干个；一个自变量与一个因变量可以组成一条曲线，一个曲线图中可以有若干条曲线。

④有若干条曲线时，可以用不同线型(实线、虚线、点画线和点线等)或用不同的标记(十、□、△、×等)加以区别，也可以用文字说明来区别。

⑤曲线必须以实验数据为依据，对实验时记录得到的连续曲线(如 X—Y 函数记录仪记录的曲线、光线示波器记录的振动曲线等)，可以直接采用，或加以修整后采用；对实验时非连续记录得到的数据和把连续记录离散化得到的数据，可以用直线或曲线顺序相连，

并应尽可能用标记标出实验数据点。

⑥如果需要对曲线图形中的内容加以说明，可以在图中或图名下加上注解。

5.2.2 形态图

实验时各种难以用数值表示的形态，用图像表示，这类形态如低碳钢的拉伸实验的横截面积的变形情况、压杆稳定实验的压杆失稳状态等，这种图像就是形态图。

形态图的制作方式有照相和手工画图。照片形式的形态图可以真实地反映实际情况，但有时却把一些不需要的细节也包括在内；手工画的形态图可以对实际情况进行概括和抽象，突出重点，更好地反映本质情况。制图时，可根据需要作整体图或局部图，还可以把各个侧面的形态图连成展开图。

5.2.3 直方图和馅饼图

直方图的作用之一是统计分析，通过绘制某个变量的频率直方图和累积频率直方图来判断其随机分布规律。为了研究某个变量的随机分布规律，首先要对该变量进行大量的观测，然后按照以下步骤绘制直方图。

①从观测数据中找出最大值和最小值。

②确定分组区间和组数，区间宽度为 Δx。

③算出各组的中值。

④根据原始记录，统计各组内测量值出现的频数 m_i。

⑤计算各组的频率 $f_i(f_i = m_i/\sum m_i)$ 和累积频率。

⑥绘制频率直方图和累积频率直方图，以观测值为横坐标，以频率密度 $(f_i/\Delta x)$ 为纵坐标。在每一分组区间，作以区间宽度为底、频率密度为高的矩形，这些矩形所组成的阶梯形称为频率直方图；再以累积频率为纵坐标，可绘出累积频率直方图。从频率直方图和累积频率直方图的基本趋势，可以判断该随机变量的分布规律。

直方图的另一个作用是数值比较，把大小不同的数据用不同长度的矩形代表，可以得到一个更加直观的比较。

在馅饼图中，用大小不同的扇形面积来代表不同的数据，得到一个更加直观的比较。

5.3 方程表示法

如果把实验数据之间的关系用函数图形形式表示，即 $y = f(x)$，就是方程表示法。这种方法不仅高度概括了所得结果的规律性，形式十分紧凑，且可方便地进行微分、积分、内插、外推等运算。

(1)经验公式的选择　如果一个公式能准确代表一组实验数据，且形式简单，待定常数不多，那么这就是理想的经验公式。其选择主要靠经验并经过验证。验证方法可采用表差法和图解法。通常可用图解法验证的、含有一个或两个常数的方程式有以下类型：

$$y = ax \qquad y = a + bx$$

$$y = a + b\lg x \qquad y = ab^x$$

$$y = ae^{bx} \qquad y = ae^{b/x}$$

$$y = ax^b \qquad y = \frac{x}{a + bx}$$

$$y = \frac{x}{a + be^{-x}} \qquad y = x^{(a+bx)}$$

如果采用多项式表示，则式中的常数项就多于两个，如 $y = a + bx + cx^2 + dx^3$ 等。限于篇幅这里就不再叙述了，可参见有关专著。

(2)经验公式中常数的求法　公式中常数的求法有图解法、选点法、平均法、最小二乘法等多种，这里只简介图解法。

所选公式是一直线方程或经变量变换后化为直线方程的均可采用此法。直线方程比较简单，它的斜率就是直线公式 $y = a + bx$ 中的 b 值，而直线在 y 轴上的截距就是直线公式中的 a 值。由此有：

$$b = \frac{\Delta y}{\Delta x} = \frac{y_2 - y_1}{x_2 - x_1} \tag{1-20}$$

显然，直线上的任意两点 (x_1, y_1) 和 (x_2, y_2) 相距越远(b 值)的准确度越高。a 值可由 y 轴的截距读出，如不易读出，则可用下式计算：

$$a = \frac{y_1 x_2 - y_2 x_1}{x_2 - x_1} \tag{1-21}$$

若所选经验公式中常数项为两个或更多时，可采用选点法(联立方程法)、平均法或最小二乘法，其中以最小二乘法精度最高。

第2章 材料力学实验

1 内容简介

1.1 课程在专业中的地位和作用

材料力学课程是土木工程专业的一门十分重要的专业基础课之一。作为专业基础课，既要以高等数学、理论力学等课程作为学习基础，又是学习后续专业课(钢筋混凝土、钢结构等)的理论基础，在本科阶段的教学环节中非常重要。该课程处于承前启后的作用，学习该课程既要具备一定的分析计算能力，还要在实验中掌握实际动手操作的基本技能，把得到的实验数据和看到的实验现象从理论上加以分析，得到一些具有指导工程实践的结论。

实验是进行科学研究的重要方法，科学史上许多重大发明就是依靠科学实验而得到的，许多新理论的建立也要靠实验来验证。材料力学课程的形成与发展，是理论与实验交错实施、相辅相成、互相依赖和互相促进的。工程设计的一个首要问题是必须确切知道材料的力学性质，这些必须通过实验测试才能确定。另外，近代新型结构和材料日新月异，在形状和受荷载方面都比较复杂时也必须借助于实验方法来分析确定。此外，用实验方法验证有限元和解析法的正确性等，可作为学生的启蒙教学。

材料力学的理论是建立在将真实材料理想化、实际构件典型化、公式推导假设化基础之上的，理论是否正确以及能否在工程中应用，都只有通过实验验证才能断定。因此，材料力学实验课在材料力学课程中有着重要的地位，它将巩固和加深学生对课堂上所讲授的理论和概念的理解，并让学生对材料力学性质有一个直观的认识，以便更好地接受工程中的一些力学概念，如塑性、脆性和强度等。另外，它作为工程测试的入门，使学生了解工程测试的基本原理和技术手段，对提高学生的思维能力、科研动手能力和培养学生对实际工程的测试技能都有很大的帮助。

1.2 课程实验内容及课时分配

土木工程要经历设计、施工、验收等一系列过程，在解决工程设计的强度、刚度等问题时，首先要知道材料的力学性能和表达力学性能的材料常数；施工过程同样要检验材料的力学性能是否达到要求；材料常数只有靠材料试验才能测定。有时实际工程中构件的几何形状和荷载都十分复杂，构件中的应力单纯靠计算难以得到正确的数据，在这种情况下必须借助于实验应力分析的手段才能解决。所以，材料力学实验的任务就是为工程实际服务，为新理论的建立提供依据。

材料力学实验包括以下三方面内容：

(1)测定材料力学性质的实验　材料力学公式只能算出在荷载作用下构件内应力的大小。为了建立其相应的强度条件，则必须了解材料的强度、刚度、弹性等特性，这就需要通过拉伸、压缩、扭转、冲击、疲劳等实验来测定材料的屈服极限、强度极限、弹性模量、疲劳极限等力学参数。这些参数是设计构件的基本依据。这些实验要依据国家规范，按照标准化程序来完成。

(2)验证理论的实验　材料力学中的一些公式都是在对实际问题进行简化和假设的基础上(例如平面假设，材料均匀性、弹性和各项同性假设等)推导而得到的。事实上，材料的性质往往与完全均匀和完全弹性是有差异的，因此对于一些近似解答，其精确程度必须通过校核后才能在工程设计中使用。本书介绍的纯弯梁的弯曲正应力测定实验、薄壁圆筒弯扭组合变形主应力测定实验、单杆双铰支压杆稳定实验等均属此类实验。

(3)实验应力分析　工程实际中常常会遇到一些形状和荷载十分复杂的结构和构件。关于它们的强度问题，单独靠材料力学的理论计算是难以解决的。近年来，虽然可以用有限元法来计算，但是也要经过适当简化才有计算的可能，而且对于用有限元法计算的结果的精确性，也要通过实验的方法来验证。实验应力分析就是一种用实验方法来测定构件中的应力和应变的手段，它是目前解决工程实际问题的一个新兴、有效的途径。运用实验应力分析方法(如电测法等)所获得的结果，不仅直接而且可靠，已成为工程实际中寻求最佳设计方案、合理使用材料、挖掘现有设备潜力以及验证和发展理论的有力工具。本书仅简要介绍目前工程中最常用的电测法的基本原理与测试技术。

按教学大纲要求，土木工程实验教程材料力学部分共包括 12 项实验，7 项为验证性实验，5 项为选做实验。各项实验连贯性、综合性强，实验教学的可操作性好。材料力学试验计划学时总数为 10 学时，课时分配见表 2-1。

表 2-1　课时分配表

序号	实验名称	计划学时	类型
1	拉伸实验	2	验证性实验
2	压缩实验		验证性实验
3	扭转实验	2	验证性实验
4	低碳钢剪切模量 G 的测定实验		验证性实验
5	材料弹性模量 E、泊松比 μ 的测定实验	2	验证性实验
6	纯弯梁的弯曲正应力测定实验	2	验证性实验
7	薄壁圆筒弯扭组合变形主应力测定实验	2	验证性实验
8	冲击实验	2	选做实验
9	粘贴电阻应变片实验	2	选做实验
10	等强度梁弯曲正应力测定实验	2	选做实验
11	偏心拉伸实验	2	选做实验
12	单杆双铰支压杆稳定实验	2	选做实验

2 拉伸实验

2.1 实验目的

(1)了解万能材料试验机的构造和工作原理,掌握其操作规程及使用时的注意事项。

(2)测定低碳钢的屈服极限 σ_s,强度极限 σ_b、伸长率 δ、断面收缩率 Ψ。

(3)测定铸铁的强度极限 σ_b。

(4)观察以上两种材料在拉伸过程中的各种现象,并绘制拉伸图(F-ΔL 曲线)。

(5)比较低碳钢(塑性材料)与铸铁(脆性材料)拉伸时的机械性质。

2.2 实验原理

2.2.1 低碳钢拉伸实验

在拉伸实验前,测定低碳钢试件的直径 d_0 和标距 L_0。实验时,首先将试件安装在实验机的上、下夹头内,并在实验段的标记处安装引伸仪,以测量实验段的变形。然后开动实验机,缓慢加载,与万能材料试验机相联的电脑会自动绘制出载荷-变形曲线(F-ΔL 曲线,见图 2-1)或应力-应变曲线(σ-ε 曲线,见图 2-2),随着载荷的逐渐增大,材料呈现出不同的力学性能。

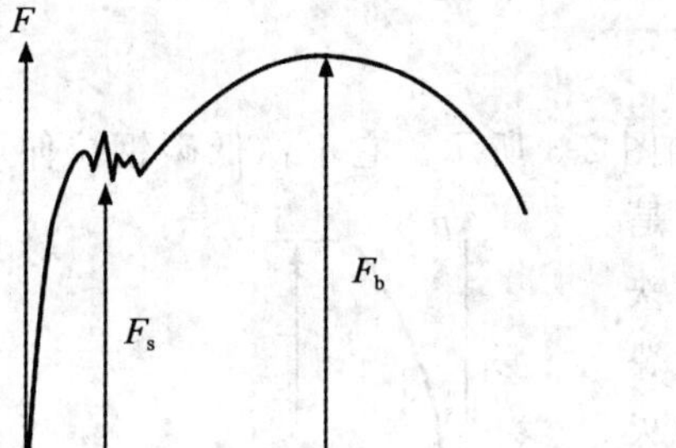

图 2-1 低碳钢拉伸载荷-变形曲线

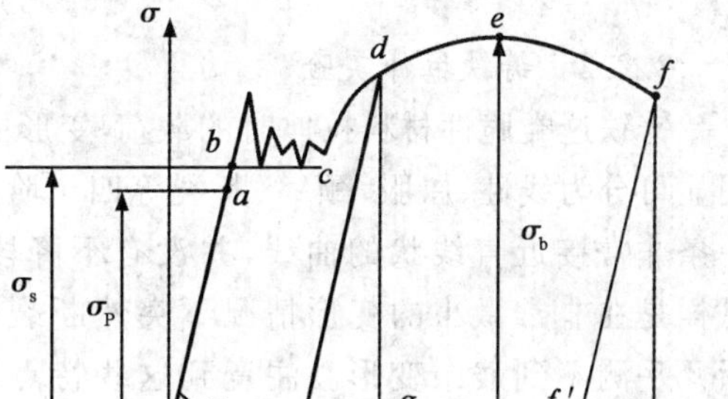

图 2-2 低碳钢拉伸应力-应变曲线

低碳钢拉伸曲线分析:

(1)弹性阶段(ob 段) 在拉伸的初始阶段,σ-ε 曲线(oa 段)为一直线,说明应力与应变成正比,即满足胡克定理,此阶段称为线形阶段。线性段的最高点称为材料的比例极限(σ_P),线性段的直线斜率即为材料的弹性模量 E。

线性阶段后,σ-ε 曲线不为直线(ab 段),应力应变不再成正比,但若在整个弹性阶段卸载,应力应变曲线会沿原曲线返回,载荷卸到零时,变形也完全消失。卸载后变形能完全消失的应力最大点称为材料的弹性极限(σ_e),一般对于钢等许多材料,其弹性极限与比例极限非常接近。

(2)屈服阶段(bc 段)　超过弹性阶段后，应力几乎不变，只是在某一微小范围内上下波动，而应变却急剧增长，这种现象称为屈服。使材料发生屈服的应力称为屈服应力或屈服极限(σ_s)。当材料屈服时，如果用砂纸将试件表面打磨，会发现试件表面呈现出与轴线呈45°斜纹。这是由于试件的45°斜截面上作用有最大切应力，这些斜纹是由于材料沿最大切应力作用面产生滑移所造成的，故称为滑移线。

(3)硬化阶段(ce 段)　经过屈服阶段后，应力应变曲线呈现曲线上升趋势，这说明材料的抗变形能力又增强了，这种现象称为应变硬化。若在此阶段卸载，则卸载过程的应力应变曲线为一条斜线(如 d-d' 斜线)，其斜率与比例阶段的直线段斜率大致相等。当载荷卸载到零时，变形并未完全消失，应力减小至零时残留的应变称为塑性应变或残余应变，相应地应力减小至零时消失的应变称为弹性应变。卸载完之后，立即再加载，则加载时的应力应变关系基本上沿卸载时的直线变化。因此，如果将卸载后已有塑性变形的试样重新进行拉伸实验，其比例极限或弹性极限将得到提高，这一现象称为冷作硬化。在硬化阶段应力应变曲线存在一最高点，该最高点对应的应力称为材料的强度极限(σ_b)，强度极限所对应的载荷为试件所能承受的最大载荷 F_b。

(4)颈缩阶段(ef 段)　试样拉伸达到强度极限 σ_b 之前，在标距范围内的变形是均匀的。当应力增大至强度极限 f 之后，试样出现局部显著收缩，这一现象称为颈缩。颈缩出现后，使试件继续变形所需载荷减小，故应力应变曲线呈现下降趋势，直至最后在 f 点断裂。试样的断裂位置处于颈缩处，断口形状呈杯状，这说明引起试样破坏的原因不仅有拉应力还有切应力。

2.2.2　铸铁拉伸实验

铸铁这类脆性材料拉伸时的载荷-变形曲线如图2-3所示。它不像低碳钢拉伸那样明显可分为线性、屈服、颈缩、断裂等四个阶段，而是一条非常接近直线状的曲线，并没有下降段。铸铁试样是在非常微小的变形情况下突然断裂的，断裂后几乎测不到残余变形。注意到这些特点，可知灰铸铁不仅不具有 σ_s，而且测定它的 δ 和 Ψ 也没有实际意义。这样，对铸铁只需测定它的强度极限 σ_b 就可以了。

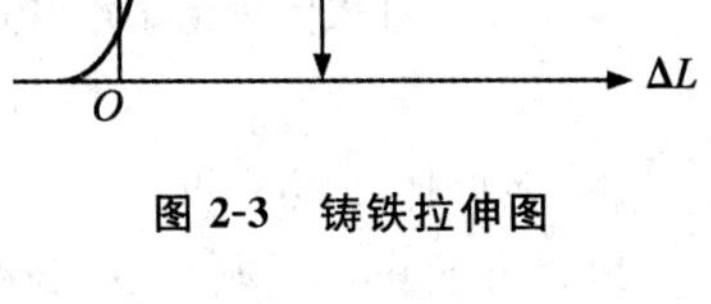

图 2-3　铸铁拉伸图

测定 σ_b 可取制备好的试样，只测出其截面积 A_0，然后装在试验机上逐渐缓慢加载直到试样断裂，记下最后载荷 F_b，据此即可算得强度极限

$$\sigma_b = \frac{F_b}{A_0} \tag{2-1}$$

2.3　仪器设备

(1)万能试验机。

(2)拉伸试件。

(3)游标卡尺、钢尺。

2.3.1 电子万能试验机

在材料力学实验中，最常用的仪器是万能材料试验机。它可以做拉伸、压缩、剪切、弯曲等试验，故习惯上称它为万能材料试验机。万能材料试验机有多种类型，这里仅介绍常用的电子万能试验机。

电子万能试验机是现代机械技术与电子技术相结合的产物，是由机械式万能材料试验机发展而来的。由于采用了先进的机械传动机构，工作时传动平稳、噪声低、横梁位移速度调整范围较大(0.005～500 mm/min)。又因配置有电子控制和数据记录、处理系统，可以在应力、应变高精度控制下完成多项力学性能测试。它的发展经历了电子模拟信号控制阶段和微机智能控制阶段。具有微机智能化控制的电子万能试验机，不仅可以减轻操作人员的劳动强度，减少操作中的失误，而且可以完成人工操作难以实现的测试过程。下面介绍的 RGM-4200 型电子万能试验机是具有一定代表性的机型。

RGM-4200 型电子万能试验机工作原理：

电子万能试验机结构如图 2-4 所示。试验机主要由机械加载(主机)、Reger Test 控制系统和微机系统等部分组成。试验机机械加载(主机)部分，由试验机底座(底座中装有直流伺服电动机和齿轮箱)、滚珠丝杠、活动横梁组成。上横梁、丝杠、底座组成一框架，活动横梁用螺母与丝杠联结，当电动机转动时经齿轮箱的传递使两根丝杠同步旋转，活动横梁便可水平向上或向下移动。活动横梁向下移动时，在它的下部空间可进行压缩或弯曲试验。在它的上部空间，即在上夹头和下夹头间装有试样时可进行拉伸等试验。

试验机的控制主要由 Reger Test 控制系统完成。一般情况下，Reger Test 控制系统与电脑系统连接，利用微机中的测试应用软件可以完成各种功能的试验。Reger Test 控制系统将位移编码器、载荷传感器和电子式引伸计测到的横梁位移、载荷和变形信号分别调整放大并转换为数字信号，与设定值或微机的给定值比较后，通过直流功率放大器驱动直流伺服电动机控制横梁的启动、移动方向、位移速度和停止等。

另外，活动横梁的运行还可以通过手控操作盒手动操作。手控操作盒的无级调速钮顺时针转动时为增加速度，逆时针转动时为减小速度。当按下▲键(上升)或▼键(下降)时，横梁位移速度总是先设置为零，需顺时针转动无级调速钮才能使活动横梁移动。

Reger Test 控制系统对位移、荷载和变形等试验参数的测量是与试验机活动横梁位移控制同步进行的，通过微机测试应用程序的运行，可以随时监测、记录这些实验参数，并在微机显示屏上绘制出相应的测试曲线。试验机的生产厂家根据现行试验方法的国家标准，提供了“拉伸”“压缩”和“弯曲”三种试验应用程序，使用者可以在这些应用程序的基础上添加新的功能，也可以根据需要编写新的测试应用程序。智能化的材料实验设备为我们提供了广阔的开发空间。

2.3.2 拉伸试件

圆形截面拉伸试件的外观如图 2-5 所示，夹持部分用来装入试验机夹具中以便夹紧试样，过渡部分用来保证标距部分能均匀受力，这两部分的形状和尺寸，决定于试样的截

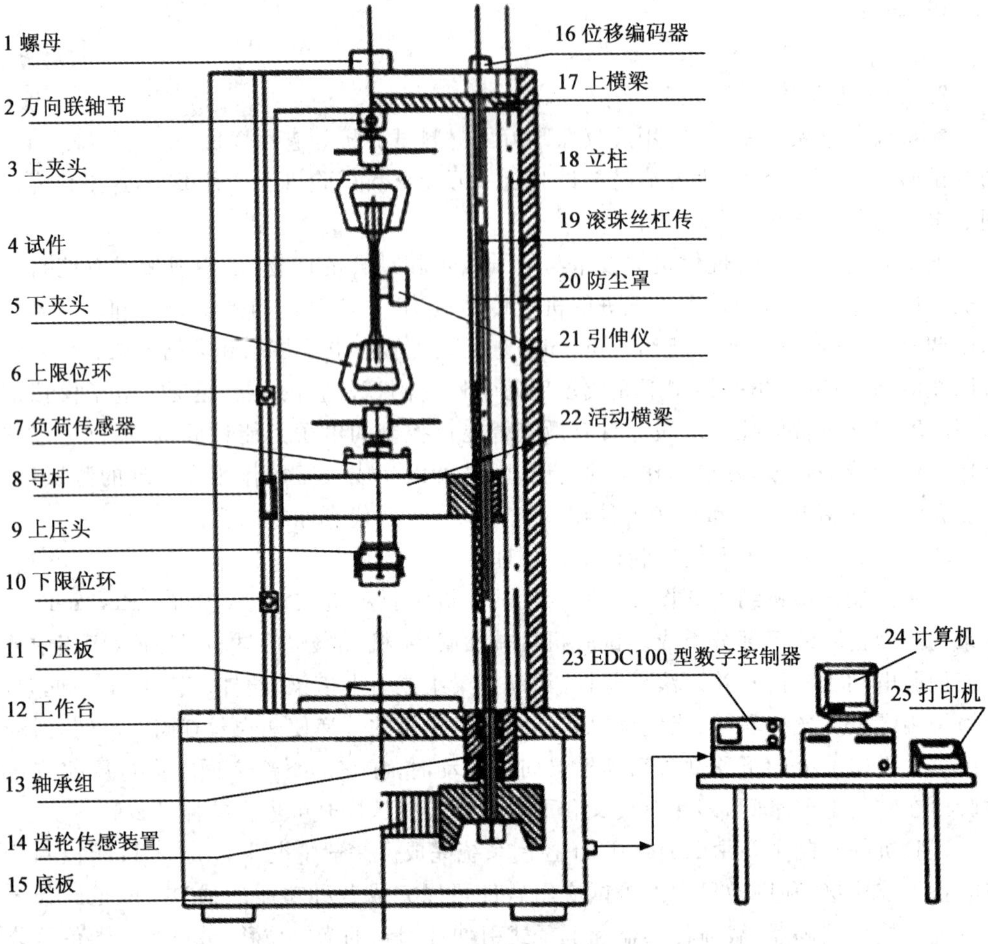

图 2-4　电子万能试验机

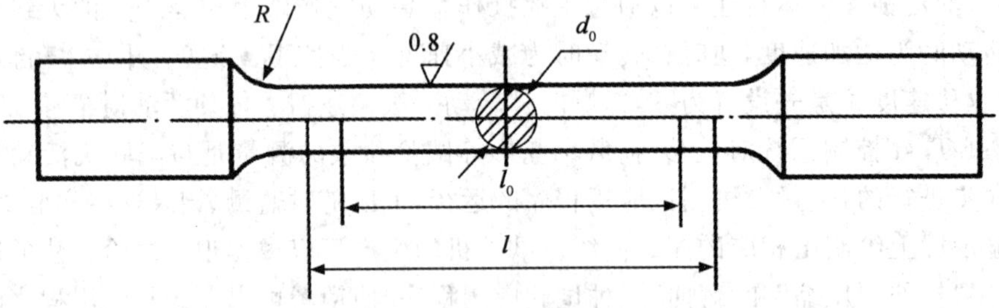

图 2-5　圆形截面拉伸试件

面形状和尺寸以及机器夹具类型。

标距 L_0 是待试部分，也是试样的主体，其长度通常简称为标距，也称为计算长度。

试样的尺寸和形状对材料的塑性性质影响很大。为了能正确地比较材料的机械性质，国家对试样尺寸作了标准化规定。

拉伸试样分比例试样和非比例试样两种。比例试样系按公式 $L_0 = K\sqrt{A_0}$ 计算而得。式中 L_0 为标距，A_0 为标距部分原始截面积，系数 K 通常为 5.65 和 11.3(前者称为短试样，后者称为长试样)。据此，短、长圆形试样的标距长度 L_0 分别等于 $5d_0$ 或 $10d_0$。非比例试样的标距与其原横截面间无上述比例关系。

根据国家标准(GB/T 228.1—2010)，比例试样尺寸如表 2-2 所示。

表 2-2 比例试样尺寸

试样		标距长度 L_0/mm		横截面积 A_0/mm	圆形试样直径	表示伸长率的符号
比例	长	$11.3\sqrt{A_0}$	$10d_0$	任意的	任意的	δ_{10}
	短	$5.65\sqrt{A_0}$	$5d_0$			δ_5

表 2-2 中，d_0 表示试样标距部分的原始直径，δ_{10}，δ_5 分别表示标距长度 L_0 为 d_0 的 10 倍或 5 倍的试样伸长率。

常用试样的形状尺寸等可查国家标准 GB/T 228.1—2010 中的附录。

2.4 操作步骤

2.4.1 低碳钢拉伸实验

2.4.1.1 实验前准备

(1)用游标卡尺测量试样的直径和标距，并记录。在试件的标距范围内测量试件 3 个横截面处的截面直径，在每个截面上分别取两个相互垂直的方向各测量 1 次直径。取 6 次测量的平均值作为原始直径 d_0，并据此计算试件的横截面面积 A_0。测量标距时，要用游标卡尺测量 3 次，并取 3 次测量结果的平均值作为试件的原始长度 L_0。

(2)打开试验机测控系统的电源开关，Reger Test 控制系统进入测试状态，待测试完毕，移动主菜单使其进入到状态。

(3)开启微机进入 Windows 操作系统，运行测试应用程序。

(4)等待程序进入主界面后，用鼠标点击“联机”，随后出现联机画面，若联机成功，则左侧各按键由灰色变亮。

2.4.1.2 实验步骤

(1)按照实验的需要，选取相应的荷载传感器、引伸计、夹头和钳口，并将其安装在试验机上。

(2)估计试验机活动横梁在实验中的行程范围，设置行程保护。

(3)在“实验条件”菜单中选择本次实验所用的实验条件，可以直接使用默认的实验条件，也可按照试验要求修改实验条件，并键入文件名后存盘。

(4)安装试样，现将拉伸试样上端装入上夹头的钳口中并旋紧上夹头。然后抬升活动横梁，当试样下端接近下夹头时要及时减小活动横梁的位移速度，使试样下端进入下钳口，应尽量将钳口面布满，但要注意不要将试样下端顶在下夹头的水平面上，最后旋紧下夹头。

(5)将电子引伸计装卡在试样的中部，取下引伸计上的标距杆。

(6)单击“新建试样”按钮，输入试件的有关信息，包括直径(或长、宽)、标距，然后点击“新建试样”按钮，再点击“确认”。

(7)再次把负荷、峰值、变形、位移、时间等各项分别清零。

(8)单击左侧“实验”按钮，试验机开始加拉载荷，在实验过程中，注意观察屈服(流动)、强化、卸载规律，颈缩、断裂等现象。注意观察微机显示屏上绘制 $F\text{-}\Delta L$ 曲线的情况，如有异常，应及时单击“结束实验”按钮停机，查明原因并更正后再重新实验。

(9)试样断裂后，单击“结束实验”按钮停机(也可在实验前在“实验条件”菜单中重新设置断裂检测功能而自动停机)，然后点取“保存数据”按钮，保存实验数据。

(10)取下试样，先将两段试件沿断口整齐地对拢，量取并记录拉断后两标距点之间的长度 L_1，及断口处最小的直径 d_1，并计算断后面积。

(11)数据处理。单击菜单栏中的“实验分析”，并在相应的对话中选择需要计算的项目。需要打印时单击“实验报告”按钮，在曲线类型栏中选择应力-应变曲线，单击“确定”按钮后打印实验报告。先关闭微机的电源，再关闭试验机测控系统的电源开关，并清理现场。

2.4.2 铸铁拉伸实验

铸铁试样拉伸实验的步骤与低碳钢拉伸实验基本相同，但不测屈服载荷而测最大载荷。

2.5 数据整理

(1)试样断后标距部分长度 L_1 的测量　将试样拉断后的两段在拉断处紧密对接起来，尽量使其轴线位于一条直线上。拉断处由于各种原因形成缝隙，则此缝隙应计入试样拉断后的标距部分长度内。L_1 用下述方法之一测定。

直测法：如拉断处到邻近标距端点的距离大于 $L_0/3$ 时，可直接测量两端点间的长度。

移位法：如拉断处到邻近标距端点的距离小于 $L_0/3$ 时，则可在长段上从拉断处 O 取基本等于短段格数，得 B 点，接着取等于长段所余格数[偶数，图 2-6(a)]的 1/2，得 C 点；或者取余格数[奇数，图 2-6(b)]减 1 与加 1 的 1/2，分别得 C 与 C_1 点，移位后的 L_1 分别为 $AO+OB+2BC$ 或 $AO+OB+BC+BC_1$。

测量了 L_1，按下式计算伸长率，即

$$\delta=\frac{L_1-L_0}{L_0}\times 100\% \tag{2-2}$$

(2)拉断后缩颈处面积 A_1 的测定　圆形试样在缩颈最小处两个相互垂直方向上测量其直径，用二者的算术平均值作为断口直径 d_1，来计算其 A_1。

断面收缩率按下式计算：

$$\Psi = \frac{A_0 - A_1}{A_0} \times 100\% \tag{2-3}$$

最后，在进行数据处理时，按有效数字的选取和运算法则确定所需的位数，所需位数后的数字，按“四舍六入五单双法”处理。

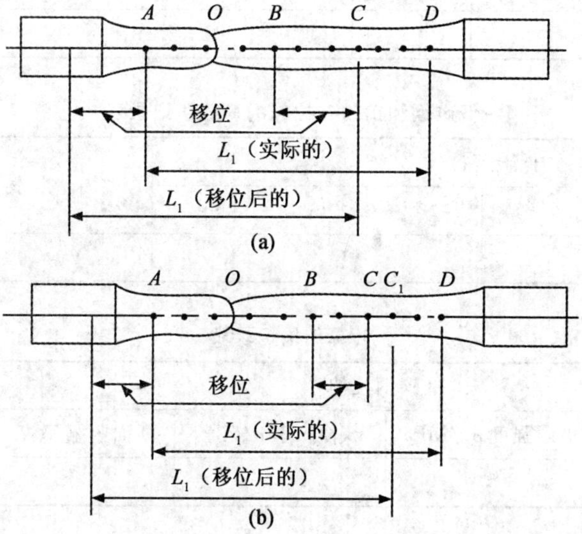

图 2-6　断口移位法示意图

2.6　注意事项

(1)操作者应认真阅读试验机的操作规程，熟练掌握试验机的基本操作方法。

(2)实验前应设计周密的实验方案，如荷载、应变量程、加载速度、实验控制参数、记录方式等。

(3)必须设置活动横梁的行程范围保护功能，以保证试验机的安全运行。

(4)安装试样时，注意不要将试样端顶在下夹头的水平面上。

(5)试验机运行时，操作者不得离开并应将鼠标移至主界面上的“结束实验”按钮上，发现异常应立即停机。

2.7　实验记录

根据测定数据计算低碳钢拉伸时的 σ_s，σ_b，δ，Ψ 和铸铁拉伸时的 σ_b。

低碳钢拉伸试件尺寸记录表

mm

低碳钢拉伸试件试验前直径 d_0									低碳钢拉伸试件试验后直径 d_1			试验前标距 L_0	试验后标距 L_1
横截面Ⅰ			横截面Ⅱ			横截面Ⅲ							
1	2	平均	1	2	平均	1	2	平均	1	2	平均		

铸铁拉伸试件尺寸记录表 mm

铸铁拉伸试件试验前直径 d_0								
横截面Ⅰ			横截面Ⅱ			横截面Ⅲ		
1	2	平均	1	2	平均	1	2	平均

低碳钢和铸铁在拉伸的荷载值记录表 kN

低碳钢拉伸		铸铁拉伸 F_b
F_s	F_b	

计算结果记录表

低碳钢拉伸				铸铁拉伸
屈服强度 σ_s/MPa	极限强度 σ_b/MPa	伸长率 δ/%	断面收缩率 Ψ/%	极限强度 σ_b/MPa

计算公式：$\sigma_s = \dfrac{F_s}{A_0}$；$\sigma_b = \dfrac{F_b}{A_0}$；$\delta = \dfrac{L_1 - L_0}{L_0} \times 100\%$；$\Psi = \dfrac{A_0 - A_1}{A_0} \times 100\%$

2.8 讨论

(1)为什么要采用标准试件或比例试件？材料和直径相同而长短不同的试样，它们的延伸率是否相同？

(2)低碳钢在拉伸过程中有哪几个阶段？低碳钢的屈服载荷是如何确定的？

3 压缩实验

3.1 实验目的

(1)测定低碳钢压缩时的屈服极限 σ_s。

(2)测定铸铁压缩时的强度极限 σ_b。

(3)观察低碳钢和铸铁压缩时的变形和破坏现象。

3.2 实验原理

低碳钢和铸铁等金属材料的压缩试样一般制成圆柱形，高 h_0 与直径 d_0 之比在 1～3 的范围内。目前常用的压缩试验方法是两端平压法。这种压缩试验方法，试样的上下两端与试验机承垫之间会产生很大的摩擦力，它们阻碍着试样上部及下部的横向变形，导致测得的抗压强度较实际偏高。当试样的高度相对增加时，摩擦力对试样中部的影响就变得小了，因此抗压强度与比值 h_0/d_0 有关。由此可见，压缩实验是与实验条件有关的。为了在相同的实验条件下，对不同材料的抗压性能进行比较，应对 h_0/d_0 的值作出规定。实践表明，此值取在 1～3 的范围内为宜。若小于 1，则摩擦力的影响太大；若大于 3，虽然摩擦力的影响减小，但稳定性的影响却突出起来。

为了保证正确地使试样中心受压，试样两端面必须平行及光滑，并且与试样轴线垂直。实验时必须要加球形承垫，它可位于试样上端，也可以位于下端。球形承垫的作用是当试样两端稍不平行时，它可起调节作用。低碳钢试样压缩时同样存在比例极限、屈服极限，而且数值和拉伸所得的相应数值差不多，但是在屈服时却不像拉伸那样明显。

从进入屈服开始，试样塑性变形就有较大的增长，试样截面面积随之增大。由于截面面积的增大，要维持屈服时的应力，载荷也就要相应增大。因此，在整个屈服阶段，载荷也是上升的，判定压缩时的 F_s 要特别小心地注意观察。在缓慢均匀加载下，当材料发生屈服时，荷载值上升将出现减慢，这时所对应的载荷即为屈服载荷 F_s。

低碳钢的压缩图如图 2-7 所示，超过屈服之后，低碳钢试样由原来的圆柱形逐渐被压成鼓形，继续不断加压，试样将愈压愈扁，但总不破坏。所以，低碳钢不具有抗压强度极限(也可将它的抗压强度极限理解为无限大)，低碳钢的压缩曲线也可证实这一点。

铸铁在拉伸时是属于塑性很差的一种脆性材料，但在受压时，试件在达到最大载荷 F_b 前将会产生较大的塑性变形，最后被压成鼓形而断裂。铸铁的压缩图如图 2-8 所示，灰铸铁试样的断裂有两个特点：一是断口为斜断口；二是按 F_b/A_0 求得的 σ_0 远比拉伸时高，大致是拉伸时的 3～4 倍。为什么像灰铸铁这种脆性材料的抗拉抗压能力相差这么大呢？这主要与材料本身情况(内因)和受力状态(外因)有关。铸铁压缩时沿斜截面断裂，其主要是由剪应力引起的。测量铸铁受压试样斜断口倾角 α，则可发现它略大于 45°而不是最大剪应力所在截面，这是因为试样两端存在摩擦力。

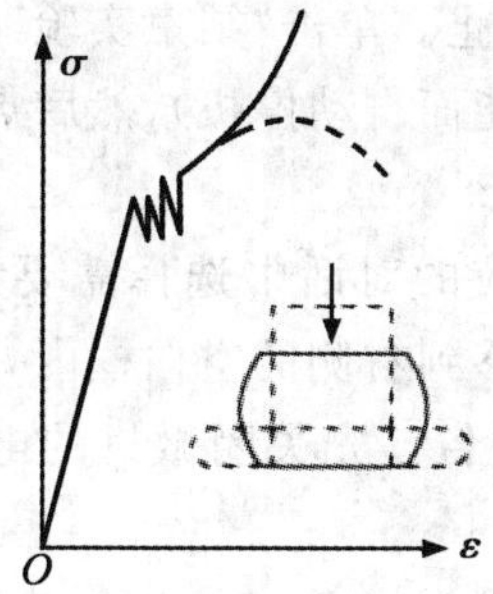

图 2-7　低碳钢压缩图

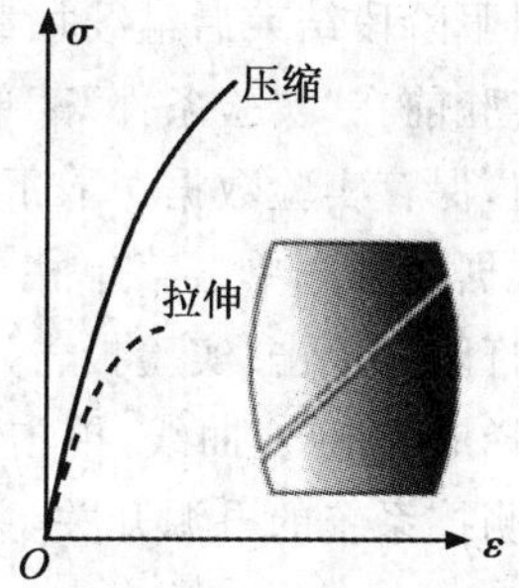

图 2-8　铸铁压缩图

3.3　仪器设备

(1)万能试验机。

(2)压缩试件。

(3)游标卡尺、钢尺。

3.4 操作步骤

3.4.1 低碳钢压缩实验

3.4.1.1 实验前准备

(1)测定试样的截面尺寸——用游标卡尺在试样高度中央取一处予以测量,沿两个互相垂直的方向各测一次取其算术平均值作为 d_0 来计算截面面积 A_0。用游标卡尺测量试样的高度。

(2)打开试验机测控系统的电源开关,Reger Test 控制系统进入测试状态,待测试完毕,移动主菜单使其进入到状态。

(3)开启微机进入 Windows 操作系统,运行测试应用程序。

(4)等待程序进入主界面后,用鼠标点击“联机”,随后出现联机画面,若联机成功,则左侧各按键由灰色变亮。

3.4.1.2 实验步骤

(1)估计试验机活动横梁在实验中的行程范围,设置行程保护。

(2)在“实验条件”菜单中选择本次实验所用的实验条件,可以直接使用默认的实验条件,也可按照实验要求修改实验条件,并键入文件名后存盘。

(3)安装试样:将试样准确地放在试验机活动平台承垫的中心位置上。

(4)单击“新建试样”按钮,输入试件的有关信息,包括直径(或长、宽)、标距,然后点击“新建试样”按钮,再点击“确认”。

(5)再次把负荷、峰值、变形、位移、时间等各项分别清零。

(6)单击左侧“实验”按钮,试验机开始加压载荷。注意观察微机显示屏上绘制 $F\text{-}\Delta l$ 曲线的情况,如有异常,应及时单击“结束实验”按钮停机,查明原因并更正后再重新实验。

(7)屈服阶段结束后继续加载,将试样压成鼓形即可停止。单击“结束实验”按钮停机(也可在实验前在“实验条件”菜单中重新设置断裂检测功能而自动停机),然后点取“保存数据”按钮,保存实验数据。取下试样。

(8)数据处理。单击菜单栏中的“实验分析”,并在相应的对话中选择需要计算的项目。需要打印时单击“实验报告”按钮,把需要输出的选项移到右侧的空白框内,在曲线类型栏中选择应力-应变曲线,单击“确定”按钮后打印实验报告。先关闭微机的电源,再关闭试验机测控系统的电源开关,并清理现场。

3.4.2 铸铁的压缩实验

铸铁试样压缩实验的步骤与低碳钢压缩实验基本相同,但不测屈服载荷而测最大载荷。此外,要在试样周围加防护罩,以免在实验过程中试样飞出伤人。

3.5 注意事项

(1)操作者应认真阅读试验机的操作规程,熟练掌握试验机的基本操作方法。

(2)实验前应设计周密的实验方案,如荷载、应变量程、加载速度、实验控制参数、记录方式等。

(3)必须设置活动横梁的行程范围保护功能，以保证试验机的安全运行。

(4)安装试样时，注意不要将试样端顶在下夹头的水平面上。

(5)试验机运行时，操作者不得离开并应将鼠标移至主界面上的“结束实验”按钮上，发现异常应立即停机。

3.6 实验记录

根据测定数据计算低碳钢压缩时的 σ_s 和铸铁压缩时的 σ_b。

低碳钢和铸铁压缩试件尺寸记录表

mm

低碳钢压缩试件试验前直径 d_1			铸铁压缩试件试验前直径 d_1		
1	2	平均	1	2	平均

低碳钢和铸铁在压缩时的荷载值及计算结果记录表

低碳钢压缩 F_s/kN	铸铁压缩 F_{bc}/kN	低碳钢压缩 σ_s/MPa	铸铁压缩 σ/MPa

3.7 讨论

(1)铸铁受压时，为什么沿着与横截面呈 45°～55°斜截面破坏？铸铁的破坏形式说明了什么？

(2)低碳钢和铸铁在拉伸及压缩时机械性质有何差异？由拉伸实验所确定的材料机械性能数值有何实用价值？

4 扭转实验

4.1 实验目的

(1)了解扭转试验机的构造和工作原理，掌握其操作规程及使用时的注意事项。

(2)测定低碳钢的剪切屈服极限 τ_s 及剪切强度极限 τ_b。

(3)测定铸铁的剪切强度极限 τ_b。

(4)观察并比较低碳钢及铸铁试件扭转破坏的情况。

4.2 实验原理

4.2.1 低碳钢扭转实验

本实验使用圆形截面试件。将试件装在扭力试验机上，开动机器，给试件加扭矩。利用机器上的绘图装置，可以得到 T-φ 曲线，T-φ 曲线也叫扭转图。低碳钢试件的 T-φ 曲线，如图 2-9 所示。

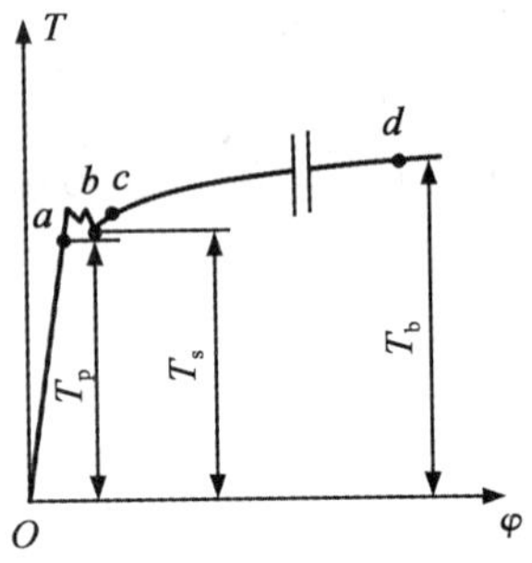

图 2-9　低碳钢试件扭转图

图中起始直线段 Oa 表明试件在这阶段中的 T 与 φ 成比例，截面上的剪应力呈线性分布，如图 2-10(a)所示。在 a 点处，T 与 φ 的比例关系开始破坏，此时截面周边上的剪应力达到了材料的剪切屈服极限 τ_s，相应的扭矩记为 T_p。由于这时截面内部的剪应力尚小于 τ_s，故试件仍具有承载能力，T-φ 曲线呈继续上升的趋势。

扭矩超过 T_p 后，截面上的剪应力分布发生变化，如图 2-10(b)所示。在截面上出现了一个环状塑性区，并随着 T_p 的增长，塑性区逐步向中心扩展，T-φ 曲线稍微上升，直到 b 点趋于平坦，截面上各材料完全达到屈服，扭矩度盘上的指针几乎不动或摆动，此时测力度盘上指示出的扭矩或指针摆动的最小值即为屈服扭矩 T_s。如图 2-10(c)所示，根据静力平衡条件，可以求得 τ_s 与 T_s 的关系为：

$$T_s = \int_A \rho \tau_s \mathrm{d}A \tag{2-4}$$

将式中 $\mathrm{d}A$ 用环状面积元素 $2\pi\rho\mathrm{d}\rho$ 表示，则有：

$$T_s = 2\pi\tau_s \int_0^{d/2} \rho^2 \mathrm{d}\rho = \frac{4}{3}\tau_s T_n \tag{2-5}$$

故剪切屈服极限：

$$\tau_s = \frac{3T_s}{4W_p} \tag{2-6}$$

式中，$W_p = \frac{\pi d^3}{16}$ 为试件的扭转截面系数。

继续给试件加载，试件继续变形，材料进一步强化。当达到 T-φ 曲线上的 c 点时，试件被剪断。由控制界面可读出最大扭矩 T_b，可得剪切强度极限：

$$\tau_b = \frac{3T_s}{4W_p} \tag{2-7}$$

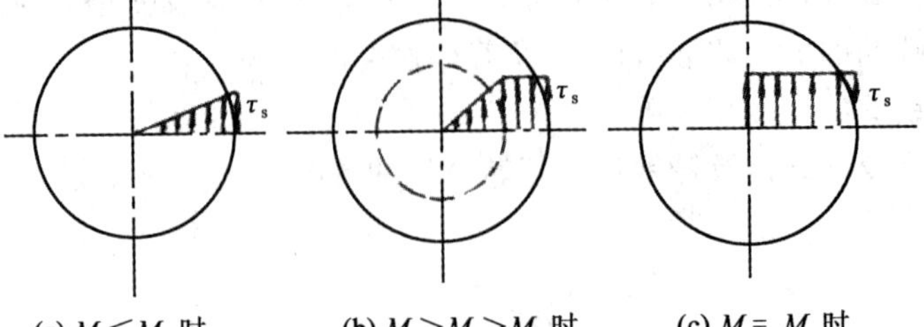

(a) $M_n \leq M_p$ 时　(b) $M_s > M_n > M_p$ 时　(c) $M_n = M_s$ 时

图 2-10　扭转塑性区扩展图

4.2.2 铸铁扭转实验

铸铁的 $T\text{-}\varphi$ 曲线如图 2-11 所示。从开始受扭，直到破坏，近似为一直线，按弹性应力公式，其剪切强度极限：

$$\tau_b = \frac{T_b}{W_p} \tag{2-8}$$

试件受扭，材料处于纯剪切应力状态，在垂直于杆轴和平行于杆轴的各平面上作用着剪应力；而与杆轴呈 45°角的螺旋面上，则分别只作用着 $\sigma_1 = \tau$、$\sigma_3 = -\tau$ 的正应力，如图 2-12 所示。由于低碳钢的抗拉能力高于抗剪能力，故试件沿横截面剪断，而铸铁的抗拉能力低于抗剪能力，故试件从表面上某一最弱处，沿与轴线呈 45°方向拉断成一螺旋面。

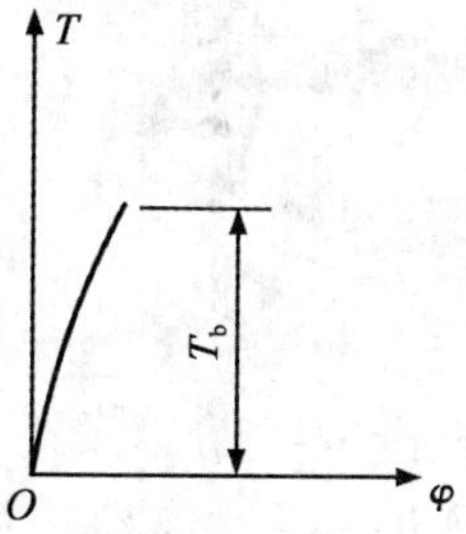

图 2-11 铸铁试件扭转图

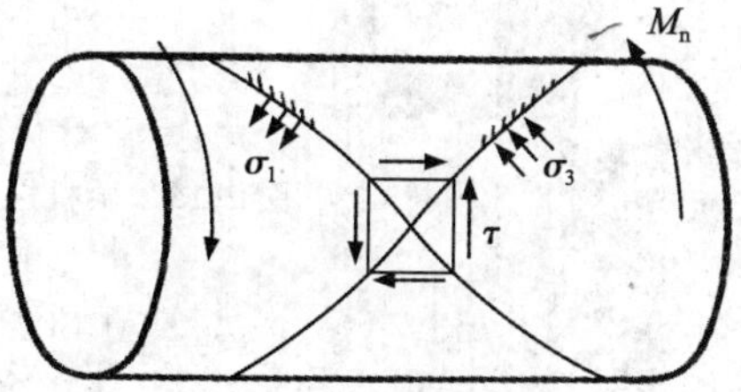

图 2-12 铸铁试件扭转应力分布图

4.3 仪器设备

(1)扭转试验机。
(2)扭转试件。
(3)游标卡尺、钢尺。

4.3.1 电子扭转试验机

扭转试验机是一种可对试样施加扭矩并能指示出扭矩大小的机器。它的类型有好多种，构造也各有不同。下面仅介绍常见的电子扭转试验机。微机控制电子扭转试验机控制测量系统由上机位和下机位组成。上、下机位通过串行口通信传送数据。结构组成如图 2-13 所示，由加载、控制测力、测角和显示几部分组成。

加载系统：以松下伺服电动机为动力源，通过减速器减速，将动力传到主轴，使夹头旋转，对试样施加扭矩。试验机的正反加载和停车，可按显示器的标志按钮。试验机具有较宽的调速范围。

测力单元：夹头传来的力矩经传感器处理后输出，在计算机上显示出来，根据满意程度选择保存或打印。

控制系统：控制系统由电机、驱动系统和控制主板组成。控制器采用数字控制方式，输入的反馈信号直接被转换为数字输出命令，偏差信号也完全数字化控制，经由转换器输出并驱动电机。

转角测量:光电编码器和传动系统组成转角测量单元,能把移动横梁的转角量及时显示出来。光电编码器将编码器的角转角转换成直线转角。因为编码器的角转角与输出的脉冲数成正比,只要识别脉冲数就知道了转角的大小。光电编码器输出的脉冲经整形电路整形后输入计算机,计算机将接收到的脉冲信号进行计数、方向识别和处理后,再将结果送到显示器显示。

图 2-13　微机控制电子扭转试验机

4.4　操作步骤

4.4.1　低碳钢的扭转实验

4.4.1.1　实验前准备

(1)用游标卡尺测量试件直径,计算出扭转截面系数 W_p。在试件的中央和两端共三处,每处测一对正交方向,取平均值作该处直径,然后取三处直径最小者,作为试件直径 d,并据此计算 W_p。

(2)打开试验机测控系统的电源开关,Reger Test 控制系统进入测试状态,待测试完毕,移动主菜单使其进入到状态。

(3)开启微机进入 Windows 操作系统,运行测试应用程序。

(4)等待程序进入主界面后,用鼠标点击“联机”,随后出现联机画面,若联机成功,则试验机上各按键指示灯变亮。

4.4.1.2　实验步骤

(1)实验前必须设置与测试相关的系统设置、控制设置、试样参数、数据处理选项、图表设置等。

(2)在实验运行前必须对扭矩、扭角、行程、位置和运行时间进行清零。

(3)检查计算机与下位机是否联机且通信是否正常,急停是否打开。

(4)检查试样的夹持是否正常。

(5)用粉笔在试件表面上画一纵向线,以便观察试件的扭转变形情况。

(6)上述工作完成后可用鼠标点击测试快捷按钮进行测试。注意观察微机显示屏上

绘制 T-φ 曲线的情况，如有异常，应及时单击“结束实验”按钮停机，查明原因并更正后再重新实验。

(7)试样扭转破坏后，单击“结束实验”按钮停机(也可在试验前在“实验条件”菜单中重新设置断裂检测功能而自动停机)，然后点取“保存数据” 按钮，保存实验数据。取下试样。

(8)数据处理。单击菜单栏中的“实验分析”，并在相应的对话中选择需要计算的项目。需要打印时单击“实验报告”按钮，把需要输出的选项移到右侧的空白框内，在曲线类型栏中选择应力-应变曲线，单击“确定”按钮后打印实验报告。先关闭微机的电源，再关闭试验机测控系统的电源开关，并清理现场。

4.4.2 铸铁的扭转实验

铸铁试样扭转实验的步骤与低碳钢扭转实验基本相同，但不测屈服载荷而测最大载荷。此外，要在试样周围加防护罩，以免在实验过程中试样飞出伤人。

4.5 注意事项

(1)实验过程中禁止改变实验参数，否则可能导致设备失控。

(2)启动测试软件后，不得直接关闭计算机电源。

(3)突遇停电请马上关闭所有电源，待确认供电稳定后再开机。

(4)本机启动运行后切勿离开岗位。

(5)测试软件所有在目录下的文件不得随意更改、删除。

(6)该测试软件运行时，禁止使用屏幕保护程序。

4.6 实验记录

根据测定数据计算低碳钢扭转时的 σ_s、σ_b 和铸铁扭转时的 σ_b。

低碳钢扭转试件尺寸记录表

mm

低碳钢扭转试件直径 d_0								
横截面Ⅰ			横截面Ⅱ			横截面Ⅲ		
1	2	平均	1	2	平均	1	2	平均

铸铁扭转试件尺寸记录表

mm

铸铁扭转试件直径 d_0								
横截面Ⅰ			横截面Ⅱ			横截面Ⅲ		
1	2	平均	1	2	平均	1	2	平均

低碳钢和铸铁在扭转时的荷载值记录表 N·m

低碳钢扭转		铸铁扭转
屈服荷载 T_s	极限荷载 T_b	极限荷载 T_b

计算结果记录表 MPa

低碳钢扭转		铸铁扭转
屈服荷载 τ_s	极限强度 τ_b	极限强度 τ_b

计算公式：低碳钢 $\tau_s = \frac{3T_s}{4W_p}$；$\tau_b = \frac{3T_b}{4W_p}$；铸铁 $\tau_b = \frac{T_b}{W_p}$；$W_p = \frac{\pi d^3}{16}$

4.7 讨论

（1）低碳钢拉伸和扭转的断裂方式是否一样？破坏原因是否相同？

（2）铸铁在压缩和扭转时，端口都与轴线呈 45°，破坏原因是否相同？

（3）根据实验结果，选择下列括号中的正确词。

a. 低碳钢受扭时，由（拉、压、剪）应力破坏。

b. 铸铁受扭时，由（拉、压、剪）应力破坏。

c. 低碳钢抗拉能力（大于、小于、等于）抗剪能力。

d. 铸铁抗拉能力（大于、小于、等于）抗剪能力。

5 低碳钢切变模量的测定实验

5.1 实验目的

（1）了解 LR-30 型扭转测 G 仪的实验原理。

（2）验证材料受扭时在比例极限内的剪切胡克定律。

（3）测定低碳钢材料的剪切弹性模量 G 值。

5.2 实验原理

圆轴受扭时，材料处于纯剪切应力状态。在比例极限以内，材料的剪应力 τ 与剪应变 γ 成正比，即满足剪切胡克定律：

$$\tau = G\gamma \tag{2-9}$$

由此可得出圆轴受扭时的胡克定律表达式：

$$\varphi = \frac{TL_0}{GI_p} \tag{2-10}$$

式中，T 为扭矩；L_0 为试件的 A、B 两截面长度；I_p 为圆截面的极惯性矩。

对试件逐级增加同样大小的扭矩 ΔT，相应地测出相距为 L_0 的两个截面之间的相对扭转角增量 φ。如果每一级扭矩增量所引起的扭转角增量 $\Delta\varphi$ 基本相同，这就验证了剪切胡克定律。根据测得的各级扭转角增量的平均值 $\Delta\varphi$，可用下式算出切变模量：

$$G = \frac{\Delta T L_0}{\Delta\varphi I_p} \tag{2-11}$$

5.3 仪器设备

(1)LR-30 型扭转测 G 仪。

(2)百分表。

5.3.1 LR-30 型扭转测 G 仪

钢在弹性范围内，两截面间的相对扭角是非常微小的，用扭转试验机上的测角装置是难以精确测读的。需要具有放大倍数大、精度高的专门仪器，这种仪器一般称为测角仪。

测角仪的种类很多，按其结构来分，有机械式、光学式和电子式等。但它们的基本原理是相同的，都是将试件某截面圆周绕其形心旋转的弧长与其另一截面圆周绕其形心旋转的弧长之差进行放大后再测读。

图 2-14 所示的是一种机械式测 G 仪。在试件的 A、B 两截面处，分别装上了两根臂杆 AC 和 BD，以放大 A、B 两截面圆周绕其形心旋转的弧长。如果用百分表来放大、测读两臂杆的相对旋转弧长，那就是机械式测角仪(如果用镜片来代替二臂杆，分别用光杠杆放大 A、B 两截面圆周旋转的相对弧长，就成为镜式测角仪。如果差动变压器替代百分表，可将二臂杆的相对旋转弧长，以电量讯号输出，再接上二次显示仪表，就是电子式测角仪)。当试件受扭时，固夹在试件上的 AC、BD 杆就会绕试件轴转动，则安装在 AC、BD 杆上的百分表指针走动。设指针走动的位移为 δ_A、δ_B，A、B 两截面的距离为 L，则 A、B 截面的相对扭转角为：

$$\varphi_{AB} = \frac{\delta_B}{L} - \frac{\delta_A}{L} \tag{2-12}$$

(注意：这样计算出来的 φ 的单位为弧长)

5.4 操作步骤

(1)安装百分表，使百分表测头垂直压在测量臂端部的刻线上，并将其预压 2～3 圈。

(2)加载。依次在砝码盘上加砝码，每次 1 kg，并记录每次两个百分表相应的读数。

(3)至少要测定 4 次，从中选择一组最好的数据，作为计算 G 值的 $\Delta\varphi$。

5.5 注意事项

(1)不要随便松动各部位的固紧螺丝。

(2)百分表要轻拿轻放，不要磕、碰、摔。

(3)百分表测头与测量臂不垂直时要重新调整百分表。

(4)轻轻加砝码,不能对测 G 仪产生冲击和振动,以防损坏砝码盘挂钩。

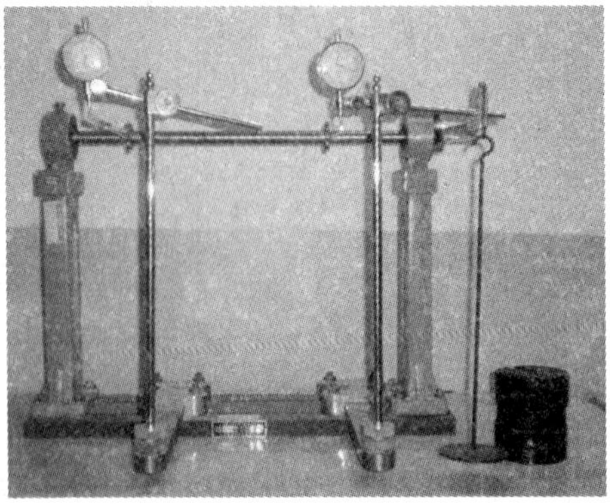

图 2-14　LR-30 型扭转测 G 仪

5.6　实验记录

根据测得的数据计算剪切弹性模量。

实验数据记录　　$\times 10^{-2}$ mm

P/kg	A	ΔA	B	ΔB
1				
2				
3				
4				
5				

5.7　讨论

(1)剪切弹性模量 G 的物理意义是什么?

(2)为什么要加初载荷?为什么要用增量法加载,且使最大应力控制在材料比例极限之内?

6　材料弹性模量和泊松比的测定实验

6.1　实验目的

(1)测定常用金属材料的弹性模量 E 和泊松比 μ。

(2)验证胡克(Hooke)定律。

6.2 实验原理

试件采用矩形截面试件，电阻应变片布片方式如图 2-15 所示。在试件中央截面上，沿前后两面的轴线方向分别对称的贴一对轴向应变片 R_1、R_1' 和一对横向应变片 R_2、R_2'，以测量轴向应变 ε 和横向应变 ε'。

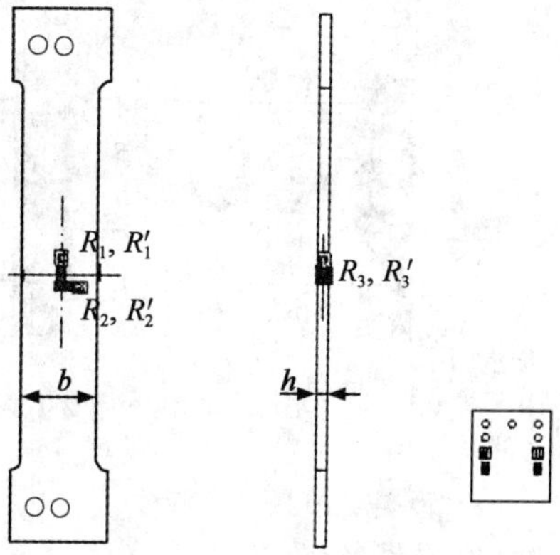

图 2-15 拉伸试件及布片图

(1)弹性模量 E 的测定　由于实验装置和安装初始状态的不稳定性，拉伸曲线的初始阶段往往是非线性的。为了尽可能减小测量误差，实验宜从初载荷 P_0($P_0 \neq 0$)开始，采用增量法，分级加载，分别测量在各相同载荷增量 ΔP 作用下，产生的应变增量 $\Delta\varepsilon$，并求出 $\Delta\varepsilon$ 的平均值。设试件初始横截面面积为 A_0，又因 $\varepsilon = \Delta l / l$，则增量法测 E 的计算公式为：

$$E = \frac{\Delta P}{\Delta\varepsilon A_0} \tag{2-13}$$

式中，A_0 为试件截面面积；$\Delta\varepsilon$ 为轴向应变增量的平均值。

用上述板试件测 E 时，合理地选择组桥方式可有效地提高测试灵敏度和实验效率。采用相对桥臂测量将两轴向应变片分别接在电桥的相对两臂(AB、CD)，两温度补偿片接在相对桥臂(BC、DA)，偏心弯曲的影响可自动消除。根据桥路原理得到：

$$\varepsilon_d = 2\varepsilon_p \tag{2-14}$$

可以看出，测量灵敏度提高了 2 倍。

(2)泊松比 μ 的测定　利用试件上的横向应变片和补偿应变片合理组桥，为了尽可能减小测量误差，实验宜从一初载荷 P_0($P_0 \neq 0$) 开始，采用增量法，分级加载，分别测量在各相同载荷增量 ΔP 作用下，横向应变增量 $\Delta\varepsilon'$ 和纵向应变增量 $\Delta\varepsilon$。求出平均值，按定义便可求得泊松比 μ。

$$\mu = \left| \frac{\overline{\Delta\varepsilon'}}{\overline{\Delta\varepsilon}} \right| \tag{2-15}$$

(3)实验接线方式　实验接桥采用全桥方式，应变片与应变仪组桥接线方法如图 2-16 所示。将试件上的应变片 R_i(即工作应变片) 连接到应变仪测点的 A/B 和 C/D 上，温度补偿片 R_t 接到应变仪测点的 B/C 和 A/D 上，测点上的 B 和 B_1 用短路片断开，桥路选择短接线悬空，并将所有螺钉旋紧。

弹性模量 E 测定时，使用与轴向方向平行(纵向)的两个应变片；泊松比 μ 测定时，使用与轴线方向垂直(横向)的两个应变片。横向应变片的应变值与纵向应变片的应变值的比值的绝对值即为被测材料的泊松比。

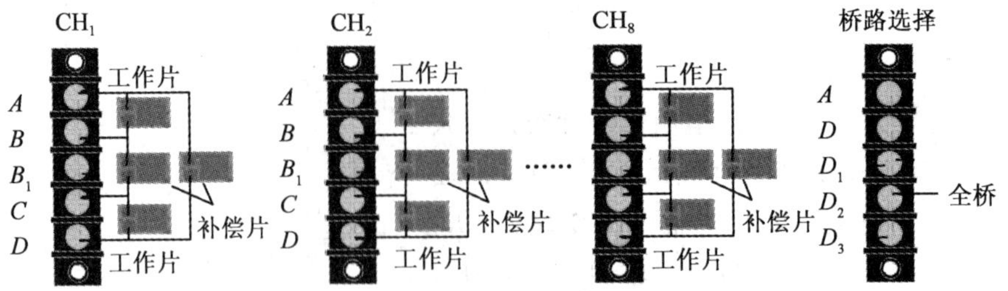

图 2-16　全桥方式组桥应变片连接图

6.3　仪器设备

(1)组合实验台中拉伸装置。

(2)XL2118A 系列静态电阻应变仪。

(3)游标卡尺、钢板尺。

6.3.1　组合式材料力学多功能实验台

组合式材料力学多功能实验台是方便同学们自己动手做材料力学电测实验的设备，一个实验台可做多种电测实验，功能全面，操作简单。

6.3.1.1　构造及工作原理

(1)外形结构　XL3418S 材料力学实验装置采用铸铁底座，蜗轮蜗杆加载机构，通过变换试件及连接附件即可进行多种材料力学实验。表面经过细致处理并通过喷塑加工使产品外观和牢固程度人大提高，结构紧固耐用，其外形结构如图 2-17 所示。

(2)加载原理　加载机构为内置式，采用蜗轮蜗杆及螺旋传动的原理，在不破坏轮齿的情况下，对试件进行施力加载，该设计采用了两种省力机械机构组合在一起，将手轮的转动变成了螺旋千斤加载的直线运动，具有操作省力，加载稳定等特点。

(3)工作机理　实验台采用蜗杆和螺旋复合加载机构，通过传感器及过渡加载附件对试件进行施力加载，加载力大小经拉压力传感器由静态电阻应变仪的测力部分测出所施加的力值；各试件的受力变形，通过静态电阻应变仪的测试应变部分显示出来，该测试设备备有微机接口，所有数据可由计算机分析处理打印。

6.3.1.2　操作步骤

(1)将所做实验的试件通过有关附件连接到实验台相应位置，连接拉压力传感器和加载件到加载机构上去。

(2)连接传感器电缆线到仪器传感器输入插座，连接应变片导线到仪器的各个通道接口上去。

(3)打开仪器电源，预热 20 min 左右，输入传感器量程及灵敏度和应变片灵敏系数(一般首次使用时已调好，如实验项目及传感器没有改变，可不必重新设置)，在不加载的情况下将测力量和应变量调至零。

(4)可在初始值以上对各试件进行分级加载，转动手轮速度要均匀，加载砝码要轻拿

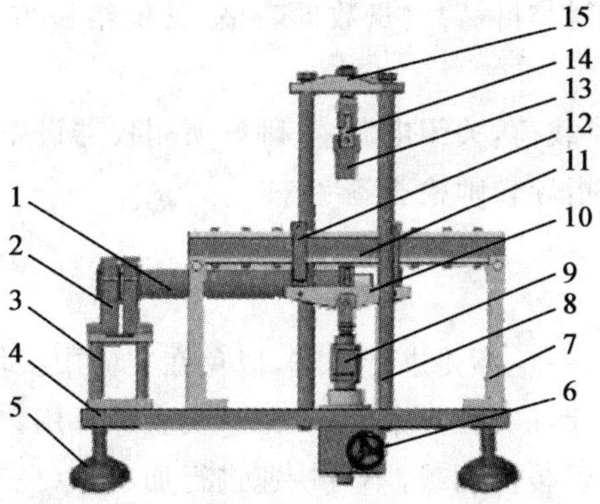

图 2-17　XL3418S 实验装置外形结构图

1.弯扭组合实验试件　2.弯扭组合实验固定托架　3.弯扭组合实验支架　4.实验装置平台　5.实验装置调节地脚　6.实验台加载机构　7.纯弯曲梁实验支柱　8.实验台支柱　9.加载传感器　10.纯弯曲实验加载副梁　11.纯弯曲实验梁(夹层梁)　12.纯弯曲实验加载吊环　13.同抽检伸试件　14.拉伸试件上铰链　15.实验装置上横梁

轻放,实验时要记录各级力值和试件产生的应变值,以便实验结束进行计算、分析和验证。如已与微机连接,则全部数据可由计算机进行简单的分析并打印。

6.3.1.3　注意事项

(1)每次实验最好先将试件摆放好,仪器接通电源,打开仪器预热 20 min 左右,讲完课再做实验。

(2)各项实验不得超过规定终载的最大拉压力。

(3)加载机构作用行程为 50 mm,手轮转动快到行程末端时应缓慢转动,以免撞坏有关定位件。

(4)所有实验进行完后,应释放加力机构,最好拆下试件,以免闲杂人员乱动损坏传感器和有关试件。

(5)蜗杆加载机构每半年或定期加润滑机油,避免干磨损,缩短使用寿命。

6.4　操作步骤

(1)设计好本实验所需的各类数据表格。

(2)测量试件尺寸。在试件标距范围内,测量试件 3 个横截面尺寸,取 3 处横截面面积的平均值作为试件的横截面面积 A_0。

(3)拟订加载方案。可先选取适当的初载荷 P_0,估算 P_{max} 该实验载荷范围 $P_{max} \leqslant 4\ 000$ N,分 4～6 级加载。

(4)根据加载方案,调整好实验加载装置。

(5)按实验要求接好线,调整好仪器,检查整个测试系统是否处于正常工作状态。

(6)加载。均匀缓慢加载至初载荷 P_0,记下各点应变的初始读数;然后分级等增量加载,每增加一级载荷,依次记录各点电阻应变片的应变值,直到最终载荷。实验至少重复两次。实验记录中设计了相对桥臂测量数据表格，其他组桥方式实验表格可根据实际情况自行设计。

(7)做完实验后，卸掉载荷，关闭电源，整理好所用仪器设备，清理实验现场，将所用仪器设备复原，实验资料交指导教师检查签字。

6.5 注意事项

(1)测试仪未开机前，一定不要进行加载，以免在实验中损坏试件。

(2)实验前一定要设计好实验方案，准确测量实验计算用数据。

(3)加载过程中一定要缓慢加载，不可快速进行加载，以免超过预定加载载荷值，造成测试数据不准确，同时注意不要超过实验方案中预定的最大载荷，以免损坏试件；该实验最大载荷 4 000 N。

(4)实验结束，一定要先将载荷卸掉，必要时可将加载附件一起卸掉，以免误操作损坏试件。

(5)确认载荷完全卸掉后，关闭仪器电源，整理实验台面。

6.6 实验记录

根据测得的应变，计算弹性模量和泊松比实验值。再根据提供的弹性模量和泊松比理论值，计算它们之间的相对误差。

试件相关参考数据记录表

试件	厚度 h/mm	宽度 b/mm	横截面面积 $A_0=bh$/mm^2
截面Ⅰ	4.8	30	
截面Ⅱ	4.8	30	
截面Ⅲ	4.8	30	
平均	4.8	30	
弹性模量 $E=206$ GPa			
泊松比 $\mu=0.26$			

实验数据记录表

<table>
<tr><td rowspan="2">载荷
/N</td><td>P</td><td></td><td></td><td></td><td></td><td></td><td></td></tr>
<tr><td>ΔP</td><td></td><td></td><td></td><td></td><td></td><td></td></tr>
<tr><td rowspan="4">轴向
应变
ε/
(×10^{-6})</td><td>ε_{dp}</td><td></td><td></td><td></td><td></td><td></td><td></td></tr>
<tr><td>$\Delta\varepsilon_{dp}$</td><td colspan="6"></td></tr>
<tr><td>$\overline{\Delta\varepsilon_{dp}}$</td><td colspan="6"></td></tr>
<tr><td>$\Delta\varepsilon_p$</td><td colspan="6"></td></tr>
</table>

续表

横向应变 ε/($\times10^{-6}$)	ε'_{dp}						
	$\Delta\varepsilon'_{dp}$						
	$\overline{\Delta\varepsilon'_{dp}}$						
	$\Delta\varepsilon'_{p}$						

(1)弹性模量 E 实验值:$E=\dfrac{\Delta P}{\Delta\varepsilon A_0}$

(2)泊松比 μ 实验值:$\mu=\left|\dfrac{\overline{\Delta\varepsilon'}}{\overline{\Delta\varepsilon}}\right|$

6.7 讨论

(1)弹性模量 E 的物理意义是什么?

(2)为什么要加初载荷?为什么要用增量法加载,且使最大应力控制在材料比例极限之内?

(3)为什么要进行温度补偿?要求满足哪些条件?

7 纯弯曲梁的弯曲正应力测定实验

7.1 实验目的

(1)测定梁在纯弯曲时横截面上正应力大小和分布规律。

(2)验证纯弯曲梁的正应力计算公式。

7.2 实验原理

在纯弯曲条件下,根据平面假设和纵向纤维间无挤压的假设,可得到梁横截面上任一点的正应力,计算公式为

$$\sigma=\frac{My}{I_z} \tag{2-16}$$

式中,M 为弯矩;$M=Pa/2$;I_z 为横截面对中性轴的惯性矩;y 为所求应力点至中性轴的距离。

铰支梁受力变形原理分析简图如图 2-18 所示。

为了测量梁在纯弯曲时横截面上正应力的分布规律,在梁的纯弯曲段沿梁侧面不同高度,平行于轴线贴有应变片(图 2-19)。

实验可采用半桥单臂、公共补偿、多点测量方法。加载采用增量法,即每增加等量的载荷 ΔP,测出各点的应变增量 $\Delta\varepsilon_{i实}$,然后分别取各点应变增量的平均值 $\overline{\Delta\varepsilon_{i实}}$,依次求出各点的应力增量

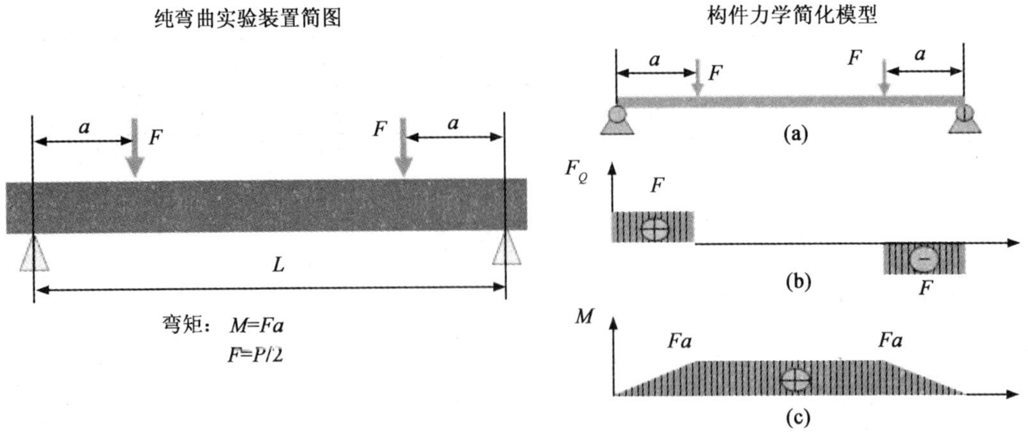

图 2-18　纯弯曲梁受力分析简化图

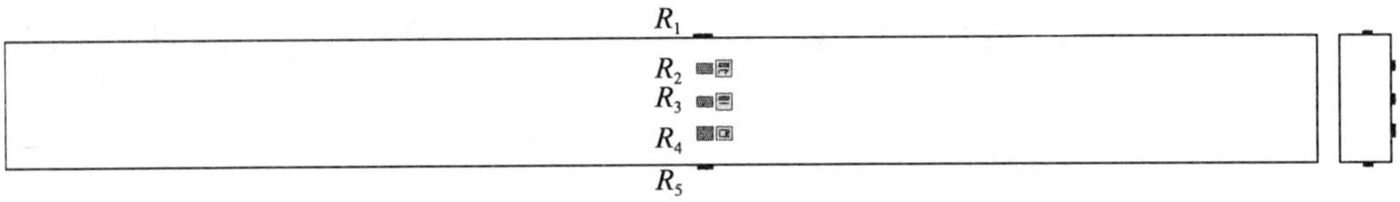

图 2-19　应变片在梁中的位置

$$\sigma_{i实} = E\Delta\varepsilon_{i实} (i=1,2,3,4,5) \tag{2-17}$$

将实测应力值与理论应力值进行比较，以验证弯曲正应力公式。

实验接桥采用 1/4 桥（半桥单臂）方式，应变片与应变仪组桥接线方法如图 2-20 所示。使用弯曲梁上的应变片 R_i（R_1，R_2，R_3，R_4，R_5 即工作应变片）分别连接到应变仪测点的 A/B 上，测点上的 B 和 B_1 用短路片短接；温度补偿应变片 R_t 连接到桥路选择端的 A/D 上，桥路选择短接线将 D_1/D_2 短接，并将所有螺钉旋紧。

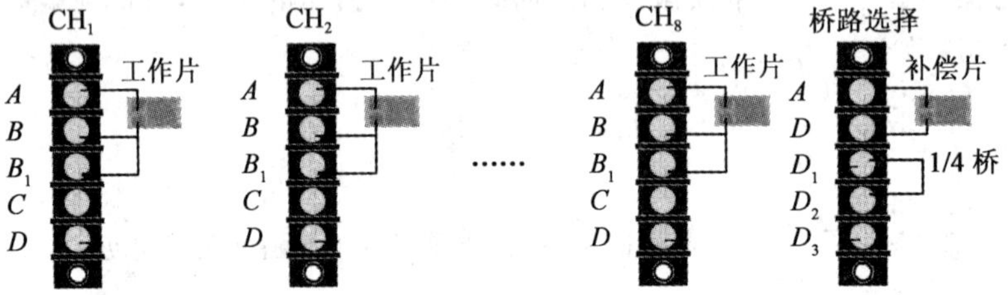

图 2-20　1/4 桥方式组桥应变片连接图

7.3　仪器设备

（1）组合实验台中纯弯曲梁实验装置。

（2）XL2118A 系列静态电阻应变仪。

(3)游标卡尺、钢板尺。

7.4 操作步骤

(1)设计好本实验所需的各类数据表格。

(2)测量矩形截面梁的宽度 b 和高度 h、载荷作用点到梁支点距离 a 及各应变片到中性层的距离 y_i，见表 2-3。

表 2-3 试件相关参考数据

应变片至中性层距离/mm		梁的尺寸和有关参数
y_1	-25	宽　度 $b=20$ mm
y_2	-12.5	高　度 $h=50$ mm
y_3	0	跨　度 $L=450$ mm
y_4	12.5	载荷距离 $a=150$ mm
y_5	25	弹性模量 $E=70$ GPa
泊松比 $\mu=0.3$		
惯性矩 $I_z=bh^3/12$		

(3)拟订加载方案。可先选取适当的初载荷 P_0，估算 P_{max}（该实验载荷范围 $P_{max}\leqslant$ 2 000 N)，分 4～6 级加载。

(4)根据加载方案，调整好实验加载装置。

(5)按实验要求接好线，调整好仪器，检查整个测试系统是否处于正常工作状态。

(6)先测量 3# 测点的应变以确定实验梁的安装是否符合实验要求，使梁处于完全不受载状态并平衡 3# 测点对应通道电桥。缓慢加载到 1 500 N 左右，此时 4# 测点通道的应变绝对值应该≤1，若该值不符合要求，应分别调整加实验梁的左右前后位置，同时观察应变值的变化情况，使应变值接近于 0。然后卸载至 0，应变值应回到 0，若不是 0，应再重复调整，直至符合要求。

(7)加载。均匀缓慢加载至初载荷 P_0，记下各点应变的初始读数；然后分级等增量加载，每增加一级载荷，依次记录各点电阻应变片的应变值 $\varepsilon_{i实}$，直到最终载荷。实验至少重复两次。

(8)做完实验后，卸掉载荷，关闭电源，整理好所用仪器设备，清理实验现场，将所用仪器设备复原，实验资料交指导教师检查签字。

7.5 注意事项

(1)测试仪未开机前，一定不要进行加载，以免在实验中损坏试件。

(2)实验前一定要设计好实验方案，准确测量实验计算用数据。

(3)加载过程中一定要缓慢加载，不可快速进行加载，以免超过预定加载载荷值，造成测试数据不准确，同时注意不要超过实验方案中预定的最大载荷，以免损坏试件，该实验最大载荷 2 000 N。

(4)实验结束，一定要先将载荷卸掉，必要时可将加载附件一起卸掉，以免误操作损坏试件。

(5)确认载荷完全卸掉后，关闭仪器电源，整理实验台面。

7.6 实验记录

根据测得的各点应变，计算相应的应力实验值。再计算各点应力理论值。然后计算它们之间的相对误差。

实验数据记录表

载荷/N	P							
	ΔP							
实验数据 ε/($\times10^{-6}$)	1	ε_p						
		$\Delta\varepsilon_p$						
		$\overline{\Delta\varepsilon_p}$						
	2	ε_p						
		$\Delta\varepsilon_p$						
		$\overline{\Delta\varepsilon_p}$						
	3	ε_p						
		$\Delta\varepsilon_p$						
		$\overline{\Delta\varepsilon_p}$						
	4	ε_p						
		$\Delta\varepsilon_p$						
		$\overline{\Delta\varepsilon_p}$						
	5	ε_p						
		$\Delta\varepsilon_p$						
		$\overline{\Delta\varepsilon_p}$						

(1)应力实验值计算

各点实验应力计算：$\sigma_i = E \times \overline{\Delta\varepsilon_i} \times 10^{-6} (i = 1,2,3,4,5)$

(2)应力理论值计算

载荷增量：$\Delta P = 300$ N　弯矩增量：$\Delta M = \dfrac{\Delta P \cdot a}{2} = 22.5$ N·m

惯性矩：$I = 2.08 \times 10^{-7}$ m^3

各点理论值计算：

$$\sigma_i = \frac{\Delta M \cdot y_i}{I_z} (i=1,2,3,4,5) \quad \sigma_{1,5} = \pm 2.7 \text{ MPa} \quad \sigma_{1,5} = \pm 1.35 \text{ MPa}$$

7.7 讨论

(1)实验结果和理论计算是否一致？如不一致，其主要影响因素是什么？

(2)弯曲正应力的大小是否会受材料弹性系数 E 的影响？

8 薄壁圆筒弯扭组合变形主应力测定实验

8.1 实验目的

(1)用电测法测定平面应力状态下主应力的大小及方向，并与理论值进行比较。

(2)进一步掌握电测法。

8.2 实验原理

(1)测定主应力大小和方向　空心圆管受弯扭组合作用，使圆筒发生组合变形，圆筒的 m-m' 截面处应变片位置及平面应力状态(图 2-21)。在 B 点单元体上作用有由弯矩引起的正应力 σ_x，由扭矩引起的剪应力 τ，主应力是一对拉应力 σ_1 和一对压应力 σ_3，单元体上的正应力 σ_x 和剪应力 τ 可按下式计算：

$$\sigma_x=\frac{M}{W_z} \tag{2-18}$$

$$\tau=\frac{T}{W_p} \tag{2-19}$$

式中，M 为弯矩，$M=P\cdot L$；T 为扭矩，$T=P\cdot a$；W_z 为抗弯截面模量，对空心圆筒：$W_z=\frac{\pi D^3}{32}\left[1-\left(\frac{d}{D}\right)^4\right]$；$W_p$ 为抗扭截面模量，对空心圆筒：$W_p=\frac{\pi D^3}{16}\left[1-\left(\frac{d}{D}\right)^4\right]$。

由二向应力状态分析可得到主应力及其方向

$$\begin{matrix}\sigma_1\\ \sigma_3\end{matrix}=\frac{\sigma_x}{2}\pm\sqrt{\left(\frac{\sigma_x}{2}\right)^2+\tau^2} \tag{2-20}$$

$$\tan 2\alpha_0=\frac{-2\tau}{\sigma_x} \tag{2-21}$$

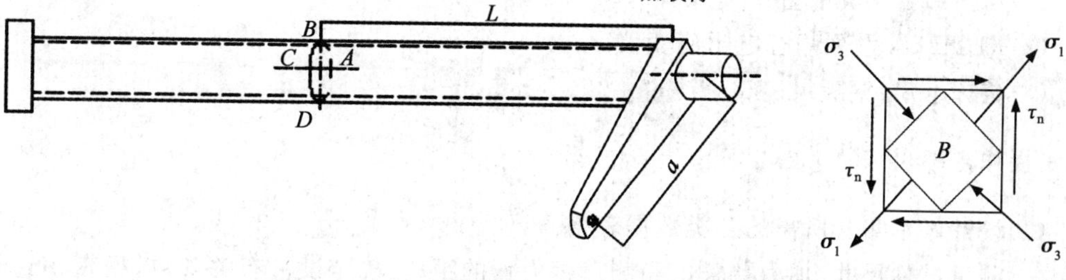

图 2-21　圆筒的 m-m' 截面应变片位置及 B 点应力状态

本实验装置采用 45°直角应变花，在 A、B、C、D 点各贴一组应变花(图 2-22)，B 点或 D 点应变花上三个应变片的 α 角分别为−45°、0°、45°。

$$\left.\begin{matrix}\varepsilon_1\\ \varepsilon_3\end{matrix}\right\} = \frac{\varepsilon_{45^\circ}+\varepsilon_{-45^\circ}}{2} \pm \frac{\sqrt{2}}{2}\sqrt{(\varepsilon_{45^\circ}-\varepsilon_{0^\circ})^2+(\varepsilon_{-45^\circ}-\varepsilon_{0^\circ})^2} \tag{2-22}$$

$$\tan 2\alpha_0 = \frac{\varepsilon_{45^\circ}-\varepsilon_{-45^\circ}}{2\varepsilon_{0^\circ}-\varepsilon_{45^\circ}-\varepsilon_{-45^\circ}} \tag{2-23}$$

主应力和主方向：

$$\left.\begin{matrix}\sigma_1\\ \sigma_3\end{matrix}\right\} = \frac{\varepsilon_{45^\circ}+\varepsilon_{-45^\circ}}{2(1-\mu)} \pm \frac{\sqrt{2}E}{2(1+\mu)}\sqrt{(\varepsilon_{45^\circ}-\varepsilon_{0^\circ})^2+(\varepsilon_{-45^\circ}-\varepsilon_{0^\circ})^2} \tag{2-24}$$

$$\tan 2\alpha_0 = \frac{\varepsilon_{45^\circ}-\varepsilon_{-45^\circ}}{2\varepsilon_{0^\circ}-\varepsilon_{45^\circ}-\varepsilon_{-45^\circ}} \tag{2-25}$$

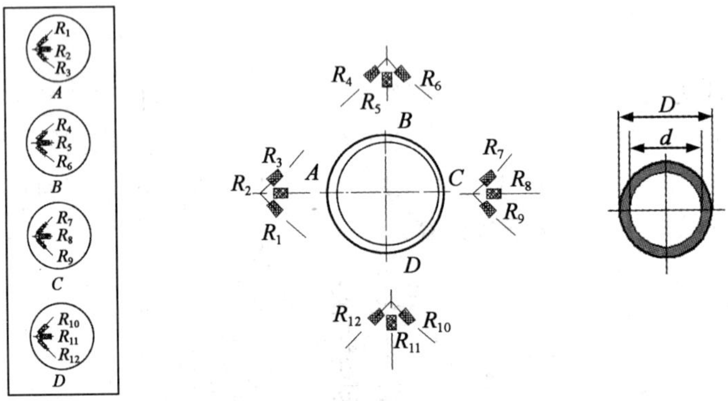

图 2-22　测点应变花布置及空心圆管截面图

(2)实验接线方法　实验接桥采用 1/4 桥(半桥单臂)方式，应变片与应变仪组桥接线方法如图 2-23 所示。使用空心圆管上顶点或下顶点应变片 R_i ($4^\#\sim6^\#$ 或 $10^\#\sim12^\#$，即工作应变片)分别连接到应变仪测点的 A/B 上，测点上的 B 和 B_1 用短路片短接；温度补偿应变片 R_t 连接到桥路选择端的 A/D 上，桥路选择短接线将 D_1/D_2 短接，并将所有螺钉旋紧。

8.3　仪器设备

(1)弯扭组合实验装置。

(2)XL2118A 系列静态电阻应变仪。

(3)游标卡尺、钢板尺。

8.4　操作步骤

(1)设计好本实验所需的各类数据表格。

(2)测量试件尺寸、加力臂长度和测点距力臂的距离，确定试件有关参数，见表 2-4。

(3)将空心圆管上的应变片按不同测试要求接到仪器上，组成不同的测量电桥。调整

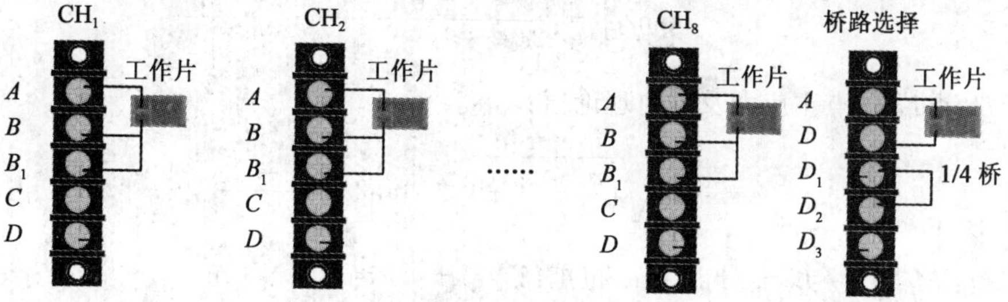

图 2-23　1/4 桥方式组桥应变片连接图

好仪器，检查整个测试系统是否处于正常工作状态。

(4)主应力大小、方向测定：将 B 或 D 点的三个应变片按半桥单臂、公共温度补偿法组成测量线路进行测量。

(5)拟订加载方案。可先选取适当的初载荷 P_0，估算 P_{max}（该实验载荷范围 $P_{max} \leqslant$ 700 N)，分 4～6 级加载。

(6)根据加载方案，调整好实验加载装置。

(7)加载。均匀缓慢加载至初载荷 P_0，记下各点应变的初始读数；然后分级等增量加载，每增加一级载荷，依次记录各点电阻应变片的应变值，直到最终载荷。实验至少重复两次。

(8)做完实验后，卸掉载荷，关闭电源，整理好所用仪器设备，清理实验现场，将所用仪器设备复原，实验资料交指导教师检查签字。

(9)实验装置中，圆筒的管壁很薄，为避免损坏装置，注意切勿超载，不能用力扳动圆筒的自由端和力臂。

8.5　注意事项

(1)测试仪未开机前，一定不要进行加载，以免在实验中损坏试件。

(2)实验前一定要设计好实验方案，准确测量实验计算用数据。

(3)加载过程中一定要缓慢加载，不可快速进行加载，以免超过预定加载载荷值，造成测试数据不准确，同时注意不要超过实验方案中预定的最大载荷，以免损坏试件；该实验最大载荷 700 N。

(4)实验结束，一定要先将载荷卸掉，必要时可将加载附件一起卸掉，以免误操作损坏试件。

(5)确认载荷完全卸掉后，关闭仪器电源，整理实验台面。

8.6　实验记录

根据测得的各点应变，计算相应的主应力实验值。再计算主应力理论值。然后计算它们之间的相对误差。

(1)B 点或 D 点主应力及方向实验值：

$$\left.\begin{matrix}\sigma_1\\ \sigma_3\end{matrix}\right\} = \frac{\varepsilon_{45^\circ} + \varepsilon_{-45^\circ}}{2(1-\mu)} \pm \frac{\sqrt{2}E}{2(1+\mu)}\sqrt{(\varepsilon_{45^\circ} - \varepsilon_{0^\circ})^2 + (\varepsilon_{-45^\circ} - \varepsilon_{0^\circ})^2}$$

$$\tan 2\alpha_0 = \frac{\varepsilon_{45^\circ} - \varepsilon_{-45^\circ}}{2\varepsilon_{0^\circ} - \varepsilon_{45^\circ} - \varepsilon_{-45^\circ}}$$

(2)B 点或 D 点主应力及方向理论值：

$$\left.\begin{matrix}\sigma_1\\ \sigma_3\end{matrix}\right\} = \frac{\sigma_x}{2} \pm \sqrt{\left(\frac{\sigma_x}{2}\right)^2 + \tau^2} \qquad \tan 2\alpha_0 = \frac{-2\tau}{\sigma_x}$$

弯矩：$M = P \cdot L = 24\ \mathrm{N \cdot m}$，扭矩：$T = P \cdot a = 200\ \mathrm{N \cdot m}$，

$$W_z = \frac{\pi D^3}{32}\left[1 - \left(\frac{d}{D}\right)^4\right] = 1.93 \times 10^{-6}$$

$$W_p = \frac{\pi D^3}{16}\left[1 - \left(\frac{d}{D}\right)^4\right] = 3.86 \times 10^{-6}$$

$$\sigma_x = \frac{M}{W_z} = 12.44\ \mathrm{MPa} \qquad \tau = \frac{T}{W_p} = 5.18\ \mathrm{MPa}$$

$$\left.\begin{matrix}\sigma_1\\ \sigma_3\end{matrix}\right\} = \frac{\sigma_x}{2} \pm \sqrt{\left(\frac{\sigma_x}{2}\right)^2 + \tau^2} = 6.22 \pm 8.09 = \begin{matrix}14.31\\ 1.87\end{matrix}$$

$$\tan 2\alpha_0 = \frac{-2\tau}{\sigma_x} = -0.83$$

表 2-4　试件相关参考数据

圆筒的尺寸和有关参数	
计算长度　L =240 mm	弹性模量　E=206 GPa
外　　径　D=38 mm(钢)/40 mm(铝)	泊 松 比　μ=0.26
内　　径　d=34 mm(钢)/34 mm(铝)	弹性模量　E=70 GPa
扇臂长度　a=200 mm	泊 松 比　μ=0.3

B 或 D 主应力实验数据记录表

载荷/N	P						
	ΔP						
各测点实验数据 ε/($\times 10^{-6}$)	45°	ε_p					
		$\Delta\varepsilon_p$					
		$\overline{\Delta\varepsilon_p}$					
	0	ε_p					
		$\Delta\varepsilon_p$					
		$\overline{\Delta\varepsilon_p}$					
	−45°	ε_p					
		$\Delta\varepsilon_p$					
		$\overline{\Delta\varepsilon_p}$					

8.7 讨论

（1）实验误差是由哪些因素造成的？

（2）为了测取弯曲正应力，可采用哪种形式的接桥方法？

9 冲击实验

在实际工程机械中，有许多构件常受到冲击载荷的作用，机器设计中应力求避免冲击波负荷，但由于结构或运行的特点，冲击负荷难以完全避免。例如内燃机膨胀冲程中气体爆炸推动活塞和连杆，使活塞和连杆之间发生冲击，火车开车、停车时，车辆之间的挂钩也产生冲击。在一些工具机中，却利用冲击负荷实现静负荷难以达到的效果，例如锻锤、冲击、凿岩机等，为了解材料在冲击载荷下的性能，我们必须做冲击实验。

9.1 实验目的

（1）了解冲击实验的意义，材料在冲击载荷作用下所表现的性能。

（2）测定低碳钢和铸铁的冲击韧度值 α_k。

9.2 实验原理

冲击实验是研究材料对于动荷抗力的一种实验，和静载荷作用不同，由于加载速度快，使材料内的应力骤然提高，变形速度影响了材料的机构性质，所以材料对动载荷作用表现出另一种反应。往往在静荷下具有很好塑性性能的材料，在冲击载荷下会呈现出脆性的性质。此外，在金属材料的冲击实验中，还可以揭示静载荷时不易发现的某结构特点和工作条件对机械性能的影响（如应力集中，材料内部缺陷，化学成分和加荷时温度，受力状态以及热处理情况等），因此它在工艺分析比较和科学研究中都具有一定的意义。变形速度不同，材料的力学性能也会随之发生变化。在工程上常采用“冲击韧度”来表示材料抵抗冲击的能力。材料力学实验中的冲击实验采用的是常温简支梁的大能量一次冲击实验，冲击实验机如图 2-24 所示。

实验时，将质量为 Q 的摆锤向上摆起高度 H，于是摆锤便具有一定的位能，令摆锤突然下落，冲击安装在机座上的试件，将试件冲断。试件折断所消耗的能量等于摆锤原来的位能（在 α 角处）与其冲断试件后在扬起位置（在 β 角处）时的位能之差。冲断试件所消耗的能量可从试验机刻度盘上直接读得，则材料的冲击韧度可由下式得到：

$$\alpha_k = \frac{W}{A} \tag{2-26}$$

式中，W 为冲断试件所消耗的能量；A 为试件断口处的横截面面积。

9.3 仪器设备

（1）冲击试验机。

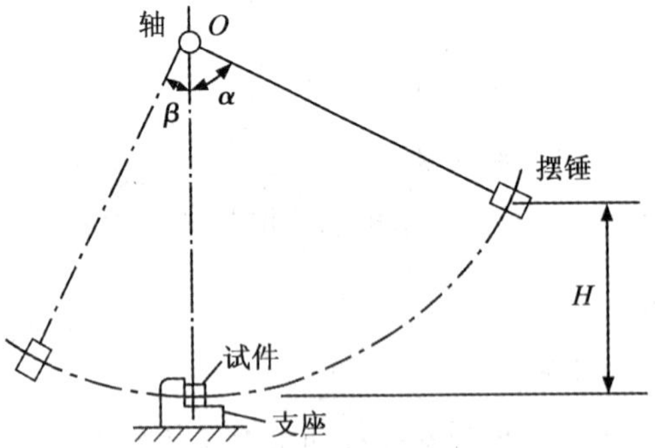

图 2-24 冲击实验机

(2)冲击试件。

(3)游标卡尺等。

9.3.1 CBD-300 型全自动金属摆锤式冲击试验机

9.3.1.1 工作原理

CBD-300 型全自动金属摆锤式冲击试验机采用 intel 单芯片微处理器 89C52 作为主CPU 进行冲击试验的过程控制、数据处理、数据打印。实验数据是通过数码管显示。控制系统通过电控箱面板的按键预置试验参数,输出试验结果,标定系统。冲击、举摆、放摆、自动送料通过操作电控箱按钮实现。控制系统经过外接线控制电力拖动部分完成试验。

9.3.1.2 操作方法

(1)测试准备。首先安装所需摆锤,并将摆锤自由静止放置。其次,开启控制系统电源,听到一声蜂鸣器响后,将“急停”开关按键旋开,此时“急停”开关灯亮。

(2)参数及功能设置。合上“设定”键(配钥匙锁存),按“清零”键一次,设定日期、时间。一切设定完毕,解除“设定”按键。

(3)冲击试验。①送料:可自动送料,也可手动送料。往料夹添加试样时头、手避免超过摆锤运动面。②取摆:按“取摆”按钮,系统开始取摆,举到摆钩位置停止举摆。③送摆:按“送摆”按钮,系统开始送摆,放到最低位置停止送摆。④冲击:按“冲击”按钮,系统开始进行冲击实验。“冲击”按钮灯灭表示实验结束。每次完成试样冲击后显示冲击功,此时按“标定”键,返回正常试验状态,否则一直显示实验为冲击功。

(4)打印实验结果。按“打印”键,打印实验结果。

(5)实验结束后按下“急停”开关,关闭控制系统电源。

9.3.1.3 注意事项

(1)必须在锤体自由悬垂静止后方可角度值清零。

(2)突遇停电请马上关闭所有电源,待确认供电稳定后再开机。

(3)经常保持清洁,防止锈蚀。每年周期检定一次。

9.3.2　冲击试件

工程上常用金属材料的冲击试件一般在带缺口槽的矩形试件，做成制品的目的是为了便于揭露各因素对材料在高速变形时的冲击抗力的影响。并了解试件的破坏方式是塑性滑移还是脆性断裂。但缺口形状和试件尺寸对材料的冲击韧度 α_k 值的影响极大，要保证实验结果能进行比较，正确地反映材料抵抗冲击的能力，国家标准 GB/T 229—2007 规定的冲击试件有两种形状：①V 形缺口试件，见图 2-25(a)；②U 形缺口试件，见图 2-25(b)。故测定值 α_k 的冲击实验实质上是一种比较性实验，本实验采用冲击试件为10 mm×10 mm×10 mm 带有 2 mm 深的 U 形缺口试件，其形状如图 2-25 所示。

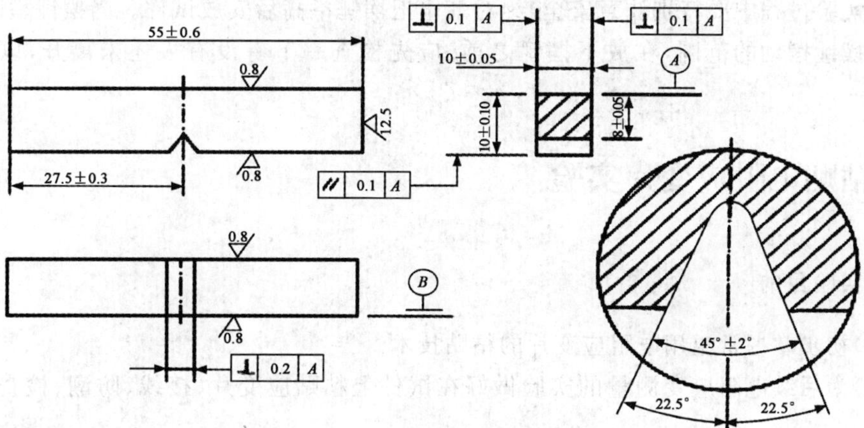

(a) V 形缺口试件

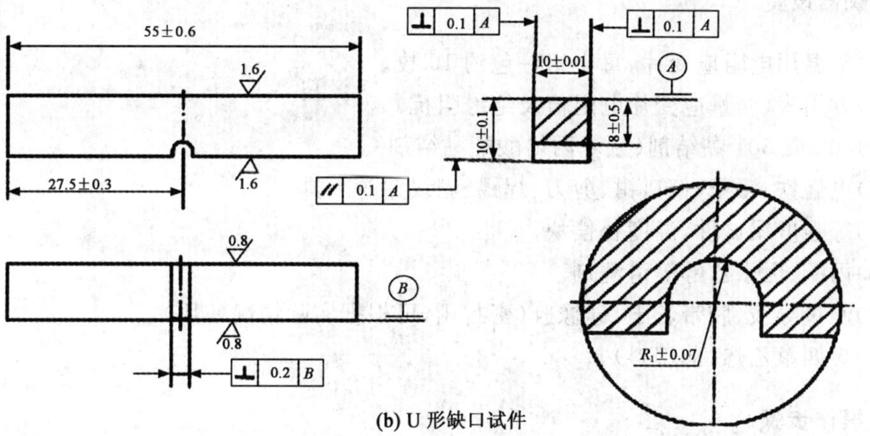

(b) U 形缺口试件

图 2-25　冲击试件形状

9.4　操作步骤

(1)测量试件尺寸，要测量缺口处的试件尺寸。

(2)了解摆锤冲击试验机的构造原理和操作方法，掌握冲击试验机的操作规程，一定要注意安全。

(3)将冲击试验机指针调到“零点”,根据试件材料估计所需破坏能量,先空打一次,测定机件间的摩擦消耗功。

(4)将试件装入冲击试验机上,简梁式冲击实验应使没有缺口的面朝向摆锤冲击的一边,缺口的位置应在两支座中间,要使缺口和摆锤冲刃对准。将摆锤举到空打时的位置,打开锁杆。使摆锤落下,冲断试件,读出试件冲断时消耗的功,式(2-26)可计算出材料的冲击韧度值 α_k。

9.5 注意事项

在实验过程中要特别注意安全,绝对禁止把摆锤举高后安放试件。当摆锤举高后,人就离开摆锤摆动的范围,在放下摆锤之前,应先检查一下有没有人还未离开,以免发生危险。

10 粘贴电阻应变片实验

10.1 实验目的

(1)初步掌握常温用电阻应变片的粘贴技术。

(2)为后续电阻应变测量的实验做好在试件上粘贴应变片、接线、防潮、检查等准备工作。

10.2 仪器设备

(1)常温用电阻应变片,每小组一包约 10 枚。

(2)万用表(测量应变片电阻值及绝缘阻抗)。

(3)502 或 501 黏结剂(氰基丙烯酸酯黏结剂)。

(4)电烙铁、镊子、偏口钳、剪刀、焊锡、剥线钳等工具。

(5)等强度梁试件,温度补偿块。

(6)丙酮、无水乙醇等清洗剂。

(7)测量导线、胶带若干,硅橡胶(密封用,可根据实际情况使用)。

(8)聚四氟乙烯(薄塑料)。

10.3 操作步骤

(1)用四位电桥测量应变片电阻值,选择电阻值差在±0.5 Ω 内的 5～6 枚应变片供粘贴用。

(2)将新购买或经冰箱保存的性能有效的 502 或 501 黏结剂瓶口打一小细孔,以便只流出少量胶液。

(3)先将试件待贴位置用细砂纸(300 目以上)打成 45°交叉纹,并用丙酮及无水乙醇蘸棉球将贴片位置附近擦洗干净直到棉球洁白为止,按图 2-26 所示布片图用钢笔画方向线，画线晾干后再用棉球擦一下。

(4)一手捏住应变片引出线，一手拿 502 黏结剂瓶，将瓶口向下在应变对某底局面上涂抹一层黏结剂，涂黏结剂后，立即将应变片底面向下平放在试件贴片部位上，并使应变片基对准方向线，将一小片聚四氟乙烯薄膜(0.05～0.1 mm 厚)盖在应变片上，用手指按应变片挤出多余黏结剂(注意按住时不要使应变片移动)手指保持不动约 1 min 后再放开，轻轻掀开薄膜，检查有无气泡、翘曲、脱胶等现象，若有此现象需重贴。注意黏结剂不要用得过多或过少，过多，则胶层太厚影响应变片性能；过少，则粘贴不牢不能准确传递应变。可事先用废片试贴练习，掌握时间和用力，如用力过大，胶几乎全部被挤出，黏结不牢，甚至压坏应变片敏感栅。此外注意不要被 502 胶粘住手指或皮肤，如被粘上可用丙酮泡洗掉。502 黏结剂有刺激性气味，不宜多吸入，切忌滴及眼睛。

(5)每个小组在补偿块上粘贴 2 片应变片，在等强度梁上粘贴 5 片应变片，共 7 片应变片。

(6)用万用表检查应变片是否通路，如属敏感栅断开则需要重贴，如属焊点与引出线脱开尚可补焊。将引出线与试件轻轻脱离。

(7)将导线塑料皮剥去约 3 mm 并涂上焊锡，测量导线用胶带固定在等强度梁上，使导线一端与应变片引出线靠近，然后用电烙铁将应变片引出线与测量导线锡焊，焊点要求光滑小巧，防止虚焊，再用万用表检查应变片是否通路，然后用高阻表检查各应变片(一根导线)与试件之间的绝缘电阻，应大于 200 MΩ 为好。将导线编号，画布片和编号图。导线应布置整齐。

(8)用硅橡胶覆盖应变片区域，作防潮层，再检查通路和绝缘，将等强度梁和补偿块收存好。

(9)如果用其他黏结剂粘贴应变片则粘贴工艺不同，应按具体情况改变。

10.4 实验报告要求

(1)简述贴片、接线、检查等主要步骤。

(2)画布片和编号图，如图 2-26 所示。

(3)将贴好应变片的试件，固定到实验台上，加 10 N 载荷，进行验证应变变化。

(4)根据实际情况，学生可自行设计实验方案和数据表格。

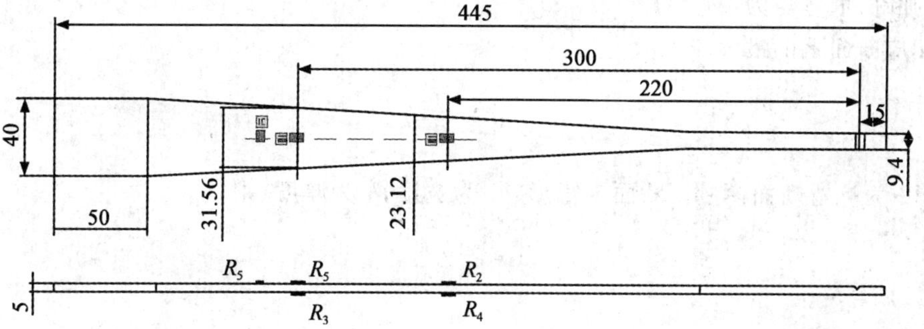

图 2-26　等强度梁外形及布片图(单位:mm)

等强度梁参考参数：

梁的极限尺寸　$L\times B\times h=445\ \text{mm}\times 40\ \text{mm}\times 5\ \text{mm}$

梁的工作尺寸　$l\times B\times h=380\ \text{mm}\times 40\ \text{mm}\times 5\ \text{mm}$

梁的断面应力　$\sigma=45.6$ MPa(20 N)

梁有效长度段的斜率　$\tan\alpha=0.052\ 6$

应变片截面宽度　$b_1=23.12$ mm；$b_2=31.56$ mm

应变片到测试点距离　$x_1=220$ mm；$x_2=300$ mm

弹性模量　$E=206$ GPa，泊松比 $\mu=0.26$

10.5　注意事项

(1)测量应变阻值时，注意不要两只手都与应变片引线接触，以免将人体电阻并联到应变片电阻中。

(2)焊接应变片导线时时间不要过长(一般在 3 s 左右)，一次没有焊好应间隔几秒钟进行补焊。

(3)一定要将测量用连接导线用胶带固定好，以免将接线端子扯掉拽断应变片导线。

(4)焊接前，一定要将应变片导线上的残余胶粘剂清除干净(用 502 胶水，可直接用电烙铁短时间加热，并镀上焊锡)。

(5)焊完后的电阻应变片上多余连接导线用剪刀剪掉。

11　等强度梁弯曲正应力测定实验

11.1　实验目的

(1)测定等强度梁弯曲正应力。

(2)练习多点应变测量方法，熟悉掌握应变仪的使用。

11.2　实验原理

等强度梁为变截面悬臂梁如图 2-27 所示。当悬臂梁上加一个载荷 P 时，距加载点 x 距离的断面上弯矩为：$M_x=Px$

相应断面上的最大应力为：

$$\sigma=\frac{Px}{W}\tag{2-27}$$

式中，W 为抗弯断面模量。断面为矩形，b_x 为宽度，h 为厚度，则：

$$W=\frac{b_x h^2}{6}\tag{2-28}$$

因而

$$\sigma=\frac{6Px}{b_x h^2}\tag{2-29}$$

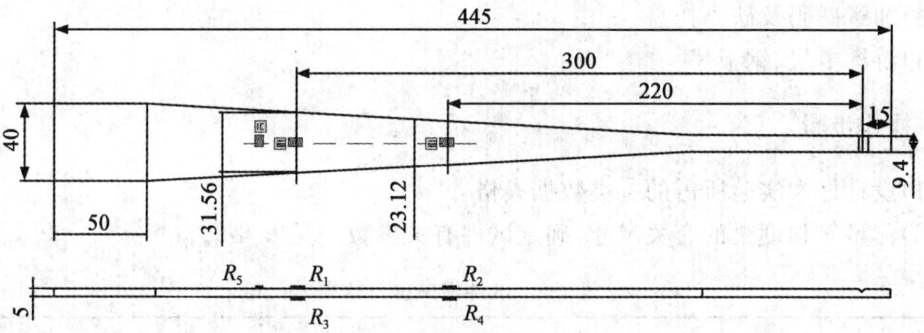

图 2-27 等强度梁贴片图(单位:mm)

所谓等强度,即指各个断面在力的作用下应力相等,即 σ 值不变。显然,当梁的厚度 h 不变时,梁的宽度必须随着 x 的变化而变化。

等强度梁参考参数:

梁的极限尺寸 $L\times B\times h=445$ mm×40 mm×5 mm

梁的工作尺寸 $l\times B\times h=380$ mm×40 mm×5 mm

梁的断面应力 $\sigma=45.6$ MPa(20 N)

梁有效长度段的斜率 $\tan\alpha=0.052\ 6$

应变片截面宽度 $b_1=23.12$ mm;$b_2=31.56$ mm

应变片到测试点距离 $x_1=220$ mm;$x_2=300$ mm

弹性模量 $E=206$ GPa,泊松比 $\mu=0.26$

11.2.1 实验接线方式

实验接桥采用 1/4 桥(半桥单臂)方式,应变片与应变仪组桥接线方法如图 2-28 所示。使用试件上下表面的应变片 R_i(即工作应变片 1#、2#、3#、4#)分别连接到应变仪测点的 A/B 上,测点上的 B 和 B_1 用短路片短接;温度补偿应变片 R_t 连接到桥路选择端的 A/D 上,桥路选择短接线将 D_1/D_2 短接,并将所有螺钉旋紧。

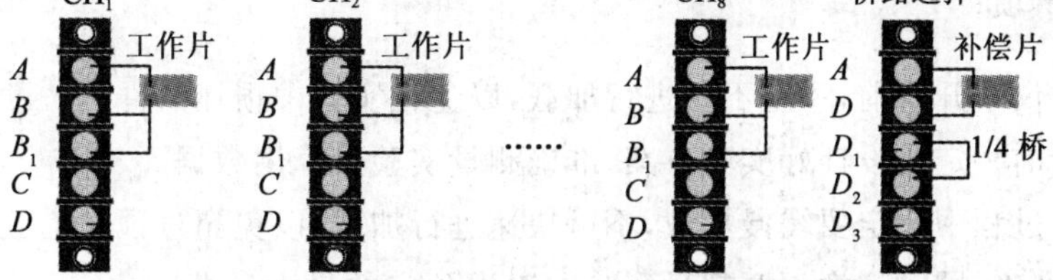

图 2-28 1/4 桥方式组桥应变片连接图

11.3 仪器设备

(1)材料力学组合实验台中等强度梁实验装置与部件。

(2)XL2118A 系列静态电阻应变仪。

(3)加载砝码及砝码托盘。

(4)游标卡尺、钢板尺。

11.4 操作步骤

(1)设计好本实验所需的各类数据表格。

(2)测量等强度梁的有关尺寸,确定试件有关参数。见表 2-5。

表 2-5 试件相关参考数据

梁的尺寸和有关参数	
应变片中心位置截面宽度	$b_1=23.12$ mm;$b_2=31.56$ mm
梁的厚度	$h=5$ mm
应变片中心截面到载荷点距离	$x_1=220$ mm;$x_2=300$ mm
弹性模量	$E=206$ GPa
泊松比	$\mu=0.26$

(3)拟订加载方案。估算最大载荷 P_{max}(该实验载荷范围≤20 N),分 4 级加载(每级 5 N)。

(4)实验采用多点测量中半桥单臂公共补偿接线法。将等强度梁上选取的测点应变片按序号接到电阻应变仪测试通道上,温度补偿片接电阻应变仪公共补偿端。

(5)按实验要求接好线,调整好仪器,检查整个测试系统是否处于正常工作状态。

(6)实验加载。加载前记下各点应变片初读数,然后逐级加载,每增加一级载荷,依次记录各点应变仪的 ε_i,直至终载荷。实验至少重复三次。

(7)做完实验后,卸掉载荷,关闭仪器电源,整理好所用仪器设备,清理实验现场,将所用仪器设备复原,实验资料交指导教师检查签字。

11.5 注意事项

(1)测试仪未开机前,一定不要进行加载,以免在实验中损坏试件。

(2)实验前一定要设计好实验方案,准确测量实验计算用数据。

(3)加载过程中一定要缓慢加载,不可快速进行加载,以免超过预定加载载荷值,造成测试数据不准确,同时注意不要超过实验方案中预定的最大载荷,以免损坏试件;该实验最大载荷 20 N。

(4)实验结束,一定要先将载荷卸掉,必要时可将加载附件一起卸掉,以免误操作损坏试件。

(5)确认载荷完全卸掉后,关闭仪器电源,整理实验台面。

11.6 实验记录

(1)理论计算 $\sigma_{理}=\dfrac{6Px}{bh^2}=11.4\ \text{MPa}$

(2)实验值计算 $\sigma_{实}=E\cdot\varepsilon$

(3)理论值与实验值比较 $\delta=\dfrac{\sigma_{理}-\sigma_{实}}{\sigma_{理}}\times100\%$

实验数据记录表

载荷/N	P							
	ΔP							
应变仪读数 ε/($\times10^{-6}$)	R_1	ε_p						
		$\Delta\varepsilon_p$						
		$\overline{\Delta\varepsilon_p}$						
	R_2	ε_p						
		$\Delta\varepsilon_p$						
		$\overline{\Delta\varepsilon_p}$						
	R_3	ε_p						
		$\Delta\varepsilon_p$						
		$\overline{\Delta\varepsilon_p}$						
	R_4	ε_p						
		$\Delta\varepsilon_p$						
		$\overline{\Delta\varepsilon_p}$						

12 偏心拉伸实验

12.1 实验目的

(1)测定偏心拉伸时最大正应力,验证叠加原理的正确性。

(2)分别测定偏心拉伸时由拉力和弯矩所产生的应力。

(3)测定偏心距 e。

(4)测定弹性模量 E。

12.2 实验原理

偏心拉伸试件如图 2-29 所示,在外载荷作用下,其轴力 $N=P$,弯矩 $M=P\cdot e$,其中 e 为偏心距。根据叠加原理,得横截面上的应力为单向应力状态,其理论计算公式为拉伸

应力和弯矩正应力的代数和。即

$$\sigma=\frac{P}{A_0}\pm\frac{6M}{bh^2} \tag{2-30}$$

偏心拉伸试件及应变片的布置方法如图 2-29 所示，R_3 和 R_3'分别为试件两侧上的两个对称点。则：

$$\varepsilon_3=\varepsilon_P+\varepsilon_M \qquad \varepsilon_3'=\varepsilon_P-\varepsilon_M$$

式中，ε_P 为轴力引起的拉伸应变；ε_M 为弯矩引起的应变。

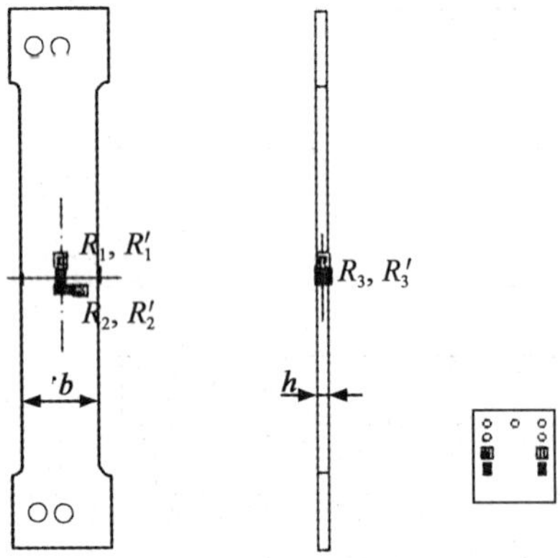

图 2-29 偏心拉伸试件及布片图

根据桥路原理，采用不同的组桥方式，即可分别测出与轴向力及弯矩有关的应变值。从而进一步求得弹性模量 E、偏心距 e、最大正应力和分别由轴力、弯矩产生的应力。

可直接采用半桥单臂方式测出 R_3 和 R_3'受力产生的应变值 ε_3 和 ε_3'，通过上述两式算出轴力引起的拉伸应变 ε_P 和弯矩引起的应变 ε_M；也可采用邻臂桥路接法可直接测出弯矩引起的应变 ε_M（此接桥方式不需温度补偿片）；采用对臂桥路接法可直接测出轴向力引起的应变 ε_P（此接桥方式需加温度补偿片）。

12.2.1 实验接线方式

（1）直接测量拉伸试件上两侧应变片受轴力拉伸变形和弯矩产生的弯曲变形时，实验接桥采用 1/4 桥（半桥单臂）方式，应变片与应变仪组桥接线方法如图 2-30 所示。使用拉伸试件上的两侧的应变片 R_i（即工作应变片）分别连接到应变仪测点的 A/B 上，测点上的 B 和 B_1 用短路片短接；温度补偿应变片 R_t 连接到桥路选择端的 A/D 上，桥路选择短接线将 D_1/D_2 短接，并将所有螺钉旋紧。

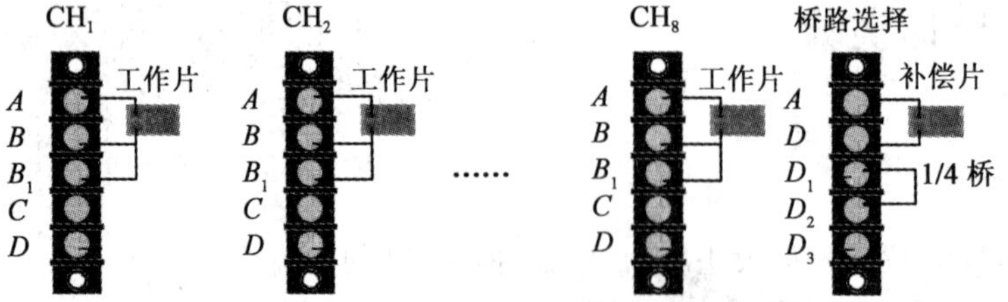

图 2-30 1/4 桥方式组桥应变片连接图

（2）测量轴力产生的变形时实验接桥采用全桥方式，应变片与应变仪组桥接线方法如图 2-31 所示。将试件上两侧的应变片 R_i（即工作应变片）连接到应变仪测点的 A/B 和 C/D 上，温度补偿片 R_t 接到应变仪测点的 B/C 和 A/D 上，测点上的 B 和 B_1 用短路片断开，桥路选择短接线悬空，并将所有螺钉旋紧。

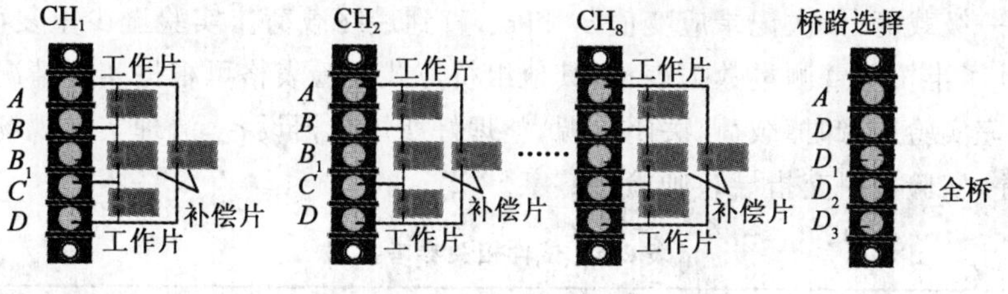

图 2-31　全桥方式组桥应变片连接图

此时，应变仪显示的应变值为实际轴力产生的应变值的 2 倍，即在计算时应将显示值除以 2。

(3)测量弯矩产生的变形时实验接桥采用半桥方式，应变片与应变仪组桥接线方法如图 2-32 所示。将试件上两侧的应变片 R_i（即工作应变片）连接到应变仪测点的 A/B 和 B/C 上；桥路选择端的 A/D 点悬空，测点上的 B 和 B_1 用短路片断开，桥路选择短接线连接到 D_2/D_3 点，并将所有螺钉旋紧。

此时，应变仪显示的应变值为实际弯矩产生的应变值的 2 倍，即在计算时应将显示值除以 2。

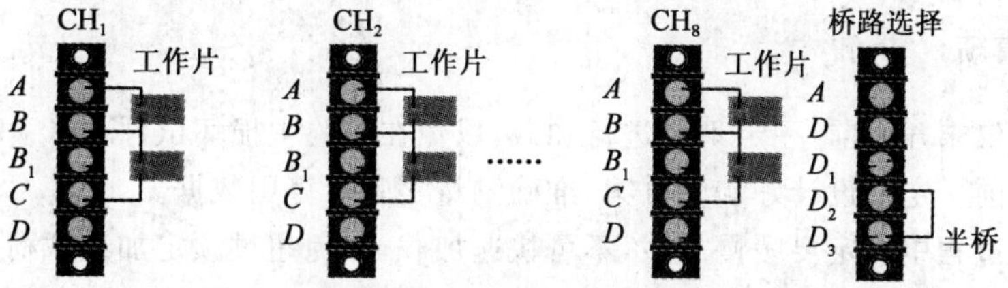

图 2-32　半桥方式组桥应变片连接图

12.3　仪器设备

(1)组合实验台拉伸部件。

(2)XL2118A 系列静态电阻应变仪。

(3)游标卡尺、钢板尺。

12.4　操作步骤

(1)设计好本实验所需的各类数据表格。

(2)测量试件尺寸。在试件标距范围内，测量试件 3 个横截面尺寸，取 3 处横截面面积的平均值作为试件的横截面面积 A_0，见表 2-6。

(3)拟订加载方案。可先选取适当的初载荷 P_0，估算 P_{max}（该实验载荷范围 $P_{max} \leqslant$ 4 000 N)，分 4～6 级加载。

(4)根据加载方案，调整好实验加载装置。

(5)按实验要求接好线，调整好仪器，检查整个测试系统是否处于正常工作状态。

(6)加载。均匀缓慢加载至初载荷 P_0，记下各点应变的初始读数；然后分级等增量加载，每增加一级载荷，依次记录应变值 ε_1 和 ε_2，直到最终载荷。实验至少重复两次。实验记录中设计了半桥单臂测量数据表格，其他组桥方式实验表格可根据实际情况自行设计。

(7)做完实验后，卸掉载荷，关闭电源，整理好所用仪器设备，清理实验现场，将所用仪器设备复原，实验资料交指导教师检查签字。

表 2-6　试件相关参考数据

<table>
<tr><td>试件</td><td>厚度 h/mm</td><td>宽度 b/mm</td><td>横截面面积 $A_0=bh/\text{mm}^2$</td></tr>
<tr><td>截面Ⅰ</td><td>4.7</td><td>30</td><td>141.0</td></tr>
<tr><td>截面Ⅱ</td><td>4.8</td><td>30</td><td>144.0</td></tr>
<tr><td>截面Ⅲ</td><td>4.9</td><td>30</td><td>147.0</td></tr>
<tr><td>平均</td><td>4.8</td><td>30</td><td>144.0</td></tr>
<tr><td colspan="4">弹性模量 E=206 GPa</td></tr>
<tr><td colspan="4">泊松比 μ= 0.26</td></tr>
<tr><td colspan="4">偏心距 e= 10 mm</td></tr>
</table>

12.5　注意事项

(1)测试仪未开机前，一定不要进行加载，以免在实验中损坏试件。

(2)实验前一定要设计好实验方案，准确测量实验计算用数据。

(3)加载过程中一定要缓慢加载，不可快速加载，以免超过预定加载载荷值，造成测试数据不准确，注意不要超过实验方案中预定的最大载荷，以免损坏试件；该实验最大载荷 4 000 N。

(4)实验结束，先将载荷卸掉，必要时可将加载附件一起卸掉，以免误操作损坏试件。

(5)确认载荷完全卸掉后，关闭仪器电源，整理实验台面。

12.6　实验记录

实验数据记录表

<table>
<tr><td rowspan="2">载荷
/N</td><td>P</td><td colspan="5"></td><td colspan="5"></td><td colspan="5"></td><td colspan="5"></td><td colspan="5"></td><td colspan="5"></td></tr>
<tr><td>ΔP</td><td colspan="5"></td><td colspan="5"></td><td colspan="5"></td><td colspan="5"></td><td colspan="5"></td><td colspan="5"></td></tr>
<tr><td rowspan="6">应
变
仪
读
数
ε/
($\times10^{-6}$)</td><td>ε_3</td><td colspan="5"></td><td colspan="5"></td><td colspan="5"></td><td colspan="5"></td><td colspan="5"></td><td colspan="5"></td></tr>
<tr><td>$\Delta\varepsilon_3$</td><td colspan="6"></td><td colspan="6"></td><td colspan="6"></td><td colspan="6"></td><td colspan="6"></td></tr>
<tr><td>$\overline{\Delta\varepsilon_3}$</td><td colspan="30"></td></tr>
<tr><td>ε_3'</td><td colspan="5"></td><td colspan="5"></td><td colspan="5"></td><td colspan="5"></td><td colspan="5"></td><td colspan="5"></td></tr>
<tr><td>$\Delta\varepsilon_3'$</td><td colspan="6"></td><td colspan="6"></td><td colspan="6"></td><td colspan="6"></td><td colspan="6"></td></tr>
<tr><td>$\overline{\Delta\varepsilon_3'}$</td><td colspan="30"></td></tr>
</table>

(1)弹性模量 E 实验值：$\varepsilon_P=\dfrac{\varepsilon_3+\varepsilon_3'}{2}$　　$E=\dfrac{\Delta P}{A_0\varepsilon_P}$

(2)求偏心距 e 实验值：$\varepsilon_M=\dfrac{\varepsilon_3+\varepsilon_3'}{2}$　　$e=\dfrac{Ehb^2}{6\Delta P}\varepsilon_M$

(3)应力计算

实验值：$\sigma_{\max}=E\varepsilon_3$　　$\sigma_{\min}=E\varepsilon_3'$

理论值：$\sigma=\dfrac{P}{A_0}\pm\dfrac{6M}{bh^2}=6.94\pm2.31=\dfrac{9.25}{4.63}$

13　单杆双铰支压杆稳定实验

13.1　实验目的

(1)用电测法测定两端铰支压杆的临界载荷 P_{cr}，并与理论值进行比较，验证欧拉公式。

(2)观察两端铰支压杆丧失稳定的现象。

13.2　实验原理

对于两端铰支，中心受压的细长杆其临界力可按欧拉公式计算

$$P_{cr}=\frac{\pi^2EI_{\min}}{L^2}\tag{2-31}$$

式中，$I_{\min}$ 为压杆横截面的最小惯性矩，$I_{\min}=\dfrac{bh^3}{12}$；$L$ 为压杆的计算长度。

图 2-33(b)中 AB 水平线与 P 轴相交的 P 值，即为依据欧拉公式计算所得的临界力 P_{cr} 的值。在 A 点之前，当 $P<P_{cr}$ 时压杆始终保持直线形式，处于稳定平衡状态。在 A 点，$P=P_{cr}$ 时，标志着压杆丧失稳定平衡的开始，压杆可在微弯的状态下维持平衡。在 A 点之后，当 $P>P_{cr}$ 时压杆将丧失稳定而发生弯曲变形。因此，P_{cr} 是压杆由稳定平衡过渡到不稳定平衡的临界力。

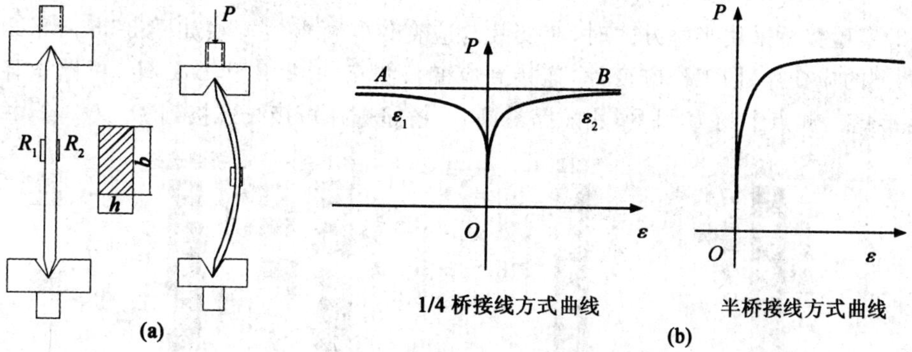

图 2-33　弯曲状态的压杆和 P-ε 曲线

实际实验中的压杆，由于不可避免地存在初曲率，材料不均匀和载荷偏心等因素影响，由于这些影响，在 P 远小于 P_{cr}时，压杆也会发生微小的弯曲变形，只是当 P 接近 P_{cr} 时弯曲变形会突然增大，而丧失稳定。

实验测定 P_{cr}时，可采用本材料力学多功能实验装置中压杆稳定实验部件，该装置上、下支座为 V 形槽口，将带有圆弧尖端的压杆装入支座中，在外力的作用下，通过能上下活动的上支座对压杆施加载荷，压杆变形时，两端能自由地绕 V 形槽口转动，即相当于两端铰支的情况。利用电测法在压杆中央两侧各贴一枚应变片 R_1 和 R_2，如图 2-33(a)所示。假设压杆受力后如图图 2-33(a)标向右弯曲情况下，以 ε_1 和 ε_2 分别表示应变片 R_1 和 R_2 左右两点的应变值，此时，ε_1 是由轴向压应变与弯曲产生的拉应变之代数和，ε_2 则是由轴向压应变与弯曲产生的压应变之代数和。

当 $P \ll P_{cr}$时，压杆几乎不发生弯曲变形，ε_1 和 ε_2 均为轴向压缩引起的压应变，两者相等，当载荷 P 增大时，弯曲应变 ε_1 则逐渐增大，ε_1 和 ε_2 的差值也愈来愈大；当载荷 P 接近临界力 P_{cr}时，二者相差更大，而 ε_1 变成拉应变。故无论是 ε_1 还是 ε_2，当载荷 P 接近临界力 P_{cr}时，均急剧增加。如用纵坐标代表载荷 P，横坐标代表应变 ε，则压杆的 P-ε 关系曲线如图 2-33(b)所示，两条曲线分别表示试件上两个应变片的两种接桥方式时的载荷与应变之间的关系曲线。从图中可以看出，当 P 接近 P_{cr}时，P-ε_1 和 P-ε_2 曲线都接近同一水平渐近线 AB，A 点对应的横坐标大小即为实验临界压力值。

(1)实验接桥采用 1/4 桥(半桥单臂)方式时，应变片与应变仪组桥接线方法如图 2-34 所示。使用压杆试件上的两侧的应变片(即工作应变片)分别连接到应变仪测点的 A/B 上，测点上的 B 和 B_1 用短路片短接。温度补偿应变片连接到桥路选择端的 A/D 上，桥路选择短接线将 D_1/D_2 短接，并将所有螺钉旋紧。

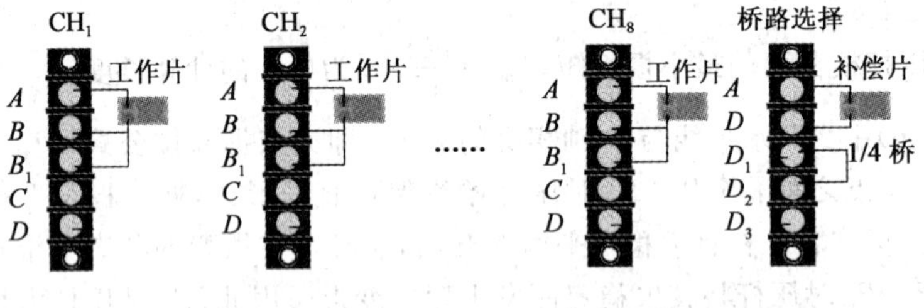

图 2-34　1/4 桥方式组桥应变片连接图

(2)实验接桥采用半桥方式时，应变片与应变仪组桥接线方法如图 2-35 所示。将试件上两侧的应变片(即工作应变片)连接到应变仪测点的 A/B 和 B/C 上；桥路选择端的 A/D 点悬空，测点上的 B 和 B_1 用短路片断开，桥路选择短接线连接到 D_2/D_3 点，并将所

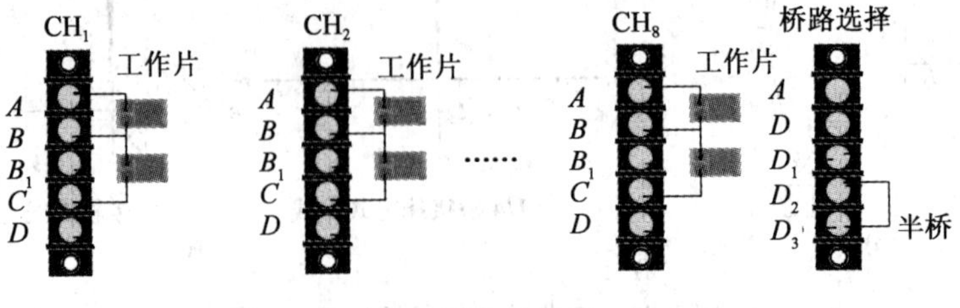

图 2-35　半桥方式组桥应变片连接图

有螺钉旋紧。

13.3 仪器设备

(1)材料力学组合实验台中压杆稳定实验部件。

(2)XL2118A 系列静态电阻应变仪。

(3)游标卡尺、钢板尺。

13.4 操作步骤

(1)设计好本实验所需的各类数据表格。

(2)测量试件尺寸。在试件标距范围内,测量试件 3 个横截面尺寸,取 3 处横截面的宽度 b 和厚度 h,取其平均值用于计算横截面的最小惯性矩 I_{min},见表 2-7。

(3)拟订加载方案。加载前用欧拉公式求出压杆临界压力 P_{cr} 的理论值,在预估临界力值的 80%以内,可采取大等级加载,进行载荷控制。例如可以分成 4～5 级,载荷每增加一个 ΔP,记录相应的应变值一次。超过此范围后,当接近失稳时,变形量快速增加,此时载荷量应取小些,或者改为变形量控制加载,即变形每增加一定数量读取相应的载荷,直到 ΔP 的变化很小,出现 4 组相同的载荷或渐进线的趋势已经明显为止(此时可认为此载荷值为所需的临界载荷值)。

(4)根据加载方案,调整好实验加载装置。

(5)按实验要求接好线,调整好仪器,检查测试系统是否处于正常工作状态。

(6)加载分成 2 个阶段,在达到理论临界载荷 P_{cr} 的 80%之前,由载荷控制,均匀缓慢加载,每增加一级载荷,记录两点应变值 ε_1 和 ε_2;超过理论临界载荷 P_{cr} 的 80%之后,由变形控制,每增加一定的应变量读取相应的载荷值。当试件的弯曲变形明显时即可停止加载,卸掉载荷。实验至少重复两次。

(7)做完实验,逐级卸掉载荷,仔细观察试件的变化,直到试件回弹至初始状态。关闭电源,整理好所用仪器设备,清理实验现场,实验资料交指导教师检查签字。

表 2-7 试件相关参考数据

试件参数及有关资料	截面Ⅰ	截面Ⅱ	截面Ⅲ	平均值
厚度 h/mm	1.9	1.9	1.9	1.9
宽度 b/mm	20	20	20	20
长度 L/mm	318			
最小惯性矩	$I_{min}=bh_3/12$			
弹性模量	$E=$ 206 GPa			

13.5 注意事项

(1)测试仪未开机前,一定不要进行加载,以免在实验中损坏试件。

(2)实验前一定要设计好实验方案,准确测量实验计算用数据。

(3)实验时将试件摆好，以免因摆放不正影响测试结果和实验效果。

(4)加载过程中一定要缓慢加载，不可快速进行加载。

(5)实验结束，一定要先将载荷卸掉，必要时可将加载附件一起卸掉，以免误操作损坏试件。

(6)确认载荷完全卸掉后，关闭仪器电源，整理实验台面。

13.6 实验记录

实验数据记录表

载荷 P/N	应变仪读数 $\varepsilon/(\times10^{-6})$	

(1)临界力实验值。

(2)临界力 $P_{cr理}$ 理论值。

试件最小惯性矩 $I_{min}=\frac{bh^3}{12}=1.14\times10^{-11}\ m^4$

试件长度 $L=318\ mm$

理论临界力 $P_{cr理}=\frac{\pi^2 EI_{min}}{L^2}=228\ N$

(3)实验值与理论值比较 $\delta=\frac{P_{cr理}-P_{cr实}}{P_{cr理}}\times100\%$

第3章 电工学及电气设备实验

1 内容简介

1.1 课程在专业中的地位和作用

电工学及电气设备课程是在完成大学物理和高等数学的基础上进行教学的，学生应掌握电学、磁学等有关物理课程的基础知识及微分、积分、微分方程、傅立叶级数等数学知识。课程学习中首先较好地掌握理论基础然后进行实验验证，通过相互促进帮助学习该课程。

电工学及电气设备课程是土木工程专业的专业基础课，属限定选修课，是研究电工技术在土木工程技术领域中应用的一门学科。随着工农业技术的发展，电工技术的应用也越来越广泛，并且日益渗透到其他学科领域，相互促进，共同发展。电工与电子技术在社会主义工农业现代化建设中占有重要的地位，是工程技术人员必须具备的基础知识。

电工学及电气设备实验课程是对学生进行基本技术培养的重要教学环节，通过实验课程的学习，使学生获得电路基础及电力拖动技术必要的基础理论、基本知识及其在工程技术中应用的基本方法和技能，掌握最基本的现代电工应用技术，加强动手能力，提高学生综合素质。完成课程学习目标能为后续课程学习及从事工程技术工作和科学研究工作打下一定的基础。

1.2 实验内容及课时分配

电工学及电气设备实验教程包括3项实验，性质为基础验证型。每项验证型实验根据电路中的基本理论与验证特点，通过比较实验装置中仪表测量得到的参数与理论计算参数，帮助学生掌握电路中抽象的原理。3项实验理论基础逐层推进，连贯性、综合性强。

基本电路研究实验 是学习与研究电路工作的基础，学生通过实验装置接线、测量关键物理量值，了解和掌握电路参数的测量方法。通过实验数据与理论计算结果进行比较，学生利用得出的可靠性及偏差来确定电路是否工作正常。

日光灯及功率因数提高实验 可验证家用日光灯工作过程。学生通过连接日光灯、镇流器、启辉器、电容器等元件，在实验中观察电路中主要物理量的变化，掌握电气电路能够改变电路参数的措施，从而为研究电路控制与能耗关系打下基础。

三相交流电路研究实验 要求学生不但要掌握单相交流电，还要掌握工农业中对大功率电气设备供电的三相交流电路。学生通过实验台连接三相电路，掌握测量参数的方法，为工程实践奠定基础。

电工学及电气设备实验计划为 6 学时，课时分配见表 3-1。

表 3-1　电工学及电气设备实验课时分配表

序号	实验名称	计划学时	类型
1	基本电路研究	2	验证型
2	日光灯及功率因数提高	2	验证型
3	三相交流电路研究	2	验证型

2　基本电路定理

2.1　实验目的

(1)学会使用直流稳压电源。

(2)通过实验加深对 KCL、KVL、叠加原理和戴维南定理的理解。

(3)用实验方法验证叠加定理，学习电流源的使用。

(4)学习有源二端等效电路的测量方法，研究戴维南定理。

2.2　实验原理

2.2.1　基尔霍夫定理

基尔霍夫电流(KCL)定律：在电路中，任何时刻，对任一节点，所有支路电流的代数和恒等于零。即：

$$\sum i = 0 \tag{3-1}$$

通常规定流出节点的支路电流取正号，流入节点的支路电流取负号。

基尔霍夫电压(KVL)定律：在电路中，沿任一回路内所有支路或元件电压的代数和恒等于零。即：

$$\sum u = 0 \tag{3-2}$$

通常约定，凡支路或元件的参考方向与选定的回路绕行参考方向一致者取正号，反之取负号。

2.2.2　叠加定理

在任一线性网络中，多个激励同时作用引起的响应之和等于每个激励单独作用时引起的响应之和。所谓某一激励单独作用，就是除了该激励外，其余激励均置零(即理想电压源用短路线代替，理想电流源用开路代替)。对于实际电源，电源内阻必须保留在原电路中。

2.2.3 戴维南定理

一个含独立源、线性受控源、线性电阻的二端电路N，对其两个端口来说都可以等效为一个理想电压源串联内阻的模型，如图3-1所示。其理想电压源的数值为有源二端电路N的两个端子间的开路电压U_{oc}，串联的内阻为N内部所有独立源等于零（理想电压源短路，理想电流源开路，受控源保留）时，两端子间的等效电阻R_{eq}，也记作R_0。

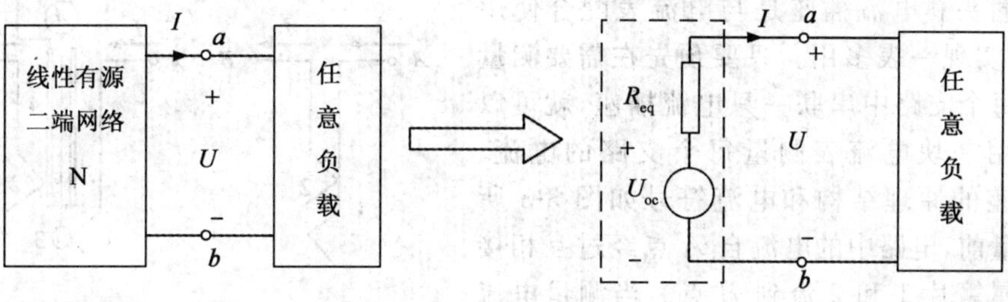

图3-1 戴维南定理

(1)等效电路计算方法 等效电路的R_{eq}和U_{oc}可以计算得出，也可以实验测得。测量方法如下：

①直接测量法。用高电阻（相对于等效电源内阻而言）电压表可以直接测量a、b端开路电压U_{oc}。

②外特性曲线法。如果线性网络不允许a、b端开路或短路时，可以在a、b端不开路也无短路的情况下先测量出外特性；绘制出外特性曲线后将该特性曲线延伸，其在纵坐标（电压坐标）上的截距就是U_{oc}，如图3-2所示。

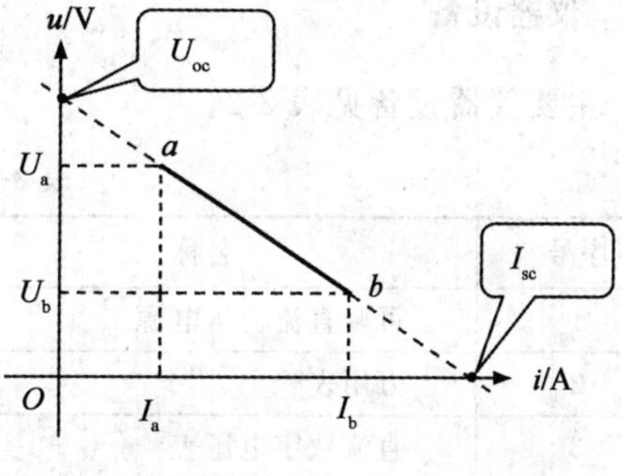

图3-2 用伏安特性曲线求戴维南等效示意图

在实际测试中，只要知道外特性曲线上任意两点的坐标参数，就可以计算出U_{oc}和R_{eq}。计算公式如下：设端口负载分别为R_{La}和R_{Lb}，外特性曲线上两点a、b的坐标分别为(U_a, I_a)和(U_b, I_b)，如图3-2所示，则

$$R_{eq}=\frac{U_a-U_b}{I_b-I_a} \qquad U_{oc}=U_b+I_b\times R_{eq} \tag{3-3}$$

(2)端口等效电阻测量法

①开路短路法。由戴维南定理可知：$R_{eq}=U_{oc}/I_{sc}$。式中的U_{oc}即为已经测出的开路电压，可以用上述开路电压的测量方法得到。然后可以直接用低内阻电流表测量a、b端短路电流I_{sc}，则内阻$R_{eq}=U_{oc}/I_{sc}$。但是，如果因为测量短路电流而造成短路电流过大，损坏内部器件时，不宜采用此方法。

可以在外特性曲线上直接得到I_{sc}，将外特性曲线延伸，其在纵坐标（电压坐标）上的截距就是U_{oc}，在横坐标（电流坐标）上的截距就是I_{sc}，则$R_{eq}=U_{oc}/I_{sc}$。

②外特性曲线两点法。同理，在图 3-2 的测试结果中，只要知道外特性曲线上任意两点的坐标参数，也可以直接计算出 R_{eq}。计算公式如下：设图 3-2 中外特性曲线上两点 a、b 的坐标分别为(U_a, I_a)和(U_b, I_b)，则：

$$R_{eq} = \frac{U_a - U_b}{I_b - I_a} \tag{3-4}$$

(3)电流的测量　在实验中，要用到电流插座和插头。电流插座是与电流表配合使用的，可以实现一表多用。只要预先在需要测量电流的每个支路中串联 只电流插座，就可以方便地用一块电流表测量每个支路的电流。电流插座的原理结构和电流符号如图 3-3 所示。测量前，电路中的电流自 A 点经过互相接触的金属簧片 1 和 2 流到 B 点。当测量电流时，将连接在电流表上的插头 4 插入电流插座的插孔中。这样，电流从 A、簧片 1 和插头顶端的金属圆球 3 流经电流表，然后由插头的金属杆 4 和簧片 2 流到 B。电流的通路如箭头所示，电流的数值由电流表读出。测量完毕，将插头拔出，簧片 1 和 2 恢复接触，原电路仍保持接通。

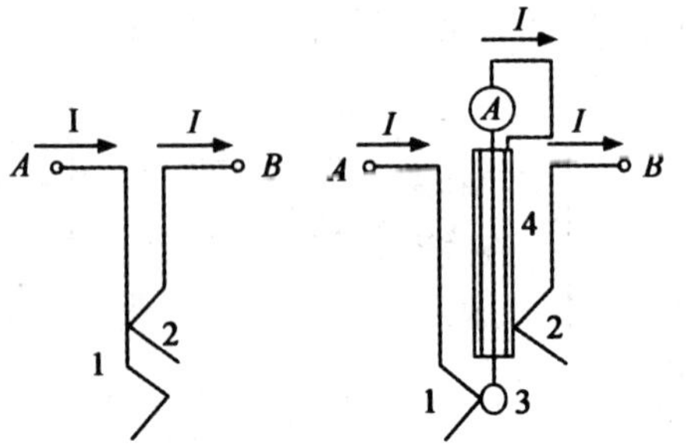

图 3-3　电流插座及原理结构图

2.3　仪器设备

主要仪器设备见表 3-2。

表 3-2　仪器设备表

序号	名称	型号与规格	数量	备注
1	可调直流稳压电源	0～30 V	双路	
2	万用表		1	自备
3	直流数字电压表	0～200 V	1	
4	电位、电压测定实验电路板	TKDG-03	1	
5	戴维南定理实验电路板	TKDG-05	1	

2.4　实验内容与操作步骤

2.4.1　基尔霍夫定律的验证

实验线路如图 3-4 所示，用 TKDG-03 挂箱的“基尔霍夫定律/叠加原理”电路板。

(1)实验前先任意设定三条支路电流正方向。如图 3-4 中的 I_1，I_2，I_3 的方向已设定。闭合回路的正方向可任意设定。

(2)分别将两路直流稳压源接入电路，令 $U_1 = 6$ V，$U_2 = 12$ V。

(3)熟悉电流插头的结构，将电流插头的两端接至数字毫安表的“＋、－”两端。

(4)将电流插头分别插入三条支路的三个电流插座中，读出并记录电流值。

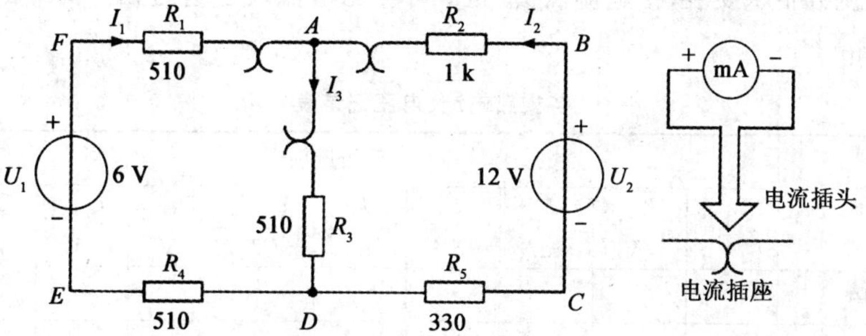

图 3-4　基尔霍夫定理验证电路

(5)用直流数字电压表分别测量两路电源及电阻元件上的电压值,并做好记录。

电流、电压记录表

被测量	I_1/mA	I_2/mA	I_3/mA	U_1/V	U_2/V	U_{FA}/V	U_{AB}/V	U_{AD}/V	U_{CD}/V	U_{DE}/V
计算值										
测量值										
相对误差										

注:计算值根据实验面板各电路元件旁标注的标称值计算得到。

通过节点 A,B,C 的电流代数和验证 KCL 定律,用回路 $ABED$、$AFED$ 和 $BFEC$ 验证 KVL 定律。

2.4.2　叠加定理的验证

实验线路如图 3-5 所示。

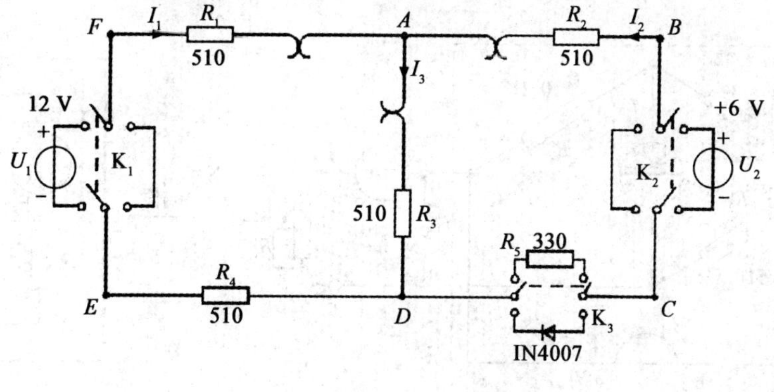

图 3-5　叠加定理验证电路图

(1)将两路稳压源的输出分别调节为 12 V 和 6 V,接入 U_1 和 U_2 处。开关 K_3 投向 R_5 侧。

(2)令 U_1 电源单独作用(将开关 K_1 投向 U_1 侧,开关 K_2 投向短路侧)。用直流数字电压表和直流数字毫安表(接电流插头)测量各支路电流及各电阻元件两端的电压,并做好记录。

各支路电流、电压记录表

实验内容	测量项目									
	U_1 /V	U_2 /V	I_1 /mA	I_2 /mA	I_3 /mA	U_{AB} /V	U_{CD} /V	U_{AD} /V	U_{DE} /V	U_{FA} /V
U_1 单独作用										
U_2 单独作用										
U_1,U_2 共同作用										
$2U_2$ 单独作用										

2.4.3 戴维南定理

被测有源二端网络如图 3-6 所示。

(1)用开路电压、短路电流法测定等效电路的 U_{oc},R_0 和 I_{sc},R_0。按图 3-6 接入稳压电源 U_s=12 V 和恒流源 I_s=10 mA,不接入 R_L。测出 U_{oc}和 I_{sc},并计算出 R_0。

等效电路电流、电压记录表

U_{oc}/V	I_{sc}/mA	$R_0=U_{oc}/I_{sc}/\Omega$

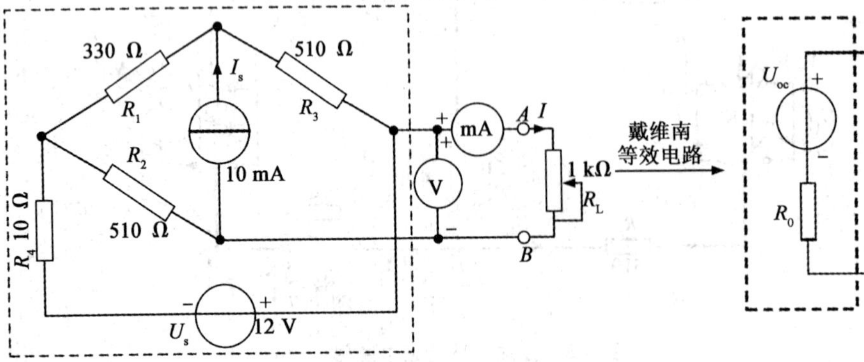

图 3-6 戴维南定理验证电路

(2)负载实验 按图 3-6 接入 R_L。改变 R_L 阻值,测量有源二端网络的外特性曲线。

电流、电压记录表

U/V									
I/mA									

(3)验证戴维南定理　从电阻箱上取得按步骤(1)所得的等效电阻 R_0 之值，然后令其与直流稳压电源[调到步骤(1)时所测得的开路电压 U_{oc}之值]相串联，如图 3-6 所示，仿照步骤(2)测其外特性，对戴氏定理进行验证。

电流、电压记录表

U/V									
I/mA									

(4) 有源二端网络等效电阻(又称入端电阻)的直接测量　测量电路如图 3-6 所示，将被测有源网络内的所有独立源置零(将电流源 I_s 断开，去掉电压源 U_s，并在原电压源所接的两点用一根短路导线相连)，然后用伏安法或者直接用万用表的欧姆挡去测定负载 R_L 开路时 A、B 两点间的电阻，此即为被测网络的等效内阻 R_0。用半电压法和零示法测量被测网络的等效内阻 R_0 及其开路电压 U_{oc}。

2.5　注意事项

(1)本实验电路板系多个实验通用，使用电流插头。DG05 上的 K_3 应拨向 330 Ω 侧，三个故障按键均不得按下。

(2)用电流插头测量各支路电流时，或者用电压表测量电压降时，应注意仪表的极性，正确判断测得值的＋、－号后，记入数据表格。

(3)所有需要测量的电压值，均以电压表测量的读数为准。U_1、U_2 也需测量，不应取电源本身的显示值。

(4)防止稳压电源两个输出端碰线短路。

(5)用指针式电压表或电流表测量电压或电流时，如果仪表指针反偏，则必须调换仪表极性，重新测量。此时指针正偏，但读得的电压或电流值必须冠以负号。若用数显电压表或电流表测量，则可直接读出电压或电流值。但应注意：所读得的电压或电流值的正确正、负号应根据设定的电流参考方向来判断。

(6)注意仪表量程的及时更换。

(7)在测电压源外特性时，不要忘记测空载时的电压值，测电流源外特性时，不要忘记测短路时的电流值，注意恒流源负载电压不要超过 20 V，负载不要开路。

(8)换接线路时，必须关闭电源开关。

(9)直流仪表的接入应注意极性与量程。

2.6　实验报告

(1)根据实验数据，选定节点 A，验证 KCL 的正确性。

(2)根据实验数据，选定实验电路中的任意一闭合回路，验证 KVL 的正确性。

(3)将各支路电流和闭合回路的方向重新设定，重复 2.4.1 步骤 1、2 项验证。

(4)根据实验数据验证线性电路的叠加性与齐次性。

(5)各电阻器所消耗的功率能否用叠加原理计算得出？试用上述实验数据，进行计算并作结论。

(6)根据 2.4.3 步骤(2)、(3)、(4)，分别绘出曲线，验证戴维南定理和诺顿定理的正确性，并分析产生误差的原因。

(7)根据 2.4.3 步骤(1)、(5)、(6)的几种方法测得的 U_{oc} 与 R_0 与预习时电路计算的结果作比较，你能得出什么结论？

2.7 讨论

(1)在叠加原理实验中，要令 U_1、U_2 分别单独作用，应如何操作？可否直接将不起作用的电源(U_1 或 U_2)短接置零？

(2)实验电路中，若有一个电阻器改为二极管，试问叠加原理的叠加性与齐次性还成立吗？为什么？

(3)通常直流稳压电源的输出端不允许短路，直流恒流源的输出端不允许开路，为什么？

(4)电压源与电流源的外特性为什么呈下降变化趋势，稳压源和恒流源的输出在任何负载下是否保持恒值？

(5)用解戴维南或诺顿等效电路，做短路试验时，测 I_{sc} 的条件是什么？在本实验中可否直接做负载短路实验？请实验前对线路预先做好计算，以便调整实验线路及测量时可准确地选取电表的量程。

(6)说明测有源二端网络开路电压及等效内阻的几种方法，并比较其优缺点。

3 日光灯电路及功率因数的提高

3.1 实验目的

(1)掌握正弦交流电路中电压、电流的相量关系。

(2)了解日光灯电路的组成、工作原理和线路的连接。

(3)学习提高功率因数的方法。

(4)掌握交流电压表、交流电流表、功率表和功率因数表的使用。

3.2 实验原理

3.2.1 计算功率

电源把电能通过输电线传给负载，见图 3-7。在工频下，电路阻抗 Z_L 可以看成是电阻 R_L 和感抗 X_L 相串联的结果。若输出电线的始端电压为 U，负载阻抗和负载功率分别

为 $Z_0=R_2+jX_2$ 和 P_2，负载端功率因数为 $\cos\varphi$，则线路上的电流为：

$$I=\frac{P}{U_2\cos\varphi_2} \tag{3-5}$$

$$\eta=\frac{P_2}{P_1}=\frac{P_2}{P_2+I_2R_L} \tag{3-6}$$

式中，P_1 为输电线始端的输入功率；P_2 为负载上的输出功率。

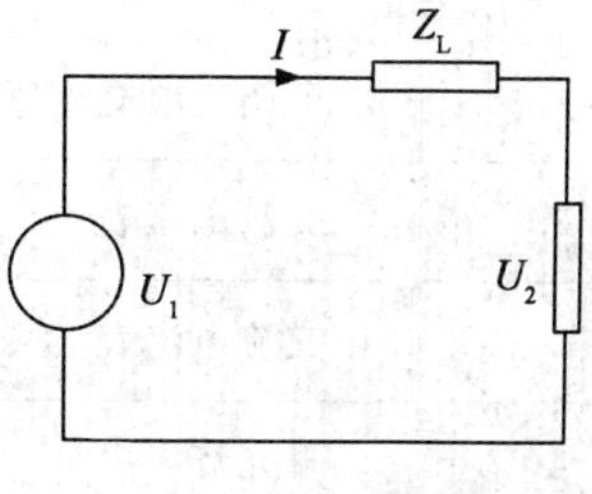

图 3-7 电源与负载接线图

实际应用中，感性负载很多，如电动机，变压器，以及日常照明用的日光灯，其功率因数很低，传输效率低，供电设备的容量得不到充分的利用。所以，应该设法提高功率因数。通常是在感性负载的两端并联一个电容器，这样以流过电容器的容性电流补偿感性负载的感性电流。此时负载消耗的有功功率虽然不变，但由于功率因数的提高，输电线路上的总电流减小，线路压降减小，线路损耗降低。

3.2.2 日光灯的工作原理

日光灯由灯管，镇流器和启动器三部分组成，灯管是一根内壁均匀涂有荧光物质的细长玻璃管，在管的两端装有灯丝电极，灯丝上涂有受热后易于发射电子的氧化物，管内充有稀薄的惰性气体和水银蒸气。镇流器是一个带有铁芯的电感线圈。启动器由一个辉光管 2 和一个小电容器 5 组成，它们装在一个圆柱形的外壳内，如图 3-8 所示。

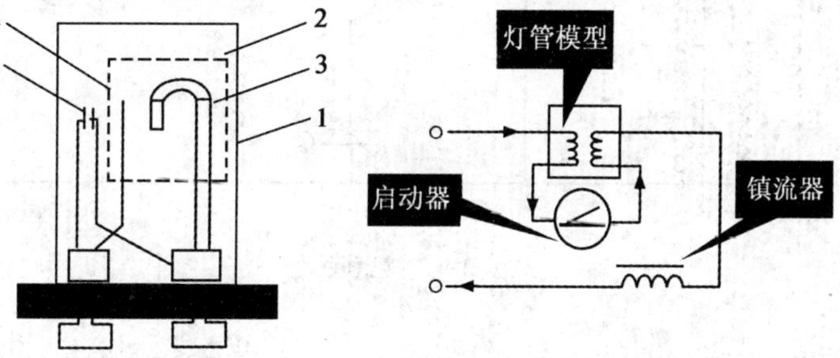

(a) 启动器原理　　(b) 日光灯原理电路

图 3-8 日光灯

当电源接通时，由于日光灯没有点亮，电源电压全部加在启动器的辉光管两个电极之间，辉光管放电产生的热量使倒“U”形电极受热趋于伸直，4、3 两个电极接触，日光灯的灯丝通过镇流器及电源构成一个回路，如图 3-8(b)所示。灯丝因有电流通过而发热，从而使氧化物发射电子而将电极接通，使电极间的电压为零，辉光放电即停止，倒“U”形金属片因温度下降而复原，两电极脱开，回路的电流忽然切断，在镇流器的两端产生一个比电源电压高得多的感应电压。这个感应电压同电源电压一起加在灯管的两端，使灯管内的惰性气体电离而产生弧光放电，温度逐渐升高，水银蒸气发出可见光。

3.3 仪器设备

主要仪器设备见表3-3。

表3-3 实验仪器设备

序号	名称	型号与规格	数量	备注
1	可调三项交流电源			实验台
2	交流电压表		1	实验台
3	交流电流表		1	实验台
4	日光灯		1	实验台
5	电位、电压测定实验电路板	TKDG-03	1	

3.4 实验内容及操作步骤

(1)按图3-9接线，经老师检查后，合上电源。

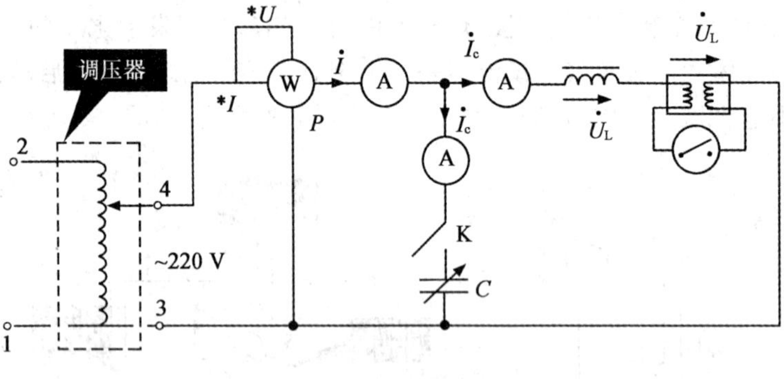

图3-9 接线图

(2)调压器调至220 V，日光灯能正常发光后，测出各元件的电压、电流、功率，填入记录表，计算功率因数。

各元件的电压、电流、功率记录表

电容	测量值							计算值
	U/V	U_R/V	U_L/V	I/A	I_L/A	I_C/A	P/W	$\cos\varphi$
无	220							

(3)K闭合接入电容C，并联电容按下表中的顺序从小到大增加，记下各情况下的功率和电流、电压值，并计算功率因数的变化。

各元件的电压、电流、功率记录表

电容/μF	测量值							计算值
	U/V	U_R/V	U_L/V	I/A	I_L/A	I_C/A	P/W	$\cos\varphi$
1	220							
2.2	220							
3.2	220							
10	220							

3.5 注意事项

(1)单相调压器应从零逐渐上升,待日光灯全亮后保持电压 U=220 V;

(2)镇流器必须与灯管串联以免损坏灯管,整个实验过程中不必中途断电。

3.6 实验报告

(1)列表,整理实验数据。

(2)总结功率因数提高的方法,画出相关电路,并说明原理。

(3)回答思考题。

3.7 讨论

(1)日光灯是如何启动的?

(2)为什么要提高功率因数? 如何提高?

(3)分析功率因数变化对负载的影响。

(4)若将功率因数由 $\cos\varphi_1$ 提高到 $\cos\varphi_2$,补偿量应是多少?

4 三相交流电路

4.1 实验目的

(1)掌握对称三相电路线电压与相电压,线电流与相电流之间的数量关系。

(2)掌握电阻性负载的星形和三角形连接方法。

(3)了解三相四线制供电线路的中线作用。

4.2 实验原理

三相负载可接成星形(又称"Y"接)或三角形(又称"△"接)。当三相对称负载作 Y 形连接时,线电压 U_1 是相电压 U_p 的$\sqrt{3}$倍。线电流 I_1 等于相电流 I_p,即

$$U_1=\sqrt{3}U_p \qquad I_1=I_p \tag{3-7}$$

在这种情况下，流过中线的电流 $I_0=0$，所以可以省去中线。

当对称三相负载作△形连接时，$I_1=\sqrt{3}I_p$，$U_1=U_p$。

不对称三相负载作 Y 连接时，必须采用三相四线制接法，即 Y_0 接法。而且中线必须牢固连接，以保证三相不对称负载的每相电压维持对称不变。

倘若中线断开，会导致三相负载电压的不对称，致使负载小的那一相的相电压过高，使负载遭受损坏；负载大的一相电压又过低，使负载不能正常工作。尤其是对于三相照明负载，无条件地一律采用 Y_0 接法。

当不对称负载作△接时，$I_1\neq\sqrt{3}I_p$，但只要电源的线电压 U_1 对称，加在三相负载上的电压仍是对称的，对各相负载工作没有影响。

4.3 仪器设备

主要仪器设备见表 3-4。

表 3-4 实验仪器设备

序号	名　称	型号与规格	数量	备注
1	可调三相交流电源	0～450 V	1	
2	交流数字电压表	0～500 V	1	
3	交流数字电流表	0～5 A	1	
4	三相灯组负载	220 V，15 W 白炽灯	9	TKDG-04
5	电流插座		3	TKDG-04

4.4 实验内容及操作步骤

4.4.1 三相负载星形连接(三相四线制供电)

按图 3-10 线路组接实验电路。即三相灯组负载经三相自耦调压器接通三相对称交流电源。将三相调压器的旋柄置于输出为 0 V 的位置(即逆时针旋到底)。经指导教师检查后，方可开启实验台三相电源开关，然后调节调压器的输出，使输出的三相线电压为 220 V，并按电流、电压记录表要求的内容完成各项实验，将所测得的数据记入表中，并观

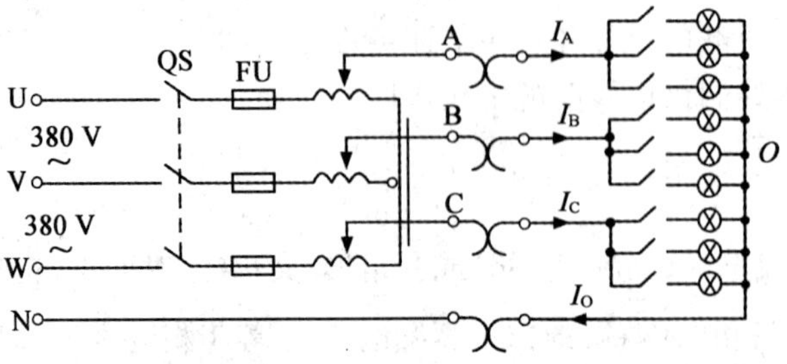

图 3-10 三相负载星形连接

察各相灯组亮暗的变化程度，特别要注意观察中线的作用。

电流、电压记录表

测量数据 负载情况	开灯盏数			线电流/A			线电压/V			相电压/V			中线电流 I_o/A	中点电压 U_{No}/V
	A相	B相	C相	I_A	I_B	I_C	U_{AB}	U_{BC}	U_{CA}	U_{Ao}	U_{Bo}	U_{Co}		
Y_0 接对称负载	3	3	3											
Y 接对称负载	3	3	3											
Y_0 接不对称负载	1	2	3											
Y 接不对称负载	1	2	3											
Y_0 接 B 相断开	1	断	3											
Y 接 B 相断开	1	断	3											
Y 接 B 相短路	1	短	3											

4.4.2　负载三角形连接（三相三线制供电）

按图 3-11 改接线路，经指导教师检查合格后接通三相电源，并调节调压器，使其输出线电压为 220 V，并按数据表格要求进行测试。

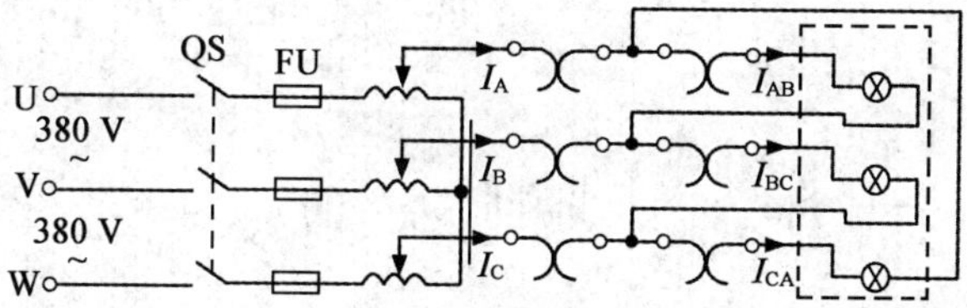

图 3-11　三相负载三角形连接

电流、电压记录表

测量数据 负载情况	开灯盏数			线电压=相电压/V			线电流/A			相电流/A		
	A-B 相	B-C 相	C-A 相	U_{AB}	U_{BC}	U_{CA}	I_A	I_B	I_C	I_{AB}	I_{BC}	I_{CA}
三相对称	3	3	3									
三相不对称	1	2	3									

4.5　注意事项

（1）本实验采用三相交流市电，线电压为 380 V，应穿绝缘鞋进实验室。实验时要注意人身安全，不可触及导电部件，防止意外事故发生。

(2)每次接线完毕，同组同学应自查一遍，然后由指导教师检查后，方可接通电源，必须严格遵守实验时先断电、再接线、后通电；实验完成先断电、后拆线的实验操作原则。

(3)星形负载做短路实验时，必须首先断开中线，以免发生短路事故。

(4)为避免烧坏灯泡，TKDG-04 实验挂箱内设有过压保护装置。当任一相电压大于 245～250 V 时，即声光报警并跳闸。

4.6 实验报告

(1)用实验测得的数据验证对称三相电路中的$\sqrt{3}$关系。

(2)用实验数据和观察到的现象，总结三相四线供电系统中中线的作用。

(3)不对称三角形连接的负载，能否正常工作？实验是否能证明这一点？

(4)根据不对称负载三角形连接时的相电流值作相量图，并求出线电流值，然后与实验测得的线电流作比较，分析之。

4.7 讨论

(1)三相负载根据什么条件作星形或三角形连接？

(2)复习三相交流电路有关内容，试分析三相星形连接不对称负载在无中线情况下，当某相负载开路或短路时会出现什么情况？如果接上中线，情况又如何？

(3)本次实验中为什么要通过三相调压器将 380 V 的市电线电压降为 220 V 的线电压使用？

第 4 章　土木工程测量实验

1　内容简介

1.1　课程在专业中的地位和作用

“土木工程测量”课程是土木工程专业的一门十分重要的专业基础课。测量工作在土木工程的勘测、规划、设计、施工、竣工验收、质量管理、安全运行各个环节中都起着十分重要的作用。因此，测量实验是学习测量学的重要环节，是培养学生基本技能的重要途径。

学生通过测量实验应达到：①掌握测绘仪器基本操作，熟练仪器的使用方法；②掌握测量中的观测、记录、计算和校核方法；③掌握测量的基本程序和作业过程，获得解决工程测量问题的初步能力；④培养严谨认真的科学素养，团结协作的团队意识、吃苦耐劳的坚韧品质。

1.2　课程实验内容及课时分配

土木工程实验教程的工程测量部分包括三大内容九个实验，即水准仪相关实验、经纬仪相关实验、全站仪及 GPS 相关实验，其中水准仪、经纬仪等实验为验证试验，由学生分组实操，全站仪及 GPS 实验目前主要采用集中演示讲解。各实验内容简述如下。

水准仪实验　包括水准仪认识、普通水准测量、四等水准测量实验。水准测量是测定地面点高程的工作。结合课堂讲解及实验操作，掌握高程测定的一般方法。

经纬仪实验　包括经纬仪认识、水平角观测、竖直角测量、地形测图实验，结合课堂讲解及实验操作，掌握水平角测量和竖直角测量的一般方法；同时掌握建筑物放样的一般方法。

全站仪、GPS(卫星定位系统)实验　通过室外演示，掌握全站仪的距离测量方法，GPS 设备的安装、设置及数据采集方法，了解现代测绘技术产品的工作原理和使用方法。

工程测量实验计划学时总数为 18 学时，课时分配见表 4-1。

表 4-1　课时分配表

序号	实验名称	计划学时	类型
1	水准仪认识	2	实操
2	普通水准测量	2	实操
3	四等水准测量	2	实操

续表 4-1

序号	实验名称	计划学时	类型
4	经纬仪认识	2	实操
5	水平角观测(测回法)	2	实操
6	水平角观测(全圆测回法)	2	实操
7	经纬仪测图	2	实操
8	全站仪/GPS 认识	2	室外演示
9	建筑物放样	2	实操(选做)

2 实验须知

2.1 准备工作

(1)课间实验之前应预习本指导书中相关实验,了解实验的内容和要求。

(2)根据课间实验内容,提前复习教材中的相关章节。使实验能顺利完成。

(3)按任务书要求,在上课前准备好要用的工具,如铅笔、小刀、计算器、记录计算表格等。

2.2 实验要求

(1)遵守纪律,每项实验前应认真听取指导教师对本次实验内容的讲解和具体安排。

(2)严格按指导书中的作业流程使用和操作仪器,如有问题及时向指导教师提问。

(3)实验中出现的仪器故障必须及时向指导教师报告,不可随意自行处理。

(4)实验报告要按时独立完成,提倡开展讨论。

2.3 仪器设备借用办法

(1)实验前,学生应以小组为单位向测量仪器室借领本次实验所需仪器设备。

(2)借领时,每组由 1～2 人凭学生证领取。

(3)领取仪器工具时应在室内当场清点检查。

(4)实验过程中仪器工具应妥善保护。如有损坏和遗失,按照相关规定处理。

(5)实验完毕后,应将所借用的仪器及工具上的泥土清扫干净再将仪器交还仪器室,由管理人员清点检查清楚后发还学生证。

2.4 仪器设备的使用和维护

(1)领取到仪器时,必须检查:

①仪器箱箱盖是否关妥、锁好。

②背带、提手是否牢固。

③脚架与仪器是否相配。脚架各部分是否完好，要防止因脚架不牢而摔坏仪器，或因脚架不稳而影响作业。

(2)打开仪器箱时，应注意：

①仪器箱应平放在地面上或其他台子上才能开箱，以免将仪器摔坏。

②开箱取出仪器前，要注意仪器安放位置与方向，保证用毕正确装箱。

(3)自箱内取出仪器时，应注意：

①不论何种仪器，在取出前一定要先放松制动螺旋，以免取出仪器时因强行扭转而损坏微动装置，甚至损坏轴系。

②自箱内取出仪器时，应两手配合，轻拿轻放。

③取仪器和使用仪器过程中，要注意避免触摸仪器的目镜、物镜，以免沾污，影响成像质量。绝对不允许用手指或手帕等物去擦仪器的目镜、物镜等光学部分。

(4)架设仪器时应注意：

①伸缩式脚架三条腿抽出后要把固定螺旋拧紧。

②架设脚架时，三条腿分开的跨度要适中。

③仪器放到脚架头上后，要立即旋紧仪器和脚架间的中心连接螺旋。

④自箱内取出仪器后，要随即将仪器箱盖好。

⑤仪器箱是保护仪器安全的重要设备，因此，不要蹬、坐仪器箱。

(5)仪器在使用过程中要做到：

①有太阳时必须张伞，防止烈日曝晒和严防淋雨(包括仪器箱)。

②在任何时候，仪器旁必须有人守护。

③如遇目镜、物镜外表面蒙上水汽而影响观测(在冬季较常见)。应稍等一会儿或用纸片扇风使水汽蒸发，切勿用东西擦拭。

④操作仪器时，用力要均匀，动作要准确、轻捷。

⑤装箱前要放松各部制动螺旋，装入箱内后要试盖一下，在确认安放正确后，再将各部制动螺旋略为拧紧。

(6)在工作中仪器发生故障的处理：

①仪器在外业测量中，如产生故障，应立即停止使用，及时进行维修。

②在仪器出现故障时，应查明原因，立即报告指导教师，将仪器送回仪器室维修。

(7)仪器迁站时应注意：

①在长距离迁站或通过行走不便的地区(例如较大的沟渠、山林)时，应将仪器装入箱内搬迁，搬迁时切勿跑行，防止摔坏仪器。

②在短距离且平坦地区迁站时，可先将脚架收拢，然后一手抱脚架，一手扶仪器，保持仪器近于直立状态搬迁，严禁将仪器横扛在肩上迁移。

③在迁站搬动仪器前，对仪器各部的制动螺旋都要稍微上紧，但又不宜固定太紧。

④每次迁站都要清点所有仪器、附件、器材，防止丢失。

(8)其他仪器、器材的使用和维护：

①各种标尺完好与否，直接影响测量工作的进行。严禁将尺子随意往树上、墙上立

靠，严禁尺子上坐人。

②测图板是平板仪的主要附件之一，结构比较单薄，图板上更不能压以重力。

③花杆是用来做临时测量标志用的，不得用来抬东西或作标枪投掷。要注意保护花杆上的油漆。

④钢卷尺性脆易折断，拉出钢卷尺时，不要在地面上往返拖拽。皮卷尺强度较小，如绞结或用强力拉拽则易断裂，皮卷尺万一浸水后应立即晾干。

2.5 测量资料记录

(1)实验记录必须直接填在规定的表格上，不得用零散纸张记录，再行转抄。

(2)所有记录与计算均用绘图铅笔(2H 或 3H)记载。字体应端正清晰，字体只应稍大于格子的一半，以便留出空隙作错误的更正。

(3)记录表格上规定应填写的项目不得空白。

(4)禁止擦拭涂改与挖补，发现错误应在错误处用横线画去。淘汰某整个部分时可以斜线画去，不得使原字模糊不清。修改局部错误时，则将局部数字画去，将正确数字写在原数上方。

(5)记录的修改及观测结果的淘汰，必须在备注栏内注明原因。

(6)禁止连环更改，如已修改了平均数，则不准再改计算得此平均数的任一原始读数，改正任一原始读数，则不准再改其平均数。假如两个读数均错误，则应重测重记。

(7)原始观测的尾部读数不准更改，应将该部分观测结果废去重测。废去重测的范围见表 4-2。

表 4-2 废去重测范围表

测量种类	不准更改的部位	应重测范围
水平角	分及秒的读数	1 测回
竖角	分及秒的读数	1 测回
量距	厘米及毫米的读数	1 尺段
水准	厘米及毫米的读数	1 测站

(8)记录的数字应写齐规定的个数。规定见表 4-3。

表 4-3 记录字数规定

测量种类	数字的单位	记录字数
水准	mm	4 个
角度的分	(′)	2 个
角度的秒	(″)	2 个

如水准测量中读 325 mm 应记 0325，角度测量中 4°3′6″应记 4°03′06″。

(9)外业的记录及计算部分取位如表 4-4 所示。

表 4-4　外业的记录及计算部分取位

水准测量				
视距/m	视距总和/km	中丝读数/mm	高差中数/mm	高差总和/mm
1.0	0.01	1.0	0.1	1.0

角度测量		距离丈量	
读数/(″)	一测回中数/(″)	读数/mm	一丝段距离/mm
1.0	1.0	1.0	1.0

2.6　成果整理及作业要求

(1)测量成果的整理与计算应用规定的印刷表格或事先画好的计算表格。

(2)内业计算用钢笔书写,如计算数字有错误,可以用刀片刮去重写,或将错字划去另写。

(3)计算作业的取位如表 4-5 至表 4-8 所示。

(4)上交计算成果应是原始计算表格,所有计算均不许另行抄录。

(5)习题应用练习本连续完成,不许用散页纸张做题。

(6)教师批阅后要求改正或重做的部分应按时完成并交指导教师重新批阅。

表 4-5　水准测量取位表

改正数/mm	最后高差/mm	点的高程/m
1.0	1.0	0.001

表 4-6　导线测量取位表

角度/(″)	坐标方位角/(″)	距离/m	坐标增量/m	坐标/m
1.0	1.0	0.001	0.001	0.001

表 4-7　小三角测量取位表

角度/(″)	坐标方位角/(″)	坐标增量/m	坐标/m
1.0	1.0	0.001	0.001

表 4-8　三角高程测量取位表

角度/(″)	距离/m	高差/m	高程/m
1.0	0.01	0.01	0.01

3 DS3 型水准仪的认识及使用

3.1 实验目的

(1)认识水准仪的一般构造及使用方法。

(2)练习水准仪的安置、瞄准与读数。

(3)学习两点间高差测量实际作业。

3.2 实验内容

(1)了解水准仪的一般构造,掌握使用方法。

(2)用水准仪在水准尺上读数。

(3)以普通水准测量施测两点间的高差(只用黑面)。

3.3 仪器设备

(1)由仪器室借用:S3 水准仪 1 架、水准尺 1 副、尺垫 2 个、记录板 1 块。

(2)自备:铅笔、小三角板或直尺、记录表格。

3.4 操作步骤

(1)指导教师讲解仪器的构造及使用方法。

(2)熟悉各螺旋的使用。

(3)练习水准仪的安置和整平。先对向转动两只脚螺旋,使圆气泡向中间移动,再转动另一脚螺旋,使气泡移至居中位置。

(4)练习用望远镜瞄准目标,调焦,转动目镜调焦螺旋使十字丝清晰;转动仪器,用准量豁口瞄准水准尺,拧紧制动螺旋(手感螺旋有阻力),转动微动螺旋,使水准尺成像在十字丝交点处,当成像不清时,转动对光螺旋,消除视差,使目标清晰。

(5)熟悉水准尺的分划和注记,用望远镜做读数练习。在显微镜中观察,转动微倾螺旋,使符合水准管气泡两端的半影像吻合,视线即处于精平状态,在同一时刻用中丝在水准尺上读取 m、dm、cm,后读 mm,即四位有效数字。

(6)一人观测,一人记录,施测两立尺点间的高差后轮换工种。

3.5 注意事项

(1)全组成员均已掌握(1)至(5)步骤之后才能进行(6)步骤。

(2)工作时人人要集中精力、团结互谅。

(3)观测者读数时要注意水准管气泡是否居中,视差是否已消除。中丝读数不要错用上丝或下丝。

(4)读中丝读数时一律读记四位数字,不可省略。

(5)记录者听到读数后要向观测者回报,经默许后方可记录,以防听错。

(6)扶尺者应将水准尺立直，并随时注意后视尺垫不可碰动，如有碰动要即时返工重测。

3.6 实验记录

水准测量记录计算表格

观测者：　　　　观测日期：　　　　班级：　　　　第　组　　　　记录者：

测站	测点号	后视读数	前视读数	高差/m	高程	备注

3.7 讨论

在实验场地任选两点，试测其高差。

4 普通水准测量

4.1 实验目的

掌握普通水准测量的施测方法。

4.2 实验内容

(1)掌握水准仪的使用方法。

(2)以普通水准测量施测一闭合水准路线(只用黑面)。

(3)计算闭合水准路线的闭合差。

4.3 仪器设备

(1)由仪器室借用：S3 型水准仪 1 架，水准尺 1 副，尺垫 2 个，记录板 1 块。

(2)自备：铅笔、小刀、小三角板、记录表格。

4.4 操作步骤

(1)由指导教师讲解施测一闭合水准路线的要领。

(2)人员分工为 2 人扶尺,1 人观测,1 人记录,施测 2 测站后应轮换工种。

(3)从一点出发,观测 4～6 个测站(偶数站),最后回到起点,计算水准路线的高差闭合差,并检查是否超限。

4.5 注意事项

(1)水准观测成果是全组成员的作业,工作中要团结互谅。

(2)观测者一定要消除视差,待水准管气泡吻合后,中丝照准读数。

(3)扶尺者选择立尺点,先将尺垫踩稳,自己站在水准尺后面双手将尺扶直。注意尺垫不可碰动,如有碰动要即时重测(已知点和待定点上不能放置尺垫)。

(4)记录者记完全部读数并完成全部计算,经检查合乎限差要求后,再向观测者和扶尺者发出迁站信号,在仪器迁站时,前视点的尺垫不能移动。

限差要求:

$f=\pm 12\sqrt{n}$ (mm)　n 为测站数

$f=\pm 40\sqrt{L}$ (mm)　L 为水准路线长度以 km 为单位

4.6 实验记录

普通水准测量记录计算表格:(包括校核计算)

观测者:　　　　观测日期:　　　　班级:　　　　第　组　　　　记录者:

测站	测点号	后视读数	前视读数	高差/m	高程	备注
校核计算	$\sum a=$　　$\sum b=$　　$\sum h=$ $\sum a-\sum b=\sum h=$					

4.7 讨论

(1)水准测量一站的观测中,将水准仪置于两水准尺中间位置,意义何在?

(2)水准测量中为何要进行校核计算?

5 四等水准测量

5.1 实验目的

(1)巩固对水准测量的作业程序的学习。

(2)了解四等水准测量的作业要求。

5.2 实验内容

施测一条闭合(或附合)的四等水准路线。

5.3 仪器设备

(1)由仪器室借用:S3 水准仪 1 架,双面水准尺 1 副、尺垫 2 个、记录板 1 块。

(2)自备:铅笔、小刀、直尺、记录表格。

5.4 操作步骤

(1)拟订施测路线。

(2)按施测路线进行四等水准测量。每隔 2~3 站轮换一次工种。

(3)作业要求如下:

①视线长应≤100 m。

②上、下丝读数均应在水准管气泡居中情况下进行。

③每站前、后视距差应≤3 m。

④各站前、后视距差累计应≤10 m。

⑤黑、红面读数差应≤3 mm。

⑥黑、红面高差之差应≤5 mm。

(4)计算水准路线闭合差。其绝对值应≤$20\sqrt{L}$mm(L 以 km 为单位)。

5.5 注意事项

(1)每人都要认真作业,互相团结协作。

(2)严守操作规定,不合要求者应自觉重测。

(3)作业中遇到问题要及时向指导教师反映,共同讨论解决。

5.6 实验记录

四等水准测量记录计算表格

观测者：　　　观测日期：　　　班级：　　　第　组　　　记录者：

<table>
<tr><td rowspan="4">测站编号</td><td rowspan="2">后尺</td><td>下丝</td><td rowspan="2">前尺</td><td>下丝</td><td rowspan="4">方向及尺号</td><td colspan="2" rowspan="2">标尺读数</td><td rowspan="4">K加黑减红</td><td rowspan="4">高差中数</td><td rowspan="4">备考</td></tr>
<tr><td>上丝</td><td>上丝</td></tr>
<tr><td colspan="2">后距</td><td colspan="2">前距</td><td rowspan="2">黑面</td><td rowspan="2">红面</td></tr>
<tr><td colspan="2">视距差 d</td><td colspan="2">$\sum d$</td></tr>
<tr><td rowspan="4"></td><td colspan="2"></td><td colspan="2"></td><td></td><td></td><td></td><td></td><td></td><td rowspan="4"></td></tr>
<tr><td colspan="2"></td><td colspan="2"></td><td></td><td></td><td></td><td></td><td></td></tr>
<tr><td colspan="2"></td><td colspan="2"></td><td></td><td></td><td></td><td></td><td></td></tr>
<tr><td colspan="2"></td><td colspan="2"></td><td colspan="5"></td></tr>
<tr><td rowspan="4"></td><td colspan="2"></td><td colspan="2"></td><td></td><td></td><td></td><td></td><td></td><td rowspan="4"></td></tr>
<tr><td colspan="2"></td><td colspan="2"></td><td></td><td></td><td></td><td></td><td></td></tr>
<tr><td colspan="2"></td><td colspan="2"></td><td></td><td></td><td></td><td></td><td></td></tr>
<tr><td colspan="2"></td><td colspan="2"></td><td colspan="5"></td></tr>
</table>

5.7 讨论

总结四等水准测量中的注意事项。

6 J_6 级经纬仪的认识安置及读数练习

6.1 实验目的

(1)了解 J_6 经纬仪的一般构造及使用。
(2)掌握度盘的读数方法。
(3)学会正确安置经纬仪的方法。

6.2 实验内容

(1)熟悉经纬仪各螺旋的用途。
(2)练习水平度盘的读数方法。
(3)在一个指定的点上练习经纬仪的对中、整平和水平度盘读数方法。

6.3 仪器设备

(1)由仪器室借用：J_6 经纬仪 1 架，记录板 1 块。
(2)自备：铅笔、小刀、直尺、记录表格。

6.4 操作步骤

(1)经纬仪的安置。

①松开三脚架,安置于测站点上。其高度大约在胸口附近,架头大致水平,三脚架中心大致对准测站点。

②打开仪器箱,双手握住仪器支架,将仪器从箱中取出置于架头上。一手紧握仪器支架,一手拧紧连接螺旋,挂上垂球。

③对中:踩紧一脚架,移动另外 2 个脚架,使垂球尖大致对准测站点,稍松开连接螺旋,两手扶住基座,在架头上平移仪器,使垂球尖准确对准测站点(对中误差小于 3 mm),再拧紧连续螺旋。若超过对中误差,则重新移动三脚架,直到满足要求为止。

④整平:转动照准部,使水准管平行于任意一对脚螺旋,同时相对旋转这对脚螺旋,使水准管气泡居中;将照准部绕竖轴转动 90°,旋转第三只脚螺旋,使气泡居中。再转动 90°,检查气泡误差,直到小于分划线的一格为止。

(2)熟悉仪器各部件的名称和作用。

(3)经纬仪的使用。

瞄准:用望远镜上瞄准器瞄准目标,从望远镜中看到目标,旋紧望远镜和照准部的制动螺旋,转动目镜螺旋,使十字丝清晰;再转动物镜对光螺旋,使目标影像清晰;转动望远镜和照准部的微动螺旋,使目标被单根竖丝平分,或将目标夹在双根竖丝中央。

读数:打开反光镜,调节反光镜使读数窗亮度适当,旋转读数显微镜的目镜,看清读数窗分划,根据使用的仪器用分微尺度测微尺读数。

6.5 注意事项

(1)严格遵守测量仪器的使用规则。

(2)经纬仪由箱中取出后立即用脚架上的中心连接螺旋将经纬仪紧固。

(3)对每项练习均要认真仔细完成,首先学会方法,然后尽可能熟练。

(4)晴天应用伞遮住强烈阳光,以免照射仪器。

6.6 实验记录

水平角测量记录计算表格

观测者:　　　观测日期:　　　班级:　　　第　组　　　记录者:

方向号及目标	度盘读数		左−右 (2C)	$\frac{左+右}{2}$	归零方向值	备注
	盘左	盘右				
	° ′ ″ ″	° ′ ″ ″	″	″	° ′ ″	

6.7 讨论

(1)实际操作中对中和整平是如何快速同时满足的?

(2)关于 J_6 光学经纬仪的水平盘读数方法,如何估读秒值?

(3)不同品牌的经纬仪,度盘配置装置之间的差异是什么?

7 用测回法作水平角观测

7.1 实验目的

掌握测回法观测水平角的基本方法。即测回法观测水平角的观测顺序、记录和计算。

7.2 实验内容

在 1 个测站上对 2~3 个目标作 2 个测回的角度观测。

7.3 仪器设备

(1)由仪器室借用:J_6 经纬仪 1 架、记录板 1 块。

(2)自备:铅笔、小刀、小三角板或直尺、记录表格。

7.4 操作步骤

(1)指导教师讲解测回法的观测程序。

(2)弄清测回法记录表格的填写次序和方法。

①度盘配置:设共测 n 个测回,则第 i 个测回的度盘位置为略大于 $180°/n$。

若测两个测回,根据公式计算第一测回起始读数稍大于 0°,第二测回起始读数稍大于 90°。

②一测回观测。

盘左:瞄准左目标 A,进行读数并记录,顺时针方向转动照准部,瞄准右目标 B,进行读数并记录。

盘右:瞄准右目标 B,进行读数记录,逆时针方向转动照准部,瞄准右目标 A,进行读数并记录。

检查上、下半测回角值互差是否超限,计算一测回角值。

③测站观测完毕后,检查各测回角值互差不超过 24″,计算各测回的平均角值。

(3)计算观测成果,检查是否符合要求。

(4)对不合格的成果返工重测。

7.5 注意事项

(1)观测程序及记录要严守操作规程。

(2)观测中要注意消除视差。瞄准目标时,尽可能瞄准其底部,同一测回观测时,切勿误动度盘变换手轮或复测扳手。

(3)记录者要向观测者回报后再记。

(4)记录中的计算部分应训练用心算进行。

(5)观测限差要求如下：

①两测回间应变换度盘约 90°。

②上、下半测回的 2C 互差应≤40″。

③二测回之间的角度差应≤24″。

7.6 实验记录

水平角测量记录计算表格

观测者：　　　　观测日期：　　　　班级：　　　　第　组　　　　记录者：

方向号及目标	度盘读数						左－右(2C)	$\frac{左+右}{2}$	归零方向值	备注
	盘左			盘右						
	° ′	″	″	° ′	″	″	″	″	° ′ ″	

7.7 讨论

(1)测回法观测水平角时，为何要进行盘左、盘右观测？

(2)同一组水平角观测中，2C 值超限或 2C 值相差较大，试分析其原因。

8 用全圆测回法作水平角观测

8.1 实验目的

掌握全圆测回法观测的基本方法，记录表格的填写次序和方法。

8.2 实验内容

在 1 个测站上对 4 个目标作 2 个测回的方向观测法观测。

8.3 仪器设备

(1)由仪器室借用：J_6 经纬仪 1 架、记录板 1 块。

(2)自备：铅笔、小刀、小三角板或直尺、记录表格。

8.4 操作步骤

指导教师讲解方向观测法的观测程序。

全圆方向法为观测 3 个以上目标的水平角观测方法。设测站为 S，需要观测 4 个目标 A，B，C，D 的水平方向值(每个小组可以选择与测站距离大致相等的 4 块觇牌作为目标，按顺时针方向为 A，B，C，D)。

其方法和步骤如下：

(1)经纬仪安置于测站 S，经过对中与整平，盘左位置对第一个目标 A 进行初步瞄准(目镜调焦、物镜调焦、消除视差、将目标置于十字丝交点附近、转紧水平制动螺旋)，转换像手转使读数镜中出现水平度盘像，调节水平度盘照明镜使读数镜亮度适当，转动水平度盘变换手转及测微手轮，使水平度盘读数大约为 0°02′。

(2)用水平微动螺旋瞄准一目标 A，水平度盘读数为 a(水平度盘读数可取至整秒)。

(3)顺时针转动照准部，依次瞄准 B，C，D，得到相应的水平度盘数为 b，c，d。

(4)再顺时针旋转照准部瞄准第一目标 A，水平度盘读数为 a_1，计算半测回归零差($a-a_1$)。

(5)倒转望远镜使其成盘右位置，瞄准第一目标 A，水平度盘读数为 a'。

(6)逆时针转动照准部，依次瞄准 D，C，B，得到相应的水平度盘读数为 d'，c'，d'。

(7)再逆时针旋转照准部瞄准第一目标 A，水平度盘读数为 a_1'，盘右的半测回归零差为($a'-a_1'$)；以上观测称为一测回。

如果进行二测回、三测回观测，则操作的方法和步骤相同，仅是瞄准第一目标后应改变水平度盘读数：观测二测回，则第二测回改为 90°附近；观测三测回，则第二、第三测回改为 60°，120°附近。

每一测回的观测应进行下列检核计算：

①半测回归零差不应大于 18″，若在容许范围以内，则取其平均值。

②对于同一目标，盘左秒数减去盘右秒数算得 $2C$ 值，$2C$ 应是常数，规定 $2C$ 的变化(互差)不应大于 40″。

③计算各目标的方向值：度数取盘左，分、秒取盘左、盘右的平均值。

④计算各目标的归零方向值：将各目标的方向值减去第一目标的方向值。

⑤测完规定的测回数后，应检查每一个目标的归零方向值之差不应≤24″，最后取各测回归零方向值的平均数，作为观测成果。

⑥计算观测成果，检查是否合乎要求。

⑦对不合格的成果返工重测。

8.5 注意事项

(1)观测程序及记录要严守操作规程。

(2)选择起始方向背景要清晰，距离适中。对近处目标要严格照准。观测中要注意消除视差。

(3)记录者向观测者回报后再记。

(4)记录中的计算部分应训练用心算进行。

(5)观测限差要求如下：

①两测回间变换度盘约 90°；

②半测回归零差应≤18″；

③两测回同一方向值之差应≤24″。

(6)晴天应用伞遮住强烈阳光，以免照射仪器。

8.6 实验记录

水平角测量记录计算表格

观测者：　　　　观测日期：　　　　班级：　　　　第　组　　　　记录者：

方向号及目标	度盘读数						左−右(2C)	$\frac{左+右}{2}$	归零方向值	备注
	盘左			盘右						
	° ′	″	″	° ′	″	″	″	″	° ′ ″	

8.7 讨论

(1)全圆测回法中，归零值的计算与测回法有何不同？

(2)不同测回间，为何要配置不同的起始读数？意义何在？

9 用 J_6 经纬仪配合小平板地形测绘

9.1 实验目的

(1)学习测碎部点的一般作业程序及方法。

(2)练习用视距法测量与计算碎部点水平距离和高程的方法。

9.2 实验内容

在一个测站点上测定若干碎部点的平面位置和高程。

9.3 仪器设备

(1)由仪器室借用 J_6 经纬仪 1 架，地形尺 1 支，小平板 1 架，30 cm 量角器 1 块，记录板 1 块。

(2)自备：微型电子计算器 1 个、铅笔、小刀、小三角板、记录表格。

9.4 操作步骤

(1)选择视野开阔的一点为测站点(或图根控制点)上,对中,整平,量取仪器高,假设测站高程。

(2)在经纬仪近旁 3～5 m 处安放小平板,供绘图用。

(3)将经纬仪水平度盘读数配置 0°00″,瞄准另一图根控制点。

(4)欲测一地形点,则轻动照准部瞄准该点所立地形尺,读出水平度盘读数度、分。并直接读出视距。

(5)读出中丝读数(中丝可以瞄准某个整数或相当于仪器高度),并读取竖直度盘读数(竖盘水泡必须居中)。

(6)用微型电子计算器或用视距表求出测站至地形点的水平距离 D 和高差 h。当中丝照准仪器高时 Δ=仪器高 K－瞄准读数 $L=0$,则地形点的高程 H=测站点高程 H_0+h。

(7)利用量角器在已展开图根控制点的图纸上量出上述水平角,并沿量角器半径方向,然后按测图比例尺截取水平距离 D,以小针刺出并注上高程,同法依次测定碎部点。

(8)1 人观测,1 人记录查表或按微型电子计算器,1 人扶尺,1 人操作小平板,每人测定 5 个点,轮换工种练习。

9.5 注意事项

(1)计算工作要逐点完成,不能观测后总算。

(2)观测,计算取位如下:角度 1′,视距 0.1 m,高差 0.01 m,高程 0.1 m,仪器高 0.01 m,目标高 0.01 m。

9.6 实验记录

经纬仪碎部点观测记录

定方向__________　检查方向:__________　仪器高 i:__________　乘常数 K __________

测点	视距读数 /m	水平角 ° ′	竖盘读数 ° ′	竖直角 ° ′	水平距离 /m	高差 /m	Δ ±m	高程	备注

Δ=仪器高 I－中丝读数 L　　$H=H_0+h+\Delta$

9.7 讨论

(1)碎部点测量中,如何判断竖直角公式?

(2)碎部点测量中,如何简化计算公式,提高观测效率?何谓"便利高"?

10 建筑物轴线测设

10.1 实验目的

掌握用经纬仪测设建筑物轴线的方法。

10.2 实验内容

根据指定控制点,布设建筑基线、测设建筑物轴线。

10.3 仪器设备

经纬仪 1 台,脚架 1 个,测杆 1 根,钢尺 1 把,记号笔 1 支,记录板 1 块,微型电子计算器 1 个。

10.4 实验步骤

(1)布设建筑基线　布设建筑基线且点数不少于 3 个,建筑基线可根据已有控制点采用平面点位测设的方法进行测设,也可根据建筑红线进行测设。测设后应进行检查,即距离误差不超过 1/2 000,角度与 90°或 180°之差不超过±20″,否则进行校正。

(2)布设建筑方格网　建筑方格网又称矩形施工控制网,对于建筑场地较大、建(构)筑物多且规则,宜建立建筑方格网。建筑方格网布设应根据设计总平面图、建(构)筑物的分布情况及建(构)筑物的轴线进行。每条主线不少于 3 个点,相邻点间距为 100～300 m,网点坐标设计成整米数。主轴线经检查调正后作为基础测设网点。精度要求应符合《工程测量规范》。

10.5 注意事项

(1)确定垂直方向时应测左右角以提高测量精度。

(2)如用钢尺量距,钢尺要拉紧、拉平。

第 5 章　建筑材料试验

1　内容简介

1.1　课程在专业中的地位和作用

“土木工程材料”课程是土木工程专业一门较为重要的技术基础课。通过对本课程的学习，使学生掌握土木工程材料的基本知识和试验的基本技能，为学习有关专业课提供基础知识。为将来从事技术工作打下基础，使学生在工程实践中具有正确合理选择和使用建筑材料的能力，并初步具有分析材料的组成、结构、构造与其性能之间关系的能力；具有分析和处理施工中由于建筑材料原因导致工程技术问题的能力；具有材料技术指标的试验检测能力以及鉴别材料质量的能力。培养学生建筑材料的相关常识，在实际工作中对建筑材料的品质与应用具有良好的鉴别和科学应用的能力。

“土木工程材料”课程理论性强，实践性更强，试验教学是土木工程材料课程的重要环节之一。学生通过试验，有助于熟悉、验证和巩固所学的理论知识，充实和丰富教学内容，还能掌握常用工程材料的技术性能、检测原理及试验方法，能正确处理实验数据和书写实验报告；培养学生的动手、分析问题、解决问题的能力，为今后从事相关工作打下初步基础。

在建筑材料试验的教学过程中，由于各个试验的连贯性不是很强，学生对各个试验的原理和操作过程不易掌握，对试验目的及在实际工程中的应用不易弄清楚。所以，为了巩固学生对理论知识的掌握，帮助学生把理论应用到实际工程中去，提高教学质量，土木工程试验教程建筑材料部分试验学习指导书的编写具有新的特点。在学生做试验时，不但要求掌握试验原理和操作过程，而且还结合了一定的工程实例，使学生知道为什么要做这些试验，试验参数在工程设计和施工中如何应用，更注重实践知识的学习。

1.2　课程实验内容及课时分配

按教学大纲要求，土木工程试验教程建筑材料部分共包括 6 项试验，每项验证试验都能结合工程施工中的材料问题，通过试验测定建筑材料的技术性质指标，来控制施工中可能出现的质量问题。各项试验连贯性、综合性强，学生思路明确，试验教学的可操作性好。

混凝土骨料试验　要求学生通过试验，检测粗细骨料的表观密度、颗粒级配、堆积密度、吸水率、含水率、含泥量等各项技术指标，评定粗细骨料是否满足施工规范要求，并为混凝土配合比设计提供依据。

水泥的技术性质测定试验　要求学生通过检测水泥的比表面积、标准稠度用水量、强度、安定性、凝结时间等各项技术指标，使学生了解水泥的国家标准，学会水泥品质检验的操作方法及强度试件的制作，掌握水泥品质各技术指标的实际工程意义。

混凝土试验　要求学生掌握混凝土和易性、强度的试验校核方法以及实际表观密度的测定方法的基础上，学会混凝土配合比设计的试配与调整，初步掌握通过调整配合比参数，改善混凝土性能的规律。

建筑材料试验计划学时总数为12学时，课时分配见表5-1。

表5-1　课时分配表

序号	实验内容		计划学时	类型
1	沙子试验	表观密度及吸水率	1.0	验证性试验
		颗粒级配	0.5	验证性试验
		堆积密度	0.5	验证性试验
2	粗骨料试验	表观密度及吸水率	1.0	验证性试验
		颗粒级配	0.5	验证性试验
		堆积密度	0.5	验证性试验
3	水泥试验	标准稠度用水量	1.0	验证性试验
		凝结时间	0.5	演示试验
		安定性	1.0	验证性试验
		强度	2.0	验证性试验
4	混凝土试验	拌和物和易性	2.0	综合性试验
		拌和物表观密度		
		混凝土立方体抗压强度	1.0	验证性试验
		混凝土抗冻性	0.5	演示试验
		混凝土抗渗性		演示试验

2　混凝土骨料试验

2.1　基本概念

沙石材料也称之为散粒材料，其表观密度是指包括封闭孔隙在内的颗粒的单位体积质量，亦称为视密度，表观密度分为干表观密度和饱和面干表观密度。

颗粒级配是指不同粒径的骨料的组合情况。

堆积密度是指骨料在自然堆放状态下单位体积的质量。

吸水率是指骨料在饱和面干状态时所含的水分，以质量百分数率表示。

2.2 目的和适用范围

表观密度试验的目的是测定沙、石的视密度，用于混凝土配合比计算和评定沙石的质量。

颗粒级配试验的目的是通过颗粒筛分来检验沙、石的级配是否符合规范要求，并计算出沙粗细程度，为混凝土配合比设计提供数据。

堆积密度试验的目的是通过测定沙、石松散状态下的堆积表观密度，来估计运输工具的数量或堆场的面积。

吸水率试验的目的是通过测定沙、石的吸水率，准确地进行施工配合比的换算。

含水率试验的目的是测定沙、石的含水率，为现场拌制混凝土时修正用水量及沙、石用量。

含泥量试验的目的是测定沙、石的含泥量，用来评定沙石的质量是否符合规范要求。

2.3 沙料表观密度及吸水率试验

2.3.1 试验原理

测试表观密度的试验原理是通过排液法将沙样的体积测出来，即利用阿基米德原理将浸入到液体中的沙样排开液体的质量称量出来。已知液体的密度，可算出排开液体的体积，此时排开液体的体积等于沙样的体积。通过密度公式，算出沙样的表观密度。

2.3.2 仪器设备

(1)天平：称量 1 000 g，最小分度值 0.5 g；

(2)容量瓶：1 000 mL；

(3)烘箱：控制温度(105±5)℃，如图 5-1 所示；

(4)手提吹风机；

(5)饱和面干试模：金属制，上口直径 38 mm，下口直径 89 mm，高 73 mm，另附铁制捣棒，直径 25 mm，质量 340 g，如图 5-2 所示。

图 5-1 烘箱

图 5-2 饱和面干试模

2.3.3　操作步骤

(1)沙样制备　将沙料通过 5 mm 筛，用四分法取样，并置于(105±5)℃烘箱中烘至恒量，冷却至室温备用。

(2)干沙表观密度的测定

①称取沙样 600 g(G_1)两份，分别按下述步骤进行测试。

②将沙样装入盛半满水的容量瓶中，用手旋转摇动容量瓶，使沙样充分搅动，排除气泡。塞紧瓶盖，静置 24 h，量出瓶内水温，然后用移液管加水至容量瓶颈刻度线处，塞紧瓶盖，擦干瓶外水分，称其质量(G_2)。

③将瓶内的水和沙样全部倒出，洗净容量瓶，再向瓶内注水至瓶颈刻度线处，擦干瓶外水分，称其质量(G_3)。

(3)饱和面干沙表观密度的测定

①称取沙样约 1 500 g，装入搪瓷盘中，注入清水，使水面高出沙样 2 cm 左右，用玻璃棒轻轻搅拌，排出气泡。静置 24 h 后将水倒出，摊开沙样，用手提吹风机缓缓吹入暖风，并不断翻拌沙样，使沙样表面的水分均匀蒸发。

②将沙样分两层装入饱和面干试模中，第一层装入试模高度的一半，一手按住试模不得错动，一手用捣棒自沙样表面高约 1 cm 处自由落下，均匀插捣 13 次；第二层装满试模，再插捣 13 次。刮平模口后，垂直将试模轻轻提起。如沙样呈图 5-3(a)所示的形状，说明沙样表面水多，应继续吹干，再按上述方法进行试验，直至试模提起后，沙样开始坍落呈图 5-3(b)的形状，即为饱和面干状态。如试模提起后，试样呈图 5-3 (c)的形状，说明沙样已过分干燥。此时应喷水 5～10 mL，将沙样充分拌匀，加盖后静置 30 min，再按上述方法进行试验，直至达到要求为止。

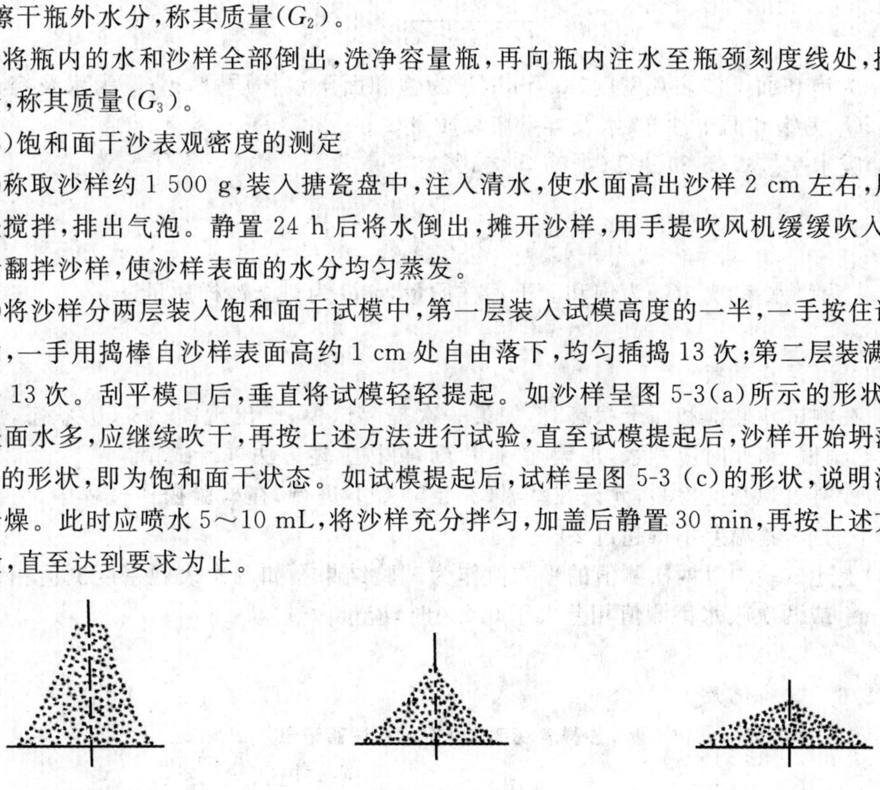
(a) 尚有表面水　　(b)饱和面干状态　　(c)干燥状态

图 5-3　沙样的坍落情况

③迅速称取饱和面干沙样 600 g(G_0)两份，分别装入两个盛半满水的容量瓶内，用手旋转摇动容量瓶，排除气泡后，静置 30 min，测瓶内水温，然后加水至容量瓶颈刻度线处，塞紧瓶盖，擦干瓶外水分，称出质量(G_4)。

④倒出瓶内的水和沙样，将瓶洗净，再注水至瓶颈刻度线处，擦干瓶外水分，塞紧瓶盖，称出质量(G_3)。

(4)吸水率的测定　称取饱和面干沙样 500 g(G_0)两份，烘至恒量，冷却至室温后称出质量(G)。

2.3.4　数据整理

(1)干沙表观密度按式(5-1)计算(准确至 10 kg/m³)。

$$\rho=\frac{G_1}{G_1+G_3-G_2}\times 1\ 000 \tag{5-1}$$

式中，ρ 为干沙表观密度，kg/m³；G_1 为烘干沙样质量，g；G_2 为烘干沙样、水及容量瓶总质量，g；G_3 为水及容量瓶总质量，g。

(2)饱和面干沙表观密度按式(5-2)计算(准确至 10 kg/m³)。

$$\rho_1=\frac{G_0}{G_0+G_3-G_4}\times 1\ 000 \tag{5-2}$$

式中，ρ_1 为饱和面干沙表观密度，kg/m³；G_0 为饱和面干沙样质量，g；G_3 为水及容量瓶总质量，g；G_4 为饱和面干沙样、水及容量瓶总质量，g。

(3)吸水率按式(5-3)计算(准确至 0.1%)。

$$w_{吸}=\frac{G_0-G}{G}\times 100\% \tag{5-3}$$

式中，$w_{吸}$ 为吸水率，%；G_0 为饱和面干沙样质量，g；G 为烘干沙样质量，g。

2.3.5　注意事项

(1)在测试沙样饱和面干状态时，如第一次提起试模，已出现图 2-3 (b)状态，则沙样有可能已稍偏干，此时应洒水，加盖，静置片刻，再按上述方法进行试验。

(2)沙料表观密度检验，允许在室温(20±5)℃下进行，在检验操作过程中，两次加入容量瓶中的水，其温差不得超过 2℃。

(3)上述试验均以两次测值的平均值作为试验结果。如两次表观密度测值相差大于 20 kg/m³，或两次吸水率测值相差大于 0.2%时，应重做试验。

2.3.6　试验记录

沙样表观密度及吸水率试验记录

样品编号：__________　　　　试验者：__________

检验日期：__________　　　　计算者：__________

试验条件：__________　　　　校核者：__________

<table>
<tr><td rowspan="4">表观密度</td><td rowspan="2">饱和面干沙质量/g</td><td rowspan="2">水+容量瓶/g</td><td rowspan="2">水+容量瓶+饱和面干沙样/g</td><td rowspan="2">水温/℃</td><td colspan="2">表观密度/(kg/m³)</td></tr>
<tr><td>测定值</td><td>平均值</td></tr>
<tr><td></td><td></td><td></td><td></td><td></td><td rowspan="2"></td></tr>
<tr><td></td><td></td><td></td><td></td><td></td></tr>
<tr><td rowspan="4">吸水率</td><td colspan="2" rowspan="2">饱和面干沙样质量/g</td><td colspan="2" rowspan="2">烘干后沙样质量/g</td><td colspan="2">吸水率/%</td></tr>
<tr><td>测定值</td><td>平均值</td></tr>
<tr><td colspan="2"></td><td colspan="2"></td><td></td><td rowspan="2"></td></tr>
<tr><td colspan="2"></td><td colspan="2"></td><td></td></tr>
</table>

2.4 沙料颗粒级配试验

2.4.1 试验原理

通过不同孔径的筛子将沙样逐一过筛，称量出留在各级筛上的沙样质量，算出各级筛上的累计筛余百分数，并算出沙的细度模数，评定沙的粗细程度。

2.4.2 仪器设备

(1)天平：称量 1 000 g，最小分度值 1.0 g；

(2)沙样方孔筛：规格为 9.5 mm，4.75 mm，2.36 mm，1.18 mm，0.6 mm，0.3 mm，0.15 mm 的筛各 1 只，并附有筛底和筛盖，如图 5-4 所示；

(3)摇筛机，如图 5-5 所示；

(4)烘箱：控制温度(105±5)℃；

(5)搪瓷盘、毛刷等。

图 5 4 沙料标准筛

图 5-5 摇筛机

2.4.3 操作步骤

(1)沙样制备。用于颗粒级配试验的沙样，颗粒粒径不应大于 9.50 mm。取样前，应先将沙样通过 9.5 mm 筛，并算出其筛余百分率。然后取在潮湿状态充分拌匀、用四分法缩分至每份不少于 550 g 的沙样两份，在(105±5)℃下烘至恒量，冷却至室温后，分别按下述步骤进行试验。

(2)称取沙样 500 g，置于按筛孔大小顺序排列的套筛的最上一号筛(即 4.75 mm 筛)上，加盖，将整套筛安装在摇筛机上，摇 10 min；取下套筛，按筛孔大小顺序在清洁的搪瓷盘上逐个用手筛，筛至每分钟通过量不超过沙样总量的 0.1%时为止。通过的颗粒并入下一号筛中，并和下一号筛中的沙样一起过筛。顺序进行，直至各号筛全部筛完为止。

(3)当沙样在各号筛上的筛余量超过 200 g 时，应将该筛余沙样分成两份，再进行筛分，并以两次筛余量之和作为该号筛的筛余量。

(4)筛完后，将各筛上剩余的沙粒用毛刷轻轻刷净，称出每号筛上的筛余量。

2.4.4 数据整理

(1)计算分计筛余百分率——各号筛上的筛余量除以沙样总量的百分率(准至0.1%)。

(2)计算累计筛余百分率——该号筛上的分计筛余百分率与大于该号筛的各号筛上的分计筛余百分率之总和。

(3)细度模数按式(5-4)计算(准至 0.01)。

$$F \cdot M=\frac{(A_2+A_3+A_4+A_5+A_6)-5A_1}{100-A_1} \tag{5-4}$$

式中，$F \cdot M$ 为沙料细度模数；A_1，A_2，A_3，A_4，A_5，A_6 分别为 4.75 mm，2.36 mm，1.18 mm，0.6 mm，0.3 mm，0.15 mm 各筛上的累计筛余百分率。

2.4.5 注意事项

(1)以两次测值的平均值作为试验结果。如各筛筛余量和底盘中粉沙质量的总和与原试样质量相差超过试样量的 1%时，或两次测试的细度模数相差超过 0.2 时，应重做试验。

(2)试验前应将标准筛上的沙料颗粒清洁干净。

2.4.6 试验记录

沙样颗粒级配试验记录

样品编号:__________　　　　试验者:__________

检验日期:__________　　　　计算者:__________

试验条件:__________　　　　校核者:__________

筛孔/mm	第一次筛分(试样质量:500 g)			第二次筛分(试样质量:500 g)			平均累计筛余/%
	筛余量/g	分计筛余/%	累计筛余/%	筛余量/g	分计筛余/%	累计筛余/%	
4.75							
2.36							
1.18							
0.60							
0.30							
0.15							
筛底							
细度模数							

2.5 沙料堆积密度试验

2.5.1 试验原理

沙料从一定高度自由落下呈自然堆放状态，测定在自然堆放状态下单位体积沙料的质量。

2.5.2 仪器设备

(1)天平：称量 5 kg、最小分度值 1.0 g；

(2)容量筒：容积为 1 L 的金属圆筒；

(3)烘箱：控制温度(105±5)℃；

(4)漏斗：如图 5-6 所示；

(5)搪瓷盘、直尺等。

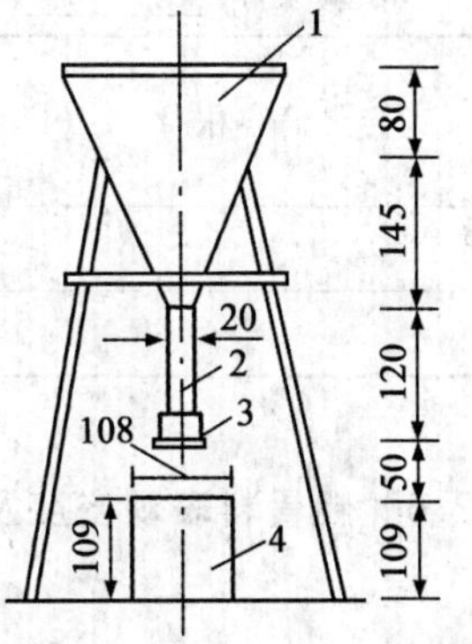

图 5-6 漏斗示意图(单位：mm)

1.漏斗 2.ϕ20 管子

3.活动闸门 4.容量筒

2.5.3 操作步骤

(1)用浅盘装沙样 10 kg，在温度(105±5)℃的烘箱中烘至质量恒定，取出并冷却至室温，分成大致相等的两份备用。

(2)称出空容量筒质量。

(3)将沙样装入漏斗中，打开漏斗活动闸门，使沙样从漏斗口(高于容量筒顶面 5 cm)落入容量筒内，直至沙样装满容量筒并超出筒口时为止。用直尺沿筒口中心线向两侧方向轻轻刮平，然后称其质量。

(4)容量筒容积的校正方法：称取空容量筒和玻璃板的总质量，将(20±2)℃的自来水装满容量筒，用玻璃板沿筒口推移使其紧贴水面，盖住筒口(玻璃板和水面间不得带有气泡)，擦干筒外壁的水，然后称其质量。

2.5.4 数据整理

堆积密度按式(5-5)计算(准确至 10 kg/m³)。

$$\rho_0=\frac{G_2-G_1}{V}\times 1\ 000 \tag{5-5}$$

式中，ρ_0 为堆积密度，kg/m^3；G_1 为容量筒质量，kg；G_2 为容量筒及沙样总质量，kg；V 为容量筒的体积质量，L。

2.5.5 注意事项

(1)试样烘干后如有结块，应在试验前先捏碎；

(2)以两次测值的平均值作为试验结果。

2.5.6 试验记录

沙样堆积密度试验记录

样品编号：__________ 试验者：__________

检验日期：__________ 计算者：__________

试验条件：__________ 校核者：__________

容量筒容积/L	容量筒质量/kg	容量筒＋干沙质量/kg	堆积密度/(kg/m^3)	
			测定值	平均值

2.6 粗骨料表观密度及吸水率试验

2.6.1 试验原理

通过排水法，将粗骨料浸入到水中，此时，排开水的体积即为粗骨料的体积。通过密度公式，算出粗骨料的表观密度。

2.6.2 仪器设备

(1)天平：称量 5 kg，小分度值 1 g；

(2)广口瓶：2 000 mL，见图 5-7；

(3)烘箱：控制温度(105±5)℃；

(4)温度计、玻璃片、毛巾等。

图 5-7 广口瓶

2.6.3 操作步骤

(1)试样制备。用四分法取样，并用自来水将骨料冲洗干净，按表 5-2 中规定的数量，称取试样两份，将试样浸入盛水的容器中，水面至少高出试样 50 mm，浸泡 24 h。

(2)试验步骤。

①将粗骨料装入盛半满水的广口瓶中，用手旋转摇动广口瓶，使粗骨料充分搅动，排除气泡，量出瓶内水温，然后用移液管加水至充满广口瓶，盖上玻璃片，擦干瓶外及玻璃片水分，称其质量(G_2)。

②将广口瓶内的水和粗骨料全部倒出，洗净广口瓶，再向瓶内注水至充满广口瓶，盖上玻璃片，擦干瓶外及玻璃片水分，称其质量(G_3)。

③用拧干后的湿毛巾将试样擦至饱和面干状态(即石子表面无水膜)，并立即称量(G_0)。

④将试样在温度为(105±5)℃烘箱中烘干，冷却后称量(G_1)。

表 5-2　表观密度试验取样熟料表

骨料最大粒径/mm	40	80	150(120)
最少取样数量/kg	2	4	6

2.6.4　数据整理

(1)饱和面干表观密度按式(5-6)计算(准确至 10 kg/m³)。

$$\rho_1=\frac{G_0}{G_0+G_3-G_2}\times 1\,000 \tag{5-6}$$

式中,ρ_1 为饱和面干沙表观密度,kg/m³;G_0 为饱和面干粗骨料质量,g;G_2 为饱和面干粗骨料、水、广口瓶及玻璃片总质量,g;G_3 为水及广口瓶及玻璃片总质量,g。

(2)吸水率按式(5-7)计算(准确至 0.1%)。

$$\omega=\frac{G_0-G_1}{G_1}\times 100\% \tag{5-7}$$

式中,ω 为吸水率,%;G_0 为饱和面干粗骨料质量,g;G_1 为烘干粗骨料质量,g。

2.6.5　注意事项

(1)在称量饱和面干粗骨料、水、广口瓶及玻璃片的总质量或水及广口瓶及玻璃片的总质量时,当盖上玻璃片后,玻璃片与广口瓶之间不得留有气泡。

(2)粗骨料表观密度检验,允许在室温(20±5)℃下进行,在检验操作过程中,两次加入容量瓶中的水,其温差不得超过 2℃。

(3)上述试验均以两次测值的平均值作为试验结果。如两次表观密度测值相差大于 20 kg/m³,或两次吸水率测值相差大于 0.2%时,应重做试验。

2.6.6　试验记录

粗骨料表观密度及吸水率试验记录

样品编号:__________　　试验者:__________

检验日期:__________　　计算者:__________

试验条件:__________　　校核者:__________

	饱和面干试样质量/g	水+容量瓶/g	水+容量瓶+饱和面干试样/g	水温/℃	表观密度/(kg/m³) 测定值	表观密度/(kg/m³) 平均值
表观密度						

	饱和面干试样质量/g	烘干后试样质量/g	吸水率/% 测定值	吸水率/% 平均值
吸水率				

2.7 粗骨料颗粒级配试验

2.7.1 试验原理

通过不同孔径的筛子将粗骨料逐一过筛，称量出留在各级筛上的粗骨料质量，算出各级筛上的累计筛余百分数，评定粗骨料的级配。

2.7.2 仪器设备

(1)方孔筛：孔径分别为 90 mm，75.0 mm，63.0 mm，53.0 mm，37.5 mm，31.5 mm，26.5 mm，19.0 mm，16.0 mm，9.50 mm，4.75 mm，2.36 mm 的筛各一只，并附有筛底和筛盖；

(2)磅秤：称量 50 kg，感量 50 g；

(3)台秤：称量 10 kg，感量 5 g；

(4)摇筛机；

(5)铁锹、铁盘或其他容器等。

2.7.3 操作步骤

(1)用四分法选取风干试样，试样质量应不少于表 5-3 规定。

表 5-3 试样取样数量表

骨料最大粒径/mm	9.50	16.0	19.0	26.5	31.5	37.5	63.0	75.0
最少取样数量/kg	1.9	3.2	3.8	5.0	6.3	7.5	12.6	16.0

(2)按筛孔由大到小的顺序过筛，直至每分钟的通过量不超过试样总量的 0.1%为止。但在每号筛上的筛余平均层厚应不大于试样的最大粒径值，如超过此值，应将该号筛上的筛余分成两份，再次进行筛分。

(3)称取各筛筛余量(粒径大于 90 mm 的颗粒，也应称量，并计算出百分含量)。

2.7.4 数据整理

(1)计算分计筛余百分率——各号筛上的筛余量除以试样总量的百分率(准确至 0.1%)。

(2)计算累计筛余百分率——该号筛上的分计筛余百分率与大于该号筛的各号筛上的分计筛余百分率之总和。

2.7.5 注意事项

以两次测值的平均值作为试验结果。筛分后，如每号筛上的筛余量与底盘上的筛余量之和与原试样量相差超过 1.0%，试验应重做。

2.7.6 试验记录

粗骨料颗粒级配试验记录

样品编号：__________　　　　　　试验者：__________

检验日期：__________　　　　　　计算者：__________

试验条件：__________　　　　　　校核者：__________

筛孔/mm	第一次筛分(试样质量：　kg)			第二次筛分(试样质量：　kg)			平均累计筛余/%
	筛余量/g	分计筛余/%	累计筛余/%	筛余量/g	分计筛余/%	累计筛余/%	
90							
75.0							
63.0							
53.0							
37.5							
31.5							
26.5							
19.0							
16.0							
9.50							
4.75							
2.36							
筛底							
结论							

2.8 粗骨料堆积密度试验

2.8.1 试验原理

试样从一定高度自由落下呈自然堆放状态，测定在自然堆放状态下单位体积试样的质量。

2.8.2 仪器设备

(1)磅秤：称量 50 kg，感量 50 g 或称量 200 kg，感量 200 g；

(2)容量筒：金属圆筒，具有一定刚度，不变形，规格如表 5-4 所列；

(3)拌和铁板、平口铁锹等。

表 5-4 容量筒规格表

卵石或碎石最大粒径/mm	容量筒容积/L	容量筒规格		
		内径/mm	净高/mm	壁厚/mm
9.5,16.0,19.0,26.5	10	208	294	2
31.5,37.5	20	294	294	3
53.0,63.0,75.0	30	260	294	4

2.8.3 操作步骤

(1)紧密堆积密度的测定。

①根据石料最大粒径确定相应容积的容量筒，取一定数量的天然级配风干试样，或按一定级配比例组合的风干试样，拌和均匀。用平口铁锹将试样从离容量筒上口 5 cm 高处自由落入容量筒中，装完后稍平整表面，将容量筒放在振动台上，振动 2～3 min，或将容量筒置于坚实的平地上，在筒底垫放一根直径为 25 mm 的钢筋，将试样分三层距容量筒上口 5 cm 高处装入筒中，每装完一层后，将筒按住，左右交替颠击地面各 25 次。在振实或颠实完毕后，再加试样直至超出筒口，用钢尺沿筒口边缘刮去高出筒口的颗粒，用适当的颗粒填平凹处，使表面稍凸起部分和凹陷部分的体积大致相等，称取试样和容量筒总质量。

②将试样倒出拌和均匀，按上述步骤再测一次。

(2)松散堆积密度的测定。用平口铁锹将拌匀的试样从离容重筒上口 5 cm 高处自由落入筒中，直至试样高出筒口，并按紧密堆积密度的方法平整表面，称出质量。然后将试样倒出拌匀，再重复测一次。

2.8.4 数据整理

堆积密度按式(5-8)计算(准确至 10 kg/m³)。

$$\rho_0=\frac{G_2-G_1}{V}\times 1\ 000 \tag{5-8}$$

式中，ρ_0 为堆积密度，kg/m³；G_1 为容量筒质量，kg；G_2 为容量筒及试样总质量，kg；V 为容量筒的体积质量，L。

2.8.5 注意事项

(1)以两次测值的平均值作为试验结果。如两次结果相差超过 20 kg/m³ 时，试验应重做；

(2)容量筒容积的校正方法与 2.5.3“沙料堆积密度试验”方法有关规定相同。

2.8.6　试验记录

粗骨料堆积密度试验记录

样品编号:__________　　　　试验者:__________

检验日期:__________　　　　计算者:__________

试验条件:__________　　　　校核者:__________

容量筒容积 /L	容量筒质量 /kg	容量筒＋试样质量 /kg	堆积密度/(kg/m^3)	
			测定值	平均值

2.9　讨论

(1)什么是散粒材料？散粒材料的视密度与材料的密度有什么区别？

(2)影响骨料吸水率的因素是什么？

(3)骨料级配不良时,对混凝土有什么影响？

3　水泥试验

3.1　基本概念

标准稠度用水量是指在测定水泥凝结时间、安定性时,水泥加水后需使水泥净浆达到规定的稠度,此时水泥净浆的用水量与水泥质量之比称为标准稠度用水量。

初凝时间是指标准稠度的水泥浆自加水时起至水泥浆的塑性开始降低所需的时间。

终凝时间是指标准稠度的水泥浆自加水时起至水泥浆完全失去塑性所经历的时间。

安定性是指水泥在凝结硬化过程中体积变化的均匀性。

强度是指水泥胶砂硬化一定龄期后,其胶结能力的大小。

3.2　试验目的和条件

确定标准稠度试验的目的是为了在进行水泥凝结时间和安定性试验时,对水泥净浆在标准稠度的条件下测定,使不同的水泥具有可比性。

凝结时间试验的目的是为了检测水泥的凝结时间是否满足规范要求,并判定水泥是否合格,以此确定是否满足混凝土施工所提出的要求,保证施工质量。

安定性试验的目的是检测水泥是否合格,安定性不合格的水泥,应作废品处理,不能用于工程中。

强度试验的目的是检测水泥的胶结能力,以此评价水泥质量。

试验室温度为(20±2)℃,相对湿度应不低于50%;水泥试样、拌和水、仪器和用具的温度应与试验室一致。

3.3 标准稠度用水量

3.3.1 试验原理

利用水泥净浆搅拌机、标准维卡仪和标准稠度试杆进行试验。由于水泥标准稠度净浆对标准试杆(或试锥)的沉入具有一定的阻力,通过试验不同含水量水泥净浆的穿透性,以确定水泥标准稠度净浆所需加入的水量。

3.3.2 仪器设备

(1)水泥净浆搅拌机,见图 5-8;

(2)标准维卡仪,见图 5-9,滑动部分总质量为(300±1)g;

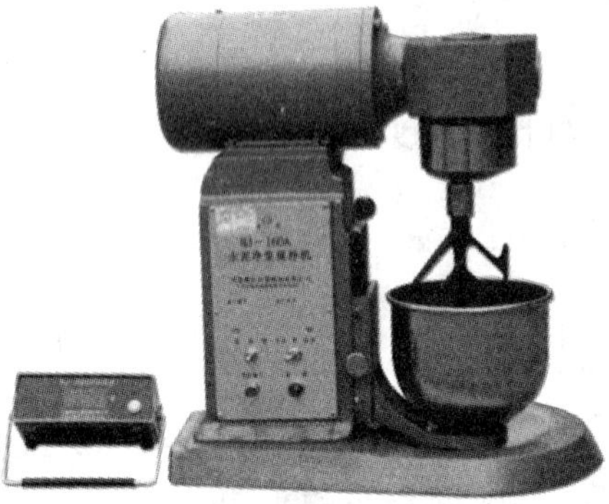

图 5-8 水泥净浆搅拌机

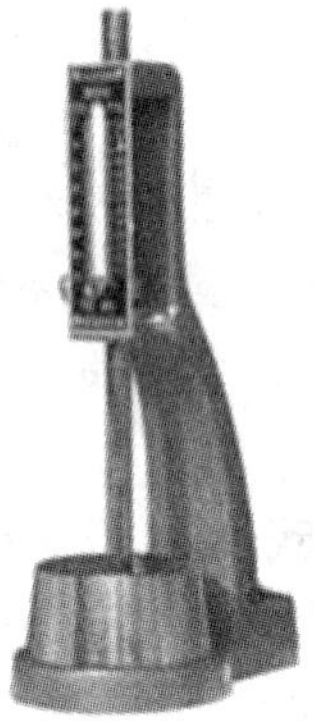

图 5-9 标准维卡仪

(3)试模,见图 5-10,深(40±0.2) mm、顶内径 ϕ(65±0.5) mm、底内径 ϕ(75±0.5) mm 的截顶圆锥体,每个试模配备一个边长或直径约 100 mm,厚度 4～5 mm 的平板玻璃底板或金属底板;

(4)标准稠度试杆,见图 5-11,由有效长度为(50±1) mm,直径为 ϕ(10±0.05) mm 的圆柱形耐腐蚀金属制成;

图 5-10 试模

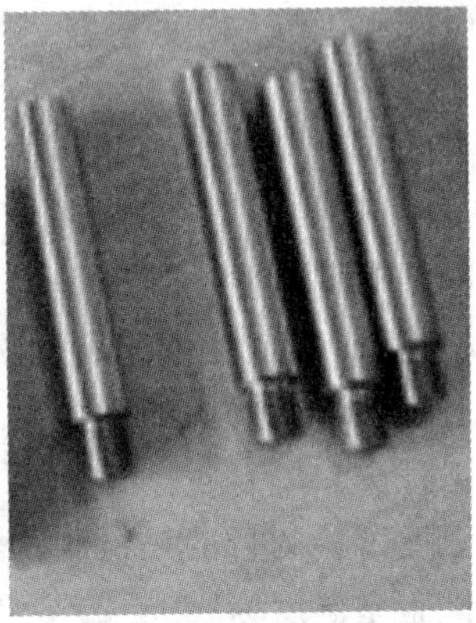

图 5-11 水泥标准稠度试杆

(5)天平，称量 1 000 g、最小分度值 0.5 g；

(6)量筒，刻度 0.1 mL，精度 1%。

3.3.3 操作步骤

(1)水泥净浆的拌制。用水泥净浆搅拌机搅拌，搅拌锅和搅拌叶片先用湿布擦过，将拌和水倒入搅拌锅内，然后在 5～10 s 内小心将称好的 500 g 水泥加入水中，防止水和水泥溅出。拌和时，先将锅放在搅拌机的锅座上，升至搅拌位置，启动搅拌机，低速搅拌 120 s，停 15 s，同时将叶片和锅壁上的水泥浆刮入锅中间，接着高速搅拌 120 s 停机。

(2)标准稠度用水量的测定步骤。拌和结束后，立即取适量水泥净浆一次性将其装入已置于玻璃底板上的试模中，浆体超过试模上端，用宽约 25 mm 的直边刀轻轻拍打超出试模部分的浆体 5 次，以排除浆体中的孔隙，然后在试模上表面约 1/3 处，略倾斜于试模分别向外轻轻锯掉多余净浆，再从试模边缘轻抹顶部 1 次，使净浆表面光滑。在锯掉多余净浆和抹平的操作过程中，注意不要压实净浆；抹平后迅速将试模和底板移到维卡仪上，并将其中心定在试杆下，降低试杆直至与水泥净浆表面接触，拧紧螺丝 1～2 s 后，突然放松，使试杆垂直自由地沉入水泥净浆中。在试杆停止沉入或释放试杆 30 s 时记录试杆距底板之间的距离，升起试杆后，立即擦净；整个操作应在搅拌后 1.5 min 内完成。以试杆沉入净浆并距底板(6±1) mm 的水泥净浆为标准稠度净浆。其拌和水量为该水泥的标准稠度用水量(P)，按水泥质量的百分比计。

3.3.4 数据整理

标准稠度用水量按式(5-9)计算(准确至 0.1%)。

$$P=\frac{W}{C}\times 100\% \tag{5-9}$$

式中，P 为标准稠度用水量；W 为水泥净浆达到标准稠度时的需水量；C 为水泥用量。

3.3.5 注意事项

(1)每次测定前，首先应将仪器垂直放稳，不宜在有明显振动的环境中操作。

(2)每次测定完毕均应将仪器工作表面擦拭干净并涂油防锈。

(3)滑动杆表面不应碰伤或存在锈斑。

3.3.6 试验记录

水泥标准稠度用水量试验记录

样品编号：__________　　　　试验者：__________

检验日期：__________　　　　计算者：__________

试验条件：__________　　　　校核者：__________

序号	试样质量/g	加水量/mL	加完水泥时刻	试杆距底板距离/mm	标准稠度用水量/%

3.4 凝结时间

3.4.1 试验原理

同 3.3.1。

3.4.2 仪器设备

(1)凝结时间测定仪,见图 5-12 和图 5-13,将标准维卡仪中滑棒下端改装测定初凝用的试针或装测定终凝时间的带附件试针;

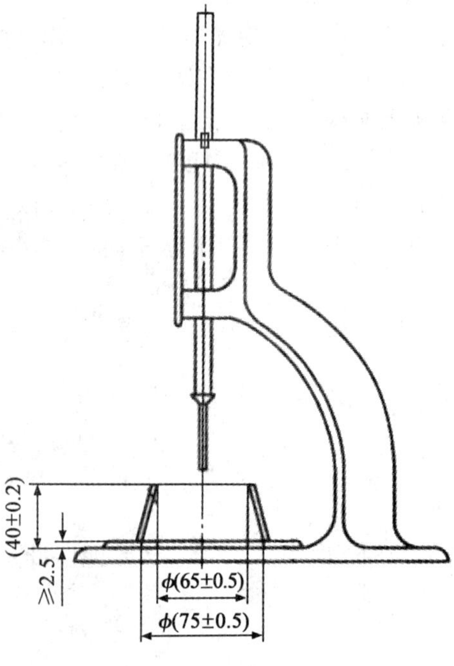

图 5-12 初凝时间测定侧视图(单位:mm)

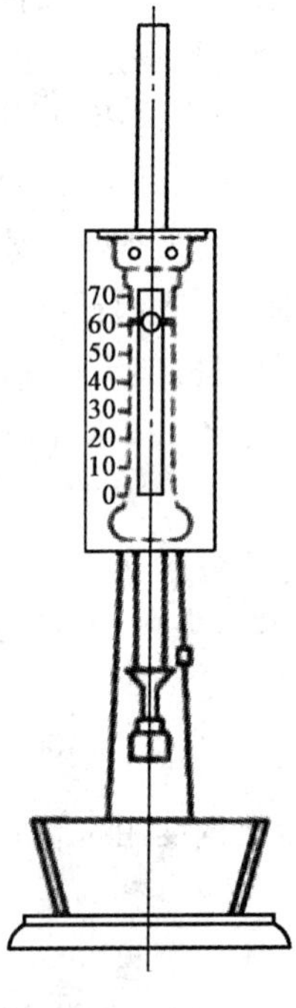

图 5-13 终凝时间测定前视图

(2)初凝时间试针,见图 5-14、图 5-15,由钢制成,其有效长度初凝针为(50±1) mm;

(3)终凝时间试针,见图 5-14、图 5-16,由钢制成,(30±1) mm,直径为 ϕ(1.13±0.05) mm;

(4)湿气养护箱:温度为(20±1)℃,相对湿度不低于 95%。

图 5-14　凝结时间试针实物图

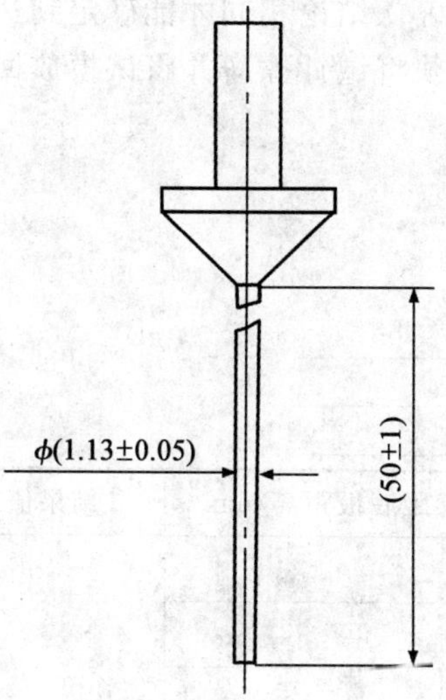

图 5-15　初凝时间试针(单位:mm)

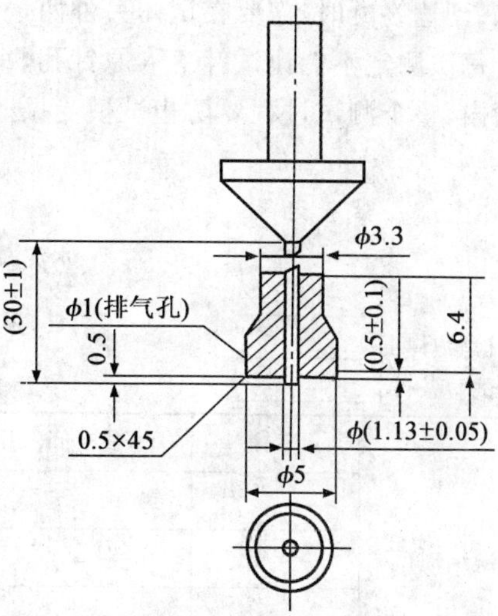

图 5-16　终凝时间试针(单位:mm)

3.4.3　操作步骤

(1)试验前准备工作。调整凝结时间测定仪的试针接触玻璃板时指针对准零点。

(2)试件的制备。以标准稠度用水量按 3.3.3 制成标准稠度净浆,按 3.3.3 装模和刮平后,立即放入湿气养护箱中。记录水泥全部加入水中的时间作为凝结时间的起始时间。

(3)初凝时间的测定。试件在湿气养护箱中养护至加水后 30 min 时进行第一次测定。测定时,从湿气养护箱中取出试模放到试针下,降低试针与水泥净浆表面接触。拧紧螺丝 1～2 s 后，突然放松，试针垂直自由地沉入水泥净浆。观察试针停止下沉或释放试针 30 s 时指针的读数。临近初凝时间时每隔 5 min(或更短时间)测定 1 次，当试针沉至距底板(4±1) mm 时，为水泥达到初凝状态；由水泥全部加入水中至初凝状态的时间为水泥的初凝时间，用 min 来表示。

(4)终凝时间的测定。为了准确观测试针沉入的状况，在终凝针上安装了一个环形附件。在完成初凝时间测定后，立即将试模连同浆体以平移的方式从玻璃板取下，翻转 180°直径大端向上，小端向下放在玻璃板上，再放入湿气养护箱中继续养护。临近终凝时间时每隔 15 min(或更短时间)测定 1 次，当试针沉入试体 0.5 mm 时，即环形附件开始不能在试体上留下痕迹时，为水泥达到终凝状态。由水泥全部加入水中至终凝状态的时间为水泥的终凝时间，用 min 来表示。

3.4.4 注意事项

测定时应注意，在最初测定的操作时应轻轻扶持金属柱，使其徐徐下降，以防试针撞弯，但结果以自由下落为准；在整个测试过程中试针沉入的位置至少要距试模内壁 10 mm。临近初凝时，每隔 5 min(或更短时间)测定 1 次，临近终凝时每隔 15 min(或更短时间)测定 1 次。到达初凝时应立即重复测 1 次，当两次结论相同时才能确定到达初凝状态；到达终凝时，需要在试体另外两个不同点测试，确认结论相同才能确定到达终凝状态。每次测定不能让试针落入原针孔，每次测试完毕须将试针擦净并将试模放回湿气养护箱内，整个测试过程要防止试模受振。

3.4.5 试验记录

水泥凝结时间试验记录

样品编号：__________　　　　试验者：__________

检验日期：__________　　　　计算者：__________

试验条件：__________　　　　校核者：__________

	序号	测试时间/(h:min)	试针距底板距离/mm	结果值/min
初凝结时间				
	序号	测试时间/(h:min)	试针距底板距离/mm	结果值/min
终凝结时间				

3.5 安定性

3.5.1 试验原理

由于引起水泥安定性不合格的过烧的游离石灰熟化很慢，当水泥已经凝结硬化后，它才进行熟化作用，产生体积膨胀，出现龟裂、弯曲、松脆或崩溃等不安定现象。当对水泥石进行沸煮时，能够加速游离石灰的熟化，可快速检测水泥是否有不安定现象。

安定性检验有两种方法，一种是标准法，即雷氏法；另一种为代用法，即试饼法。

雷氏法是通过测定水泥标准稠度净浆在雷氏夹中沸煮后试针的相对位移表征其体积膨胀的程度。

试饼法是通过观测水泥标准稠度净浆试饼煮沸后的外形变化情况表征其体积安定性。

3.5.2 仪器设备

(1)沸煮箱：箅板与箱底受热部位的距离不得小于 20 mm。

(2)雷氏夹：由铜质材料制成，其结构如图 5-17 所示。当一根指针的根部先悬挂在一根金属丝或尼龙丝上，另一根指针的根部再挂上 300 g 质量的砝码时，两根指针针尖的距离增加应在(17.5±2.5) mm 范围内，即 $2x=(17.5\pm2.5)$ mm(图 5-18)，当去掉砝码后针尖的距离能恢复至挂砝码前的状态。

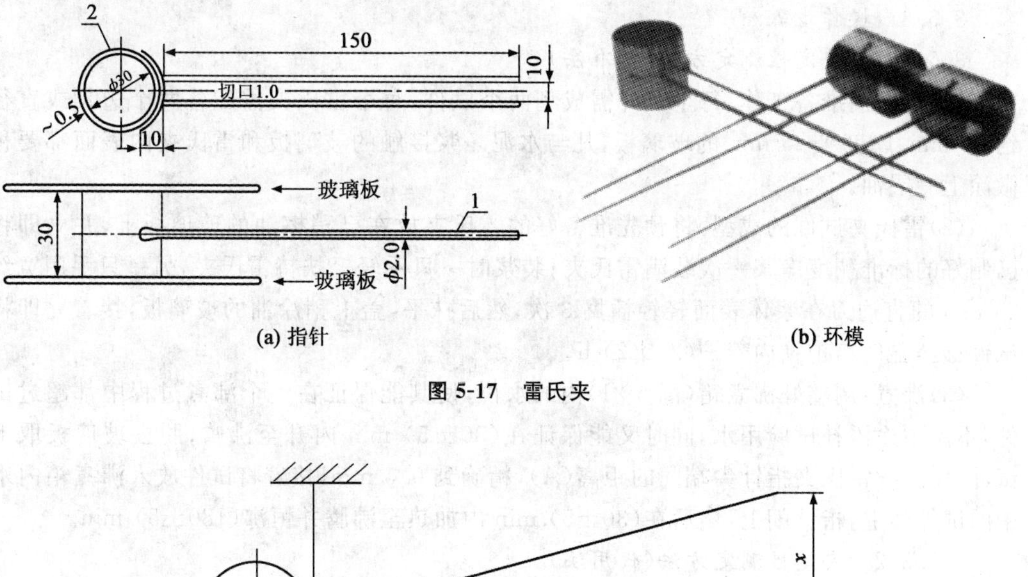

(a) 指针　　(b) 环模

图 5-17　雷氏夹

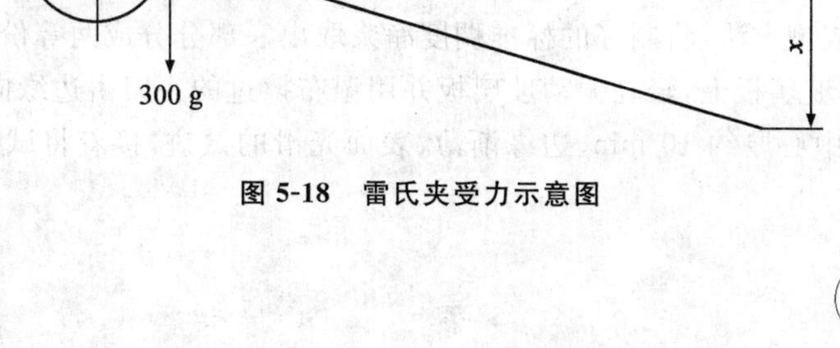

图 5-18　雷氏夹受力示意图

(3)雷氏夹膨胀值测定仪，见图5-19，标尺最小刻度为0.5 mm。

(4)湿气养护箱，见图5-20，温度为(20±1)℃，相对湿度不低于95%。

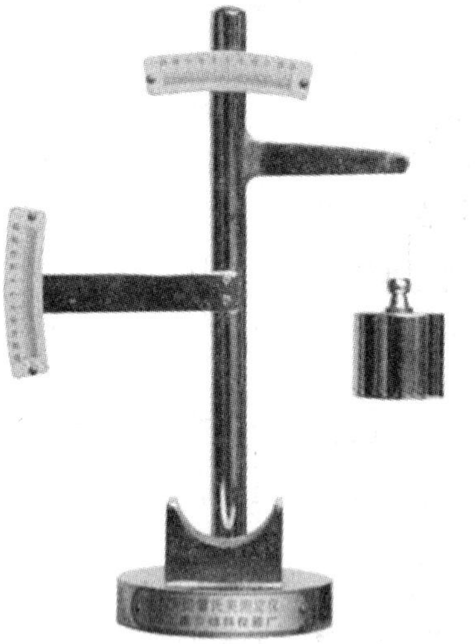

图5-19　雷氏夹膨胀值测定仪

图5-20　水泥标准湿气养护箱

3.5.3　操作步骤

3.5.3.1　安定性测定方法(标准法)

(1)试验前准备工作：每个试样需成型两个试件，每个雷氏夹需配备两个边长或直径约80 mm、厚度4～5 mm的玻璃板，凡与水泥净浆接触的玻璃板和雷氏夹内表面都要稍微涂上一层油。

(2)雷氏夹试件的成型：将预先准备好的雷氏夹放在已稍擦油的玻璃板上，并立即将已制好的标准稠度净浆一次装满雷氏夹；装浆时一只手轻轻扶持雷氏夹，另一只手用宽约25 mm的直边刀在浆体表面轻轻插捣3次，然后抹平，盖上稍涂油的玻璃板，接着立即将试件移至湿气养护箱内养护(24±2) h。

(3)沸煮：调整好沸煮箱(图5-21)内的水位，使其能保证在整个沸煮过程中都超过试件，不需中途添补试验用水，同时又能保证在(30±5) min内升至沸腾；脱去玻璃板取下试件，先测量雷氏夹指针尖端间的距离(A)，精确到0.5 mm，接着将试件放入沸煮箱内水中的试件架上，指针朝上，然后在(30±5) min内加热至沸腾并恒沸(180±5) min。

3.5.3.2　安定性测定方法(代用法)

(1)试验前准备工作：每个样品需准备两块边长约100 mm的玻璃板，凡与水泥净浆接触的玻璃板都要稍微涂上一层油。

(2)试饼的成型方法：将制好的标准稠度净浆取出一部分分成两等份，使之成球形，放在预先准备好的玻璃板上，轻轻振动玻璃板并用湿布擦过的小刀由边缘向中央抹，做成直径70～80 mm、中心厚约10 mm、边缘渐薄、表面光滑的试饼，接着将试饼放入湿气养护箱内养护(24±2) h。

图 5-21 沸煮箱

(3)沸煮:调整好沸煮箱内的水位,使其能保证在整个沸煮过程中都超过试件,不需中途添补试验用水,同时又能保证在(30±5) min 内升至沸腾;脱去玻璃板取下试饼,在试饼无缺陷的情况下将试饼放在沸煮箱水中的箅板上,在(30±5) min 内加热至沸腾并恒沸(180±5) min。

3.5.4 结果判别

3.5.4.1 标准法判别

沸煮结束后,立即放掉沸煮箱中的热水,打开箱盖,待箱体冷却至室温,取出试件进行判别。测量雷氏夹指针尖端的距离(C),准确至 0.5 mm,当两个试件煮后增加距离(C-A)的平均值不大于 5.0 mm 时,即认为该水泥安定性合格;当两个试件煮后增加距离(C-A)的平均值大于 5.0 mm 时,应用同一样品立即重做一次试验。以复检结果为准。

3.5.4.2 代用法判别

沸煮结束后,立即放掉沸煮箱中的热水,打开箱盖,待箱体冷却至室温,取出试件进行判别。目测试饼未发现裂缝,用钢直尺检查也没有弯曲(使钢直尺和试饼底部紧靠,以两者间不透光为不弯曲)的试饼为安定性合格,反之为不合格。当两个试饼判别结果有矛盾时,该水泥的安定性为不合格。

3.5.5 注意事项

玻璃板和雷氏夹内表面的涂油宜用矿物油比较合适,因为有些油会影响凝结时间。

3.5.6 试验记录

水泥安定性试验记录

样品编号：__________ 试验者：__________

检验日期：__________ 计算者：__________

试验条件：__________ 校核者：__________

<table>
<tr><td>试饼法</td><td colspan="3"></td></tr>
<tr><td rowspan="2">雷氏法</td><td>A_1 / mm</td><td>A_1 / mm</td><td rowspan="2">$X=$ / mm</td></tr>
<tr><td>A_2 / mm</td><td>A_2 / mm</td></tr>
</table>

3.6 强度

3.6.1 试验原理

根据受力形式的不同，水泥强度通常分为抗压强度和抗折强度两种。水泥胶砂硬化试体承受压缩破坏时的最大应力，称为水泥的抗压强度；水泥胶砂硬化试体承受弯曲破坏时的最大应力，称为水泥的抗折强度。

3.6.2 仪器设备

(1)行星式胶砂搅拌机，见图 5-22，搅拌叶片既绕自身轴线作顺时针自转，又沿搅拌锅周边做逆时针公转。搅拌叶片自转速度为：高速(285±10) r/min，慢速(140±5) r/min。搅拌叶片公转的速度为：高速(125±10) r/min，慢速(62±5) r/min。

(2)抗折试验机，见图 5-23，采用双杠杆式电动抗折试验机。

图 5-22 水泥胶砂搅拌机

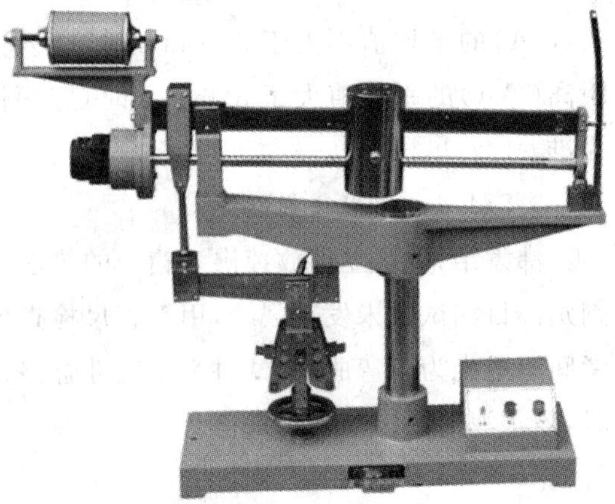

图 5-23 水泥抗折试验机

(3)胶砂振实台,见图 5-24,振实台的振幅为(15±0.3)mm,振动频率为 1 次/s。

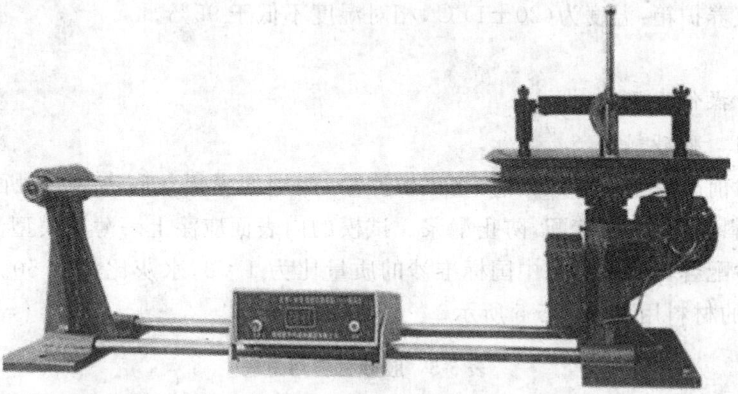

图 5-24　水泥胶砂振实台

(4)抗压夹具,见图 5-25,夹具应符合 JC/T 683 的要求,受压面积为 40 mm×40 mm。

(5)抗压试验机,见图 5-26,试验机的量程以 200～300 kN 为佳,示值相对误差不超过±1%。

图 5-25　水泥抗压夹具

图 5-26　水泥抗压试验机

(6)胶砂试模,见图 5-27,可同时成型 3 条尺寸为 40 mm×40 mm×160 mm 的棱柱体试体,附有播料器。

图 5-27　水泥胶砂试模

(7)刮平直尺：直尺尺寸为 300 mm×30 mm×2 mm。

(8)湿气养护箱：温度为(20±1)℃，相对湿度不低于 95%。

3.6.3 操作步骤

3.6.3.1 胶砂制备

(1)试验前准备工作。试验前，将试模擦净，四周的模板与底座的接触面上应用黄干油等密封材料涂覆，紧密装配，防止漏浆。试模的内表面应涂上一薄层模型油或机油。

(2)胶砂配合比。水泥与中国标准沙的质量比为 1∶3，水灰比为 0.50。一锅胶砂成型 3 条试件的材料用量如表 5-5 所示。

表 5-5 胶砂材料用量表 g

材料表	水泥	标准沙	水
	450±2	1 350±5	225±1

(3)搅拌程序。把水加入锅里，再加入水泥，把锅放在固定架上，上升至固定位置；然后立即开动机器，低速搅拌 30 s 后，在第二个 30 s 开始的同时均匀地将沙子加入。当各级沙是分装时，从最粗粒级开始，依次将所需的每级沙量加完。把机器转至高速再拌 30 s。

停拌 90 s，在第一个 15 s 内用一胶皮刮具将叶片和锅壁上的胶砂，刮入锅中间。在高速下继续搅拌 60 s。各个搅拌阶段，时间误差应在±1 s 以内，总搅拌时间为 4 min。

3.6.3.2 试件成型

胶砂制备后立即进行成型。将空试模和模套固定在振实台上，用一个适当勺子直接从搅拌锅里将胶砂分二层装入试模。装第一层时，每个槽里约放 300 g 胶砂，用大播料器垂直架在模套顶部沿每个模槽来回一次将料层播平，接着振实 60 次。再装入第二层胶砂，用小播料器播平，再振实 60 次。移走模套，从振实台上取下试模，用一金属直尺以近似 90°的角度架在试模模顶的一端，然后沿试模长度方向以横向锯割动作慢慢向另一端移动，一次将超过试模部分的胶砂刮去，并用同一直尺以近乎水平的情况下将试体表面抹平。

在试模上作标记或加字条标明试件编号和试件相对于振实台的位置。

3.6.3.3 试件养护

(1)脱模前的处理和养护。成型后立即将作好标记的试模放入雾室或湿箱的水平架子上养护，湿空气应能与试模各边接触。养护时不应将试模放在其他试模上，一直养护到规定的脱模时间时取出脱模。脱模前，用防水墨汁或颜料笔对试体进行编号和做其他标记。2 个龄期以上的试体，在编号时应将同一试模中的 3 条试体分在 2 个以上龄期内。

(2)脱模。脱模应非常小心，以防损伤试件，脱模时可用塑料锤或橡皮榔头或专门的脱模器。对于 24 h 龄期的试件，应在强度试验前 20 min 内脱模，并用湿布覆盖至试验；对于 24 h 以上龄期的，应在成型后 20～24 h 脱模。

(3)水中养护。将做好标记的试件立即水平或竖直放在(20.0±1)℃水中养护，水平放置时刮平面应朝上。养护期间，试件彼此间保持一定间距，以让水与试件的 6 个面接触。养护期间试件之间间隔或试体上表面的水深不得小于 5 mm，且不允许在养护期间全部换水，每个养护池只养护同类型的水泥试件。

(4)试件龄期。试件龄期是从水泥加水搅拌开始试验时算起。不同龄期的试件，必须相应地在 24 h±15 min、48 h±30 min、72 h±45 min、7 d±2 h、28 d±2 h、大于 28 d±8 h 的时间内进行强度试验。到龄期的试件应在强度试验前 15 min 从水中取出，揩去试件表面沉积物，并用湿布覆盖至试验开始。

3.6.3.4 强度试验

(1)抗折强度试验。将抗折试验机夹具的圆柱表面清理干净，并调整杠杆处于平衡状态。用湿布擦去试件表面的水分和沙粒，将试件放入夹具内，使试件成型时的侧面与夹具的圆柱接触。调整夹具，使杠杆在试件折断时尽可能接近平衡位置。然后以(50±10) N/s 的速率均匀地将荷载垂直地加在棱柱体相对侧面上，直至折断。

(2)抗压强度试验。对于抗折试验后的 6 个断块，应立即在断块的侧面上进行抗压试验。抗压试验需要抗压夹具，使试件受压面积为 40 mm×40 mm。试验前，应将试件受压面与抗压夹具清理干净，试件的底部应紧靠夹具上的定位销，断块露出上压板外的部分应不少于 10 mm。在整个加荷过程中，夹具应位于压力机承压板中心，以(2 400±200) N/s 的速率均匀地加荷直至破坏。

3.6.4 数据整理

(1)抗折强度按式(5-10)计算(准确至 0.1 MPa)。

$$f_{折}=\frac{3PL}{2bh^2}=0.002\,34P \tag{5-10}$$

式中，P 为破坏荷载，N；L 为支撑圆柱的中心距离，取 100 mm；b、h 为试件断面的宽和高，均取 40 mm。

以 3 条棱柱体试件抗折结果的平均值作为试验结果。当 3 个强度值中有超出平均值±10%时，应剔除后再取平均值作为抗折强度试验结果。

(2)抗压强度按式(5-11)计算(准确至 0.1 MPa)。

$$f_{压}=\frac{P}{A}=0.625P \tag{5-11}$$

式中，P 为破坏荷载，N；A 为受压面积，为 40 mm×40 mm。

以一组 3 个棱柱体上得到的 6 个抗压强度测定值的算术平均值为试验结果。如 6 个测定值中有 1 个超出 6 个平均值的±10%，就应剔除这个结果，而以剩下 5 个的平均数为结果。如果 5 个测定值中再有超过它们平均数±10%的，则此组结果作废。

3.6.5 注意事项

(1)水泥试模的任何一个公差超过规定的要求时，就应更换。

(2)胶砂搅拌锅、叶片和播料器等用湿布擦干净。

(3)试体成型试验室的温度应保持在(20±2)℃,相对湿度应不低于50%。

3.6.6 试验记录

水泥强度试验记录

样品编号:__________　　　　试验者:__________

检验日期:__________　　　　计算者:__________

试验条件:__________　　　　校核者:__________

	检测内容	1		2		3		平均值/MPa
3天	抗折强度/MPa							
	抗压破坏最大荷载 F_c/kN							
	受压面积 A/mm							
	单块抗压强度/MPa							
28天	检测内容	1		2		3		平均值/MPa
	抗折强度/MPa							
	抗压破坏最大荷载 F_c/kN							
	受压面积 A/mm							
	单块抗压强度/MPa							

3.7 讨论

(1)分析水泥强度发展的规律和主要影响因素。

(1)水泥标准稠度用水量对混凝土性能有哪些影响?

4 混凝土试验

4.1 基本概念

混凝土拌和物和易性是指混凝土拌和物在一定的施工条件下,便于施工操作并能获得质量均匀、成型密实混凝土的性能。和易性是一项综合的技术性质,包括流动性、黏聚性和保水性三方面的含义。

流动性是指混凝土拌合物在自重力或机械振动力作用下易于产生流动、易于输送和易于充满混凝土模板的性质。

黏聚性是混凝土拌和物有一定的黏聚力,在运输及浇筑过程中不致出现分层离析,使混凝土拌和物保持整体均匀的性能。

保水性是混凝土拌和物具有一定的保持水分不让泌出的能力。

混凝土拌和物表观密度就是1 m^3 混凝土拌和物振捣密实后单位体积的质量。

混凝土标准立方体抗压强度是指以边长 150 mm 的立方体试件为标准试件，按标准方法成型，在标准条件下，养护到 28 d 龄期，用标准试验方法测得的极限抗压强度。

混凝土抗冻性是指混凝土在水饱和状态下能经受多次冻融作用而不被破坏，同时也不严重降低强度的性能。

混凝土抗渗性是指混凝土抵抗压力水渗透作用的能力。

4.2 目的和适用范围

混凝土拌和物流动性试验的目的是测定混凝土拌和物的坍落度，以此评定混凝土施工振捣的难易及浇筑的质量。

混凝土拌和物黏聚性试验的目的是检测混凝土拌和物是否发生分层和离析现象，以避免浇筑振捣后的混凝土出现蜂窝和空洞等现象。

混凝土拌和物保水性试验的目的是检测混凝土拌和物是否产生严重泌水现象，以避免混凝土内部形成透水通道，影响混凝土的密实性，并降低混凝土的强度和耐久性。

混凝土拌和物表观密度试验的目的是为混凝土配合比计算提供依据，当已知所用材料的密度和视密度时，还可推算出混凝土拌和物的含气量。

混凝土标准立方体抗压强度试验的目的是检验混凝土的抗压强度是否满足设计要求。

混凝土抗冻性试验的目的是检验混凝土的抗冻能力，评定混凝土的抗冻等级是否满足设计要求。

混凝土抗渗性试验的目的是确定混凝土的抗渗等级是否满足设计要求。

4.3 混凝土拌和物试验

4.3.1 仪器设备

(1)混凝土搅拌机：容量 50～100 L，转速 18～22 r/min。

(2)拌和钢板：平面尺寸不小于 1.5 m×2.0 m，厚 5 mm 左右。

(3)磅秤：称量 50～100 kg、感量 50 g。

(4)台秤：称量 10 kg、感量 5 g。

(5)天平：称量 1 000 g、感量 0.5 g。

(6)盛料容器和铁铲等。

(7)坍落度筒，见图 5-28，用 2～3 mm 厚的铁皮制成，筒内壁光滑，筒的上下面相互平行，并垂直于轴线，上口直径 100 mm、下口直径 200 mm、高 300 mm，筒外壁上部焊有两只手柄，下部焊有两片踏脚板。

(8)捣棒：直径 16 mm、长 650 mm，一端为弹头形的金属棒。

(9)300 mm 钢尺 2 把、40 mm 孔径筛、装料漏斗、镘刀、小铁铲、温度等。

(10)容量筒：金属制圆筒，筒壁应有足够刚度，使之不易变形，顶面平整、内壁光滑。对骨料最大粒径不大于 40 mm 的混凝土拌和物，采用容积不小于 5 L 的容量筒，其内径与净高均为(186±2) mm；当骨料最大粒径为 80 mm 时，用 15 L 的容量筒，其内径与净高均为 267 mm；当骨料最大粒径为 150 mm 时，用 80 L 的容量筒，其内径与净高均为 467 mm。

图 5-28 混凝土坍落度筒及捣棒

4.3.2 操作步骤

4.3.2.1 混凝土拌和物的拌制

(1)人工拌和应按以下步骤进行。

①人工拌和在钢板上进行，拌和前应将钢板及铁铲清洗干净，并保持表面润湿。

②将称好的沙料、胶凝材料(水泥和掺和料预先拌均匀)倒在钢板上，用铁铲翻拌至颜色均匀，再放入称好的石料与之拌和，至少翻拌 3 次，然后堆成锥形。将中间扒成凹坑，加入拌和用水(外加剂一般先溶于水)，小心拌和，至少翻拌 6 次，每翻拌 1 次后，用铁铲将全部拌和物铲切 1 次。拌和从加水完毕时算起，应在 10 min 内完成。

(2)机械拌和应按以下步骤进行。

①机械拌和在搅拌机中进行。拌和前应将搅拌机冲洗干净，并预拌少量同种混凝土拌和物或水胶比相同的砂浆，使搅拌机内壁挂浆后将剩余料卸出。

②将称好的石料、胶凝材料、沙料、水(外加剂一般先溶于水)依次加入搅拌机，开动搅拌机搅拌 2～3 min。

③将拌好的混凝土拌和物卸在钢板上，刮出黏结在搅拌机上的拌和物，用人工翻拌 2～3 次，使之均匀。

4.3.2.2 混凝土拌和物和易性试验

(1)按 4.3.3.1 节拌制混凝土拌和物。若骨料粒径超过 40 mm，应采用湿筛法剔除。

(2)将坍落度筒冲洗干净并保持湿润，放在测量用的钢板上，双脚踏紧踏板。

(3)将混凝土拌和物用小铁铲通过装料漏斗分 3 层装入筒内，每层体积大致相等。底层厚约 70 mm，中层厚约 90 mm。每装 1 层，用捣棒在筒内从边缘到中心按螺旋形均匀插捣 25 次。插捣深度：底层应穿透该层，中、上层应分别插进其下层 10～20 mm。

(4)上层插捣完毕，取下装料漏斗，用镘刀将混凝土拌和物沿筒口抹平，并清除筒外周围的混凝土。

(5)将坍落度筒徐徐竖直提起，轻放于试样旁边。当试样不再继续坍落时，用钢尺量出试样顶部中心点与坍落度筒高度之差，即为坍落度值，准确至 1 mm。

(6)整个坍落度试验应连续进行,并应在 2～3 min 内完成。

(7)若混凝土试样发生一边坍陷或剪坏,则该次试验作废,应取另一部分试样重做试验。

(8)测记试验时混凝土拌和物的温度。

4.3.2.3 混凝土拌和物表观密度试验

(1)测定容量筒容积时,将干净的容量筒与玻璃板一起称其质量,再将容量筒装满水,仔细用玻璃板从筒口的一边推到另一边,使筒内满水及玻璃板下无气泡,擦干筒、盖的外表面,再次称其质量。两次质量之差即为水的质量,除以该温度下水的密度,即得容量筒容积 V。

(2)用湿布把容量筒内外擦干净,称出筒的质量 G_1(单位:kg),精确至 50 g。

(3)将混凝土拌和物装入容量筒内,在振动台上振至表面泛浆。若用人工插捣,则将混凝土拌和物分层装入筒内,每层厚度不超过 150 mm,用捣棒从边缘至中心螺旋形插捣,每层插捣次数按容量筒容积分为:5 L 15 次、15 L 35 次、80 L 72 次。底层插捣至底面,以上各层插至其下层 10～20 mm 处。

(4)沿容量筒口刮除多余的拌和物,抹平表面,将容量筒外部擦净,称其质量 G_0,精确至 50 g。

4.3.3 试验结果

4.3.3.1 混凝土拌和物和易性

(1)混凝土拌和物的坍落度以 mm 计,取整数。

(2)在测定坍落度的同时,可目测评定混凝土拌和物的下列性质。

①棍度根据做坍落度时插捣混凝土的难易程度分为上、中、下三级。上级表示容易插捣;中级表示插捣时稍有阻滞感觉;下级表示很难插捣。

②用捣棒在做完坍落度的试样一侧轻打,如试样保持原状而渐渐下沉,表示黏聚性较好。若试样突然坍倒、部分崩裂或发生石子离析现象,表示黏聚性不好。

③含沙情况根据镘刀抹平程度分多、中、少三级。多:用镘刀抹混凝土拌和物表面时,抹 1～2 次就可使混凝土表面平整无蜂窝;中:抹 4～5 次就可使混凝土表面平整无蜂窝;少:抹面困难,抹 8～9 次后混凝土表面仍不能消除蜂窝。

④析水情况根据水分从混凝土拌和物中析出的情况分多量、少量、无三级。多量表示在插捣时及提起坍落度筒后就有很多水分从底部析出;少量表示有少量水分析出;无表示没有明显的析水现象。

4.3.3.2 混凝土拌和物表观密度

(1)混凝土拌和物表观密度。混凝土拌和物表观密度按式(5-12)计算(准确至 10 kg/m^3)。

$$\gamma=\frac{G_0-G_1}{V_c}\times 1\,000 \tag{5-12}$$

式中,γ 为混凝土拌和物的表观密度,kg/m^3;G_0 为混凝土拌和物及容量筒总质量,kg;G_1 为容量筒质量,kg;V_c 为容量筒的容积,L。

(2)混凝土拌和物含气量。混凝土拌和物含气量按式(5-13)计算。

$$A=\frac{\rho_0-\rho_h}{\rho_0}\times 100\% \tag{5-13}$$

$$\rho_0=\frac{C+P+S+G+W}{C/\rho_c++P/\rho_P+S/\rho_s+G/\rho_G+W/\rho_w} \tag{5-14}$$

式中,A 为混凝土拌和物的含气量,%;ρ_0 为不含气时混凝土拌和物的理论密度;C,P,S,G,W 分别为拌和物中水泥、掺和料、沙、石及水的质量,kg;$\rho_c,\rho_P,\rho_s,\rho_G,\rho_w$ 分别为水泥、掺和料、沙、石及水的密度或表观密度,kg/m^3。

4.3.4 注意事项

(1)在拌和混凝土时,拌和间温度保持在(20±5)℃。对所拌制的混凝土拌和物应避免阳光照射及吹风。

(2)用于拌制混凝土的各种材料,其温度应与拌和间温度相同。

(3)使用材料应一次备齐,并翻拌均匀。水泥如有结块,需用筛孔为 0.9 mm 的筛子将结块筛除。

(4)拌和混凝土用的各种用具(搅拌机、钢板和铁铲等),应事先清洗干净,并保持表面润湿。

(5)材料用量以质量计。称量的精度要求:水泥、掺和料、水和外加剂为±0.3%,骨料为±0.5%。

(6)沙、石料用量均以饱和面干状态下的质量为准。

(7)从加水完毕时算起,混凝土拌和物的拌制及所有拌和物性能试验在 30 min 内完成。

(8)人工拌和一般用于拌和较少量的混凝土。采用机械拌和时,一次拌和量不宜少于搅拌机容量的 20%;不宜大于搅拌机容量的 80%。

4.3.5 试验记录

混凝土拌和物试验记录

样品编号:__________　　试验者:__________

检验日期:__________　　计算者:__________

试验条件:__________　　校核者:__________

<table>
<tr><td>1 m³ 混凝土各项材料用量/kg</td><td colspan="2">水泥</td><td colspan="2">掺和料</td><td colspan="2">水</td><td colspan="2">沙</td><td colspan="2">小石</td><td colspan="2">中石</td><td colspan="2">外加剂</td></tr>
<tr><td>试拌____L 混凝土各项材料用量</td><td colspan="2"></td><td colspan="2"></td><td colspan="2"></td><td colspan="2"></td><td colspan="2"></td><td colspan="2"></td><td colspan="2"></td></tr>
<tr><td rowspan="3">混凝土拌和物技术指标</td><td colspan="4">坍落度/mm</td><td colspan="3">黏聚性</td><td colspan="3">保水性</td><td colspan="4">表观密度/(kg/m³)</td></tr>
<tr><td colspan="4"></td><td colspan="3"></td><td colspan="3"></td><td colspan="4"></td></tr>
<tr><td colspan="4"></td><td colspan="3"></td><td colspan="3"></td><td colspan="4"></td></tr>
</table>

4.4 混凝土标准立方体抗压强度试验

4.4.1 仪器设备

(1)压力试验机:试件的预计破坏荷载宜在试验机全量程的20%~80%。试验机应定期校正,示值误差不应大于标准值的±1%,见图5-29。

(2)试模:150 mm×150 mm×150 mm的立方体标准试模,见图5-30。

(3)振动台:频率(50±3) Hz,空载时台面中心振幅(0.5±0.1) mm,见图5-31。

(4)养护室:标准养护室温度应控制在(20±5)℃,相对湿度95%以上。在没有标准养护室时,试件可在(20±3)℃的饱和石灰水中养护,但应在报告中注明。

图5-29 压力试验机

图5-30 混凝土立方体抗压强度试模

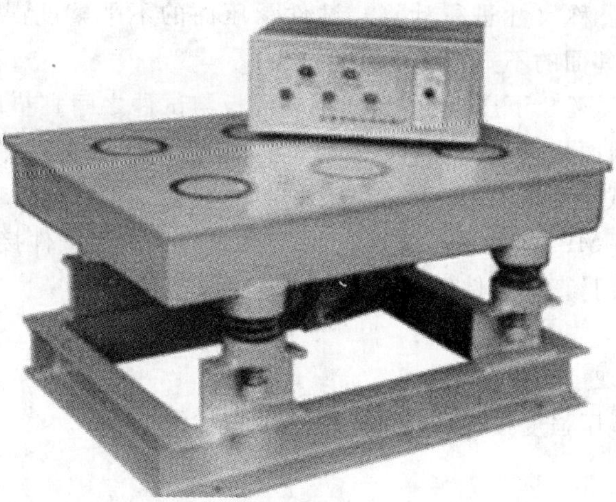

图5-31 混凝土振动台

4.4.2 操作步骤

4.4.2.1 混凝土试件成型与养护

(1)试件的成型方法应根据混凝土拌和物的坍落度而定。混凝土拌和物坍落度小于 90 mm 时宜采用振动台振实;混凝土拌和物坍落度大于 90 mm 时宜采用捣棒人工捣实。采用振动台成型时,应将混凝土拌和物一次装入试模,装料时应用抹刀沿试模内壁略加插捣,并使混凝土拌和物高出试模上口,振动应持续到混凝土表面出浆为止(振动时间一般为 30 s)。采用捣棒人工插捣时,每层装料厚度不应大于 100 mm,插捣应按螺旋方向从边缘向中心均匀进行,插捣底层时,捣棒应达到试模底面,插捣上层时,捣棒应穿至下层 20～30 mm,插捣时捣棒应保持垂直,同时,还应用抹刀沿试模内壁插入数次。每层的插捣次数一般每 100 cm^2 不少于 12 次(以插捣密实为准)。成型方法需在试验报告中注明。

(2)试件成型后,在混凝土初凝前 1～2 h,需进行抹面,要求沿模口抹平。

(3)成型后的带模试件宜用湿布或塑料薄膜覆盖,以防止水分蒸发,并在(20±5)℃的室内静置 24～48 h,然后拆模并编号。

(4)采用标准养护的试件,拆模后的试件应立即放入标准养护室[室温(20±2)℃、相对湿度 95%以上]中养护。在标准养护室内试件应放在架上,彼此间隔 1～2 cm,并应避免用水直接冲淋试件。

(5)当无标准养护室时,混凝土试件可在室温为(20±2)℃的不流动水中养护,水的 pH 不应小于 7。

(6)采用同条件养护的试件,成型后应覆盖表面。试件的拆模时间可与实际构件的拆模时间相同。拆模后试件仍须同条件养护。

4.4.2.2 混凝土立方体抗压强度试验

(1)试验前将试件擦拭干净,测量尺寸,并检查其外观,当试件有严重缺陷时,应废弃。试件尺寸测量准确至 1 mm,并据此计算试件的承压面积。如实测尺寸与公称尺寸之差不超过 1 mm,可按公称尺寸进行计算。试件承压面的不平整度误差不得超过边长的 0.05%,承压面与相邻面的不垂直度不应超过±1°。

(2)将试件放在试验机下压板正中间,上下压板与试件之间宜垫以钢垫板,试件的承压面应与成型时的顶面相垂直。开动试验机,当上垫板与上压板即将接触时如有明显偏斜,应调整球座,使试件受压均匀。

(3)以 0.3～0.5 MPa/s 的速度连续而均匀地加荷载。当试件接近破坏而开始迅速变形时,停止调整油门,直至试件破坏,记录破坏荷载。

4.4.3 数据整理

混凝土立方体抗压强度按式(5-15)计算(精确至 0.1 MPa)。

$$f=\frac{P}{A} \tag{5-15}$$

式中,P 为破坏荷载,N;A 为试件受压面积,mm^2。

以3个试件测值的平均值作为该组试件的抗压强度试验结果。单个测值与平均值允许差值为±15%，超过时应将该测值剔除，取余下两个试件值的平均值作为试验结果。如一组中可用的测值少于2个时，该组试验应重做。

4.4.4 注意事项

(1)试模最小边长应不小于最大骨料粒径的3倍。试模拼装应牢固，不漏浆，振捣时不得变形。尺寸精度要求：边长误差不得超过1/150，角度误差不得超过0.50，平整度误差不得超过边长的0.05%。

(2)制作试件前应将试模清擦干净，并在其内壁上均匀地刷一薄层矿物油或其他脱模剂。

(3)试件到达试验龄期时，从养护室取出，并尽快试验。试验前需用湿布覆盖试件，防止试件内部的温度、湿度发生显著变化。

4.4.5 试验记录

混凝土立方体抗压强度试验记录

样品编号：__________　　　　试验者：__________

检验日期：__________　　　　计算者：__________

试验条件：__________　　　　校核者：__________

强度等级	成型日期	龄期/d	试件尺寸/mm	受压面积 A/mm^2	单块荷载 F/kN	抗压强度/MPa		折合150 mm立方体抗压强度/MPa	达到设计强度/%
						测定值	平均值		

4.5 混凝土抗冻性试验

4.5.1 仪器设备

(1)混凝土全自动快速冻融试验机，见图5-32，应满足以下指标。

①试件中心温度应分别控制在(−18±2)℃和(5±2)℃。

②冻融液温度−25～20℃。

③冻融循环一次历时不超过4 h(融化时间不少于整个冻融历时的25%)。

④测温设备：采用热电偶测量冻融过程中试件中心温度的变化时，精度应能达到0.3℃；当采用其他测温器时，应以热电偶测温法为准，进行率定。

(2)动弹性模量测定仪，见图5-33，频率为100 Hz至10 kHz。

图 5-32　混凝土全自动快速冻融试验机

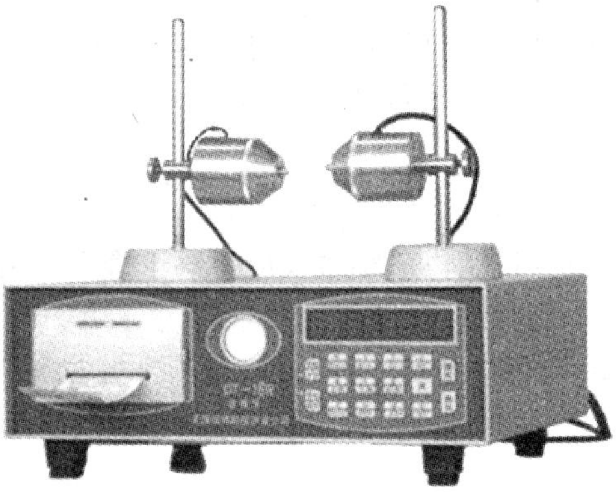

图 5-33　动弹性模量测定仪

(3)试模:规格为 100 mm×100 mm×400 mm 的棱柱体,见图 5-34。

(4)台秤:称量 10 kg、感量 5 g。

(5)试件盒:4～5 mm 厚的橡皮板制成,尺寸为 120 mm ×120 mm × 500 mm。

图 5-34　抗冻试模

4.5.2　操作步骤

(1)按 4.4.2.1 节的方法成型和养护试件。试验以 3 个试件为一组。试验龄期如无特殊要求时一般为 28 d。到达试验龄期的前 4 d,将试件在(20±3)℃的水中浸泡 4 d(对于水中养护的试件,到达试验龄期时即可直接用于试验)。如环境介质为海水或其他含盐水,试件在养护到期后,应风干两昼夜后再浸泡海水或相应的盐水两昼夜。

(2)将已浸水的试件擦去表面水后,称初始质量,并测量初始自振频率,作为评定抗冻性的起始值。同时做必要的外观描述或照相。

(3)随即将试件装入试件盒中,按冻融介质要求,注入淡(海、盐)水,水面应浸没试件顶面 20 mm,将装有试件的试件盒放入冻融试验机。

(4)启动冻融试验机,按规定的冻融循环技术参数进行冻融循环试验。

(5)通常每做 25 次冻融循环对试件检测 1 次,也可根据混凝土抗冻性的高低来确定检测的时间和次数。测试时，小心将试件从盒中取出，冲洗干净，擦去表面水分，称量和测定自振频率，并做必要的外观描述或照相。每次测试完毕后，应将试件调头重新装入试件盒，注入淡(海、盐)水，继续试验。在测试过程中，应防止试件失水，待测试件须用湿布覆盖。

(6)当有试件中止试验取出后，应另用试件填充空位，如无正式试件，可用废试件填充。试验因故中断，应将试件在受冻状态下保存。

(7)冻融试验出现以下3种情况之一者即可停止：

①冻融至预定的循环次数。

②相对动弹性模量下降至初始值的60%。

③质量损失率达5%。

4.5.3 数据整理

(1)混凝土相对动弹性模量按式(5-16)计算。

$$P_n=\frac{f_n^2}{f_0^2}\times 100\% \tag{5-16}$$

式中，P_n 为 n 次冻融循环后试件相对动弹性模量，%；f_0 为试件冻融循环前的自振频率，Hz；f_n 为试件冻融 n 次循环后的自振频率，Hz。

以3个试件试验结果的平均值为测定值。

(2)混凝土质量损失率按式(5-17)计算。

$$W_n=\frac{G_0-G_n}{G_0}\times 100\% \tag{5-17}$$

式中，W_n 为 n 次冻融循环后试件质量损失率，%；G_0 为冻融循环前的试件质量，g；G_n 为 n 次冻融循环后的试件质量，g。

以3个试件试验结果的平均值为测定值。

4.5.4 注意事项

(1)降温冷冻的终点温度(以试件中心温度为准)，控制在(−17±2)℃；升温融解的终点温度(以试件中心温度为准)，控制在(8±2)℃。

(2)一次冻融循环历时2.5～4.0 h。

(3)降温[自(8±2)℃至(−17±2)℃]历时1.5～2.5 h。

(4)升温[自(−17±2)℃至(8±2)℃]历时1.0～1.5 h。

(5)试件中心和表面的温差小于28℃。

4.5.5 试验记录

混凝土抗冻性试验记录

样品编号：__________　　　　试验者：__________

检验日期：__________　　　　计算者：__________

试验条件：__________　　　　校核者：__________

试块编号	循环次数	0	50	100	150	200	250	300
1	试件质量/g							
	质量损失率/%							
	自振频率/Hz							
	相对动弹性模量/%							
2	试件质量/g							
	质量损失率/%							
	自振频率/Hz							
	相对动弹性模量/%							
3	试件质量/g							
	质量损失率/%							
	自振频率/Hz							
	相对动弹性模量/%							
质量损失率平均值/%								
相对动弹性模量平均值/%								

4.6 混凝土抗渗试验(逐级加压法)

4.6.1 仪器设备

(1)混凝土抗渗仪，见图 5-35；

(2)试模：上口直径 175 mm、下口直径 185 mm、高 150 mm 的截头圆锥体，见图 5-36；

(3)密封材料：如石蜡加松香、水泥加黄油等。

图 5-35 混凝土抗渗仪

图 5-36 混凝土抗渗试模

4.6.2 操作步骤

(1)按 4.4.2.1 节的方法成型和养护试件。试验以 6 个试件为一组。

(2)到达试验龄期时,取出试件,擦拭干净。待表面晾干后,进行试件密封。用石蜡密封时,在试件侧面滚涂一层熔化的石蜡(内加量松香)。然后用螺旋加压器或压力机将试件压入经过烘箱或电炉预热过的试模中(试模预热温度,以石蜡接触试模,即缓慢熔化,但不流淌为宜),使试件与试模底平齐。试模变冷后才可解除压力。

用水泥加黄油密封时,其用量比为(2.5～3)∶1。试件表面晾干后,用三角刀将密封材料均匀地刮涂在试件侧面上,厚 1～2 mm。套上试模压入,使试件与试模底齐平。

(3)启动抗渗仪,开通 6 个试位下的阀门,使水从 6 孔中渗出,充满试位坑。关闭抗渗仪。将密封好的试件安装在抗渗仪上。

(4)试验时,水压从 0.1 MPa 开始,以后每隔 8 h 增加 0.1 MPa 水压,并随时注意观察试件端面情况。当 6 个试件中有 3 个试件表面出现渗水时,或加至规定压力(设计抗渗等级)在 8 h 内 6 个试件中表面渗水试件少于 3 个时,即可停止试验,并记下此时的水压力。

4.6.3 数据整理

混凝土的抗渗等级,以每组 6 个试件中 2 个出现渗水时的最大水压力表示。抗渗等级按公式(5-18)计算:

$$W=10H-1 \tag{5-18}$$

式中,W 为混凝土抗渗等级;H 为 6 个试件中有 2 个渗水时的水压力,MPa。

若压力加至规定数值,在 8 h 内,6 个试件中表面渗水的试件少于 2 个,则试件的抗渗等级大于规定值。

4.6.4 注意事项

(1)试件拆模后,用钢丝刷刷去两端面的水泥浆膜,然后送入养护室养护。

(2)在试验过程中,如发现水从试件周边渗出,表明密封不好,应重新密封。

4.6.5 试验记录

混凝土抗渗性试验记录

样品编号：__________　　　　试验者：__________

检验日期：__________　　　　计算者：__________

试验条件：__________　　　　校核者：__________

加压时间				水压/MPa	渗水情况					
月	日	时	分		1	2	3	4	5	6
抗渗等级计算公式：$W=10H-1$　W 为抗渗等级；H 为发现第 3 个试件顶面开始渗水时的水压力										

4.7 讨论

(1)影响混凝土强度的因素有哪些？

(2)如何提高混凝土的抗冻性？

第6章 流体力学实验

1 内容简介

1.1 课程在专业中的地位和作用

"流体力学"是力学的一个重要的分支,也是许多工程技术领域的技术基础学科。它研究流体处于平衡状态和流动状态时的机械运动规律及其在工程技术领域中的应用。"流体力学"所研究的基本规律由两部分组成:一是流体处于平衡状态时,作用于流体上的各种力之间的关系,称为流体静力学;二是流体处于流动状态时,作用于流体上的力与运动要素之间的关系,称为流体动力学。流体力学的发展主要依赖于生产实践和科学实验。近年来,随着电子计算机的迅速发展,使得许多比较复杂的流体力学问题通过数值计算得到解决。因此,理论分析、科学实验和数值计算三者相辅相成的研究方法赋予流体力学以新的生机,使"流体力学"在各个工程技术领域中发挥更大的作用。

"流体力学"是土木建筑工程类专业的一门必修的技术基础课程。主要内容包括:绪论、流体静力学、流体动力学基础、液流形态与水头损失、有压管流、明渠恒定流、堰流、渗流、量纲分析和相似原理。在学习本课程以前必须具备高等数学、普通物理学和理论力学、材料力学等知识。

"流体力学"课程的教学目的:使学生掌握流体运动的一般规律和有关的基本概念与基本理论,学会必要的分析计算方法和一定的实验技术,培养分析问题的能力和创新能力,为学习专业课程和将来从事专业技术工作和进行科学研究打下一定的基础。

1.2 课程实验内容及课时分配

按教学大纲要求,土木工程试验教程流体力学部分共包括 4 项试验,即 3 项验证试验(学生分组操作)和 1 项综合性试验(学生设计操作)。

静水压强实验 是通过实验加深对水静力学基本方程物理意义的理解,加深理解位置水头、压强水头及测压管水头的概念,实测静水压强,掌握静水压强的测量方法。

液体流态实验 是观测圆管恒定流层流与紊流两种流态及转换现象,测定圆管恒定流在层流与紊流下的沿程水头损失与流速的关系,测定临界雷诺数。

管路沿程水头损失系数测定实验 要求学生学会测定管路沿程水头损失系数的方法,分析圆管恒定流动的水头损失规律,验证在各种情况下沿程水头损失与流速的关系。

管路局部水头损失系数及水头线测定实验 要求学生观察突扩管旋涡区测管水头线,加深对局部水头损失的感性认识。掌握测定管路局部水头损失系数的方法,并将实测值与经验值进行对比。

流体力学实验计划学时总数为 8 学时，课时分配见表 6-1。

表 6-1　课时分配表

序号	实验名称	计划学时	类型
1	静水压强实验	2	验证性试验
2	液体流态实验	2	验证性试验
3	管路沿程水头损失系数测定实验	2	验证性试验
4	管路局部水头损失系数及水头线测定实验	2	综合性试验

2　静水压强实验

2.1　实验内容

(1)加深理解液体静力学基本方程式及等压面的概念。

(2)观察封闭容器内液体表面压强及液体内部某空间点上的压强。

(3)测量液体的密度(如酒精溶液)。

2.2　实验原理

由连通器原理，在容器上安装几根 U 形管，U 形管一端与容器连通，一端开口与大气相通(图 6-1)，将要测量的溶液注入 U 形管内，若其中水的密度为已知 $\rho=1\ g/cm^3$，当容器内上部空气的压强大于或小于大气压强时，U 形管中二液面将有高差 Δh，由此根据水静力学基本方程 $p_0=p_a+\rho gh$ 可计算出容器内的表面压强和溶液的密度。

2.3　仪器设备

实验装置如图 6-1 所示，编号：NO. ＿＿＿＿＿＿

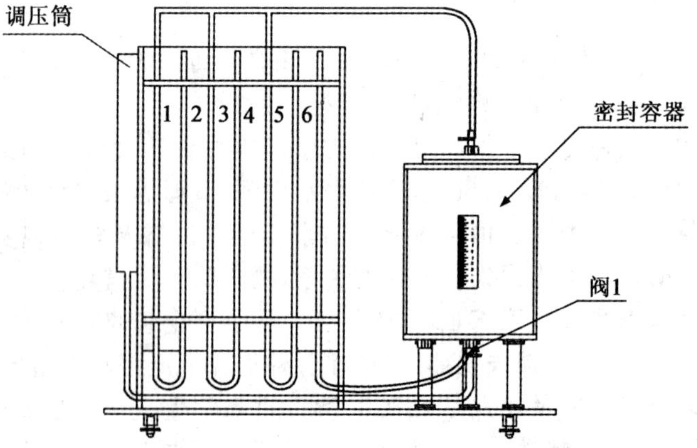

图 6-1　静水压强实验装置示意图

2.4 操作步骤

(1)打开阀1,通过调压筒向容器内注水。

(2)将调压筒升至容器水位之上,U形管出现压差 Δh,此时容器内液面压强为 $p_0 > p_a$ 工况。

(3)将调压筒降至容器水位之下,U形管出现压差 Δh,此时容器内液面压强为 $p_0 < p_a$ 工况。

2.5 实验记录

静水压强试验记录表

工况	测次	测压管读数/cm						p_0/(N/cm²)	p_1/(N/cm²)	p_2/(N/cm²)
		▽1	▽2	▽3	▽4	▽5	▽6	$\rho g(\nabla 2-\nabla 1)$	$\rho \dfrac{\nabla 2-\nabla 1}{\nabla 4-\nabla 3}$	$\rho \dfrac{\nabla 2-\nabla 1}{\nabla 6-\nabla 5}$
$p_0 > p_a$	1									
	2									
$p_0 < p_a$	1									
	2									

注:ρ=1 g/cm³,g=0.009 8 N/g。

2.6 讨论

(1)调压筒的液面与开口测压管7的液面在任何情况下都在同一高度上吗?为什么?

(2)降低调压筒,为什么能改变密闭容器的液面压强 p_0?

3 液体流态实验

3.1 实验目的

(1)观察液体在不同流动状态时流动质点的运动规律。

(2)观察液体由层流变为紊流及由紊流变为层流的过渡过程。

(3)测定液体在圆管中流动时的下临界雷诺数 Re_k。

3.2 实验原理

实际流体运动时出现的层流流态和紊流流态,是实际流体黏滞性产生的结果,由相似理论得知,当几何相似、边界条件相同时的恒定液流,其黏滞力作用的相似判据为雷诺数。

雷诺数由下式表示：

$$Re=\frac{vd}{\nu} \tag{6-1}$$

式中，v 为断面平均流速；d 为圆管直径；ν 为水的运动黏滞系数。

因此液流流态的判别应以雷诺数 Re 为准，由于层流运动的稳定性问题，液流的流态有两种临界状态，即开始由层流突然转变为紊流和开始由紊流突然转变为层流的上、下临界状态。在上临界状态时测得的雷诺数为上临界雷诺数，下临界状态时测得的雷诺数为下临界雷诺数。由前人实测结果可知，圆管中的 $Re_k=2\ 000$。由于扰动条件的不同，各人测得的值不同。

3.3 仪器设备

实验装置见图 6-2，编号：NO. ＿＿＿＿＿

管径 $d=$＿＿＿＿＿ cm

水温 $t=$＿＿＿＿＿℃

水的运动黏度 $\nu=$＿＿＿＿＿ cm^2/s

空桶质量＿＿＿＿＿ g

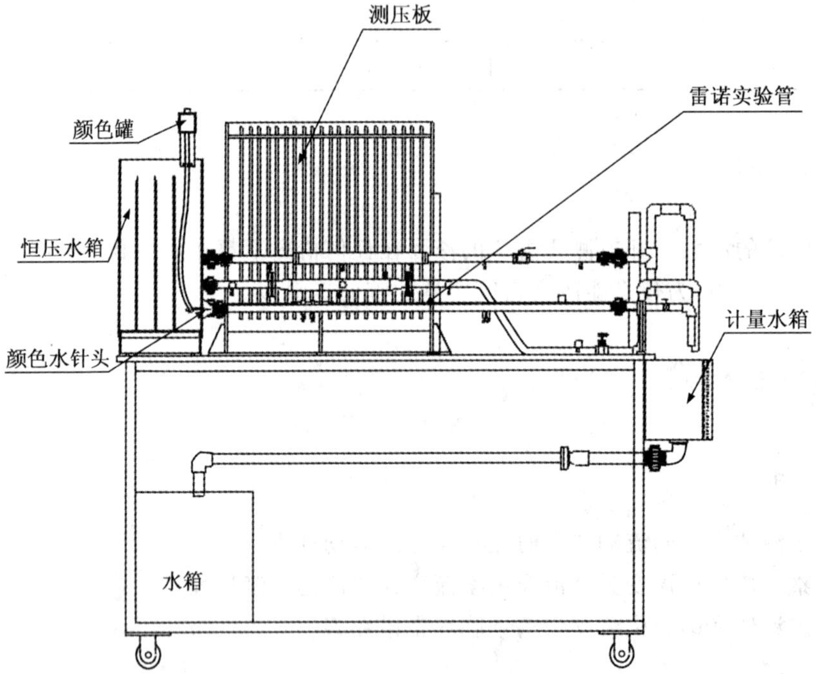

图 6-2 液体流态实验装置示意图

3.4 操作步骤

(1)了解实验装置，检查测量仪器，记录好基本数据(仪器编号、管径等)。

(2)打开进水阀门，水箱充水到溢流板上溢流后，打开出水阀门，水流稳定后，轻轻打开颜色水阀门注入颜色水。当颜色水在管中呈现一条稳定而明显的流线时，管内即为层流流态。当逐渐开大尾部阀门，增大管中流量和流速，此时颜色水开始颤动、弯曲，并逐渐扩散，当扩散到全管，水流紊乱到已看不清着色流线时，这便是紊流流态。

(3)本实验分两种顺序操作，即先由层流开始向紊流，再由紊流开始向层流。前者在开始时出水阀门开度应很小，使管中确为层流，随后再逐渐加大开度，直到变为紊流流态；后者反之。

(4)用称重法测流量 Q。用小桶测量水的质量，用秒表计时间 T，计算出水的体积 V，进而得到流量 $Q=\dfrac{V}{T}$，相应的断面平均流速 $v=\dfrac{Q}{A}$。用温度计测量水温，由此查得水的运动黏度 ν，从而计算雷诺数 $Re=\dfrac{vd}{\nu}$。

3.5 实验记录

液体流态实验记录表

测次	M/g	V/cm^3	T/s	$Q=\dfrac{V}{T}$ /(cm³/s)	$v=\dfrac{Q}{A}$ /(cm/s)	$Re=\dfrac{vd}{\nu}$	流态
1							
2							
3							
4							
5							
6							

注：$\rho=1\ \mathrm{g/cm^3}$。

3.6 注意事项

(1)实验自始至终应确保管中液流为恒定流，即溢流板上始终有溢流。

(2)在流动转变点附近，流量变化的间隔要小些，使测点多些以便准确测定临界雷诺数。

(3)本实验应特别注意消除外界干扰，实验者不要有不必要的走动，严禁喧哗。

3.7 讨论

(1)液体流态与哪些因素有关？为什么外界干扰会影响液体流态的变化？

(2)圆管、方管和矩形管的临界雷诺数会相同吗？为什么？

4 管路沿程水头损失系数测定实验

4.1 实验目的

(1)掌握测定圆管沿程阻力系数 λ 的方法,找出其变化规律。

(2)了解圆管在恒定流动下的能量损失的变化规律,掌握整理经验公式的方法。

4.2 实验原理

流体在管道中流动时,由于流体的黏性作用产生摩擦阻力,阻力表现为流体的能量损失。当对 L 长度两断面列能量方程式时,可以求得 L 长度上的沿程水头损失。

对于均匀断面的水平管路,沿程水头损失由式(6-2)和式(6-3)给出:

$$h_f=\lambda\frac{lv^2}{d2g} \tag{6-2}$$

$$\lambda=f\left(Re,\frac{\kappa_s}{d}\right) \tag{6-3}$$

式中,κ_s 为管路粗糙度,cm;Re 为雷诺数,$Re=\frac{vd}{\nu}=\frac{4}{\pi d\nu}Q=K_1Q$,$K_1=\frac{4}{\pi d\nu}$;$d$ 为管道直径,cm;ν 为水的运动黏滞系数,cm^2/s;l 为被测管段长度,cm;v 为管中平均流速,cm/s,$v=\frac{Q}{A}=\frac{Q}{\frac{\pi}{4}d^2}$;$\lambda$ 为沿程阻力系数,$\lambda=\frac{h_f2gd}{l\nu^2}=K_2\frac{h_f}{Q^2}$,$K_2=\frac{g\pi^2d^5}{8l}$;$h_f$ 为水头损失,cm,$h_f=\frac{p_1-p_2}{\rho g}=h_1-h_2=\Delta h$;$Q$ 为流量,cm^3/s。

这里 K_1,K_2 对于特定的管路为常数,这样可简化运算。

4.3 实验装置

实验装置如图 6-3 所示,编号:NO. __________

4.4 操作步骤

(1)熟悉实验装置,记录有关常数。

(2)启动水泵,打开进水阀门,使水箱充水,并保持溢流,使水位恒定。

(3)逐渐打开出水阀门,待流动稳定后,记录测压管液面标高,用体积法测量管道流量。

(4)调节出水阀门,改变流量,重复测量 3 次。

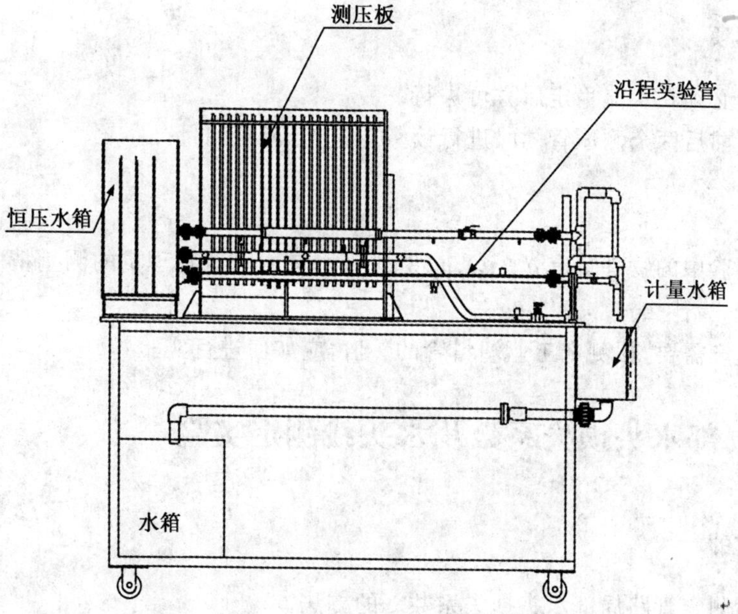

图 6-3　管路沿程水头损失实验装置示意图

4.5　实验记录

管径 $d=$__________ cm

水温 $t=$__________℃　　空桶质量__________ g

运动黏滞系数 $\nu=$__________ cm^2/s

水管计算长度 $l=$__________ cm

管路断面面积 $A=$__________ cm^2

$K_1=\dfrac{4}{\pi d\nu}=$__________ s/cm^3

$K_2=\dfrac{g\pi^2 d^5}{8l}=$__________ cm^5/s^2

管路沿程水头损失实验记录表

测次	h_1/cm	h_2/cm	Δh/cm	M/g	V/cm^3	T/s	$Q=V/T$ /(cm^3/s)	$v=Q/A$ /(cm/s)	$Re=K_1Q$	$\lambda=K_2\dfrac{h_f}{Q^2}$
1										
2										
3										
4										

注：$\rho=1\ g/cm^3$，$g=980\ cm/s^2$。

4.6 注意事项

(1)实验必须在水流稳定后方可进行。

(2)实验前后两个测压管同时进行读数,并进行流量测量。

4.7 讨论

(1)本实验中的物理量有 d、l、Q、h_f 和水温 t,其中哪些物理量的测量精度对 λ 值的误差影响最大? 为什么?

(2)如生产需要,拟测定工业塑料管的 λ 值,应如何进行实验?

5 管路局部水头损失系数及水头线测定实验

5.1 实验目的

(1)掌握测定管路局部水头损失系数 ζ 的方法。

(2)将管路局部水头损失系数的实测值与理论值进行比较。

(3)观察管径突然扩大时旋涡区测压管水头线的变化情况,以及其他各种边界突变情况下的测压管水头线的变化情况。

5.2 实验原理

由于边界形状的急剧改变,主流就会与边界分离,出现漩涡以及水流流速分布的改变,从而消耗一部分机械能。单位质量液体的能量损失就是局部水头损失。

边界形状的改变有水流断面的突然扩大或突然缩小、弯道及管路上安装阀门等。

局部水头损失常用流速水头与一系数的乘积表示:

$$h_j=\zeta\frac{v^2}{2g} \tag{6-4}$$

式中,ζ 为局部水头损失系数,是流动形态与边界形态的函数,即 $\zeta=f$ (Re,边界形状)。一般水流 Re 足够大时,可认为系数 ζ 不再随 Re 而变化,而看作一常数。

管路局部水头损失目前仅有扩大可采用理论分析,并可得到足够精确的结果。其他情况则需要用实验方法测定 ζ 值。突然扩大的局部水头损失可应用动量方程与能量方程及连续方程联合求解得到如下公式:

$$h_j=\zeta_1\frac{v_1^2}{2g},\ \zeta_1=\left(1-\frac{A_1}{A_2}\right)^2 \tag{6-5}$$

$$h_j=\zeta_2\frac{v_2^2}{2g},\ \zeta_2=\left(\frac{A_2}{A_1}-1\right)^2 \tag{6-6}$$

式中,A_1 和 v_1 分别为突然扩大上游管段的断面面积和平均流速;A_2 和 v_2 分别为突然扩大下游管段的断面面积和平均流速。

5.3 仪器设备

实验装置如图 6-4 所示，编号：NO.________

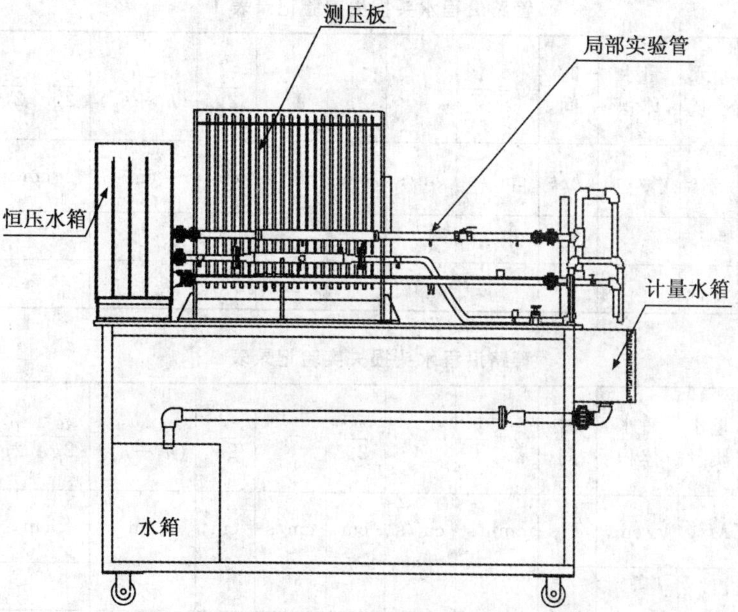

图 6-4　管路局部水头损失实验装置示意图

5.4 操作步骤

(1)熟悉仪器，记录有关常数。

(2)检查各测压管的橡皮管接头是否接紧。

(3)启动抽水机，打开进水阀门，使水箱充水，并保持溢流，使水位恒定。

(4)检查尾阀全关时，测压管的液面是否齐平，若不平，则需排气调平。

(5)慢慢打开尾阀，使流量在测压管量程范围内最大，待流动稳定后，记录测压管液面标高，用体积法测量管道流量。

(6)调节尾阀改变流量，重复测量 3 次。

5.5 实验记录

(1)有关常数。

突然扩大前管径 $d_1=$________ cm；断面面积 $A_1=$________ cm^2

突然扩大后管径 $d_2=$________ cm；断面面积 $A_2=$________ cm^2

突然缩小管管径 $d_3=$________ cm；断面面积 $A_3=$________ cm^2

(2)公式。

管道突然扩大：$h_j=(h_1-h_2)+\dfrac{v_1^2-v_2^2}{2g}$，$\zeta_1=\left(1-\dfrac{A_1}{A_2}\right)^2$　或 $\zeta_2=\left(\dfrac{A_2}{A_1}-1\right)^2$

管道突然缩小：$h_j=(h_{粗}-h_{细})+\dfrac{v_{粗}^2-v_{细}^2}{2g}=\zeta\dfrac{v_{细}^2}{2g}$，$\zeta=0.5\left(1-\dfrac{A_{细}}{A_{粗}}\right)$

(3)量测记录及计算表。

管路沿程水头损失实验记录表 1

测次	测管液面高程读数/cm		量水质量	量水体积	时间	$Q=\dfrac{V}{T}$	v_1	$\dfrac{v_1^2}{2g}$	v_2	$\dfrac{v_2^2}{2g}$	Δh (h_1-h_2)	$\dfrac{v_1^2}{2g}-\dfrac{v_2^2}{2g}$	h_j	$\zeta_{扩大}$	
	h_1	h_2	M/g	V/cm³	T/s	cm³/s	cm/s	cm	cm/s	cm	cm	cm	cm	实测	理论
1															
2															

管路沿程水头损失实验记录表 2

测次	测管液面高程读数/cm		量水质量	量水体积	时间	$Q=\dfrac{V}{T}$	v_3	$\dfrac{v_3^2}{2g}$	v_4	$\dfrac{v_4^2}{2g}$	Δh (h_3-h_4)	$\dfrac{v_3^2}{2g}-\dfrac{v_4^2}{2g}$	h_j	$\zeta_{缩小}$	
	h_3	h_4	M/g	V/cm³	T/s	cm³/s	cm/s	cm	cm/s	cm	cm	cm	cm	实测	理论
1															
2															

5.6 注意事项

(1)实验必须在水流稳定后方可进行。

(2)计算局部水头损失系数时，应注意选择相应的流速水头：所选测量断面应选在渐变流断面上，尤其下游断面应选在旋涡区的末端，即主流恢复并充满全管的断面上。

5.7 讨论

(1)试分析实测 h_j 与理论计算 h_j 有什么不同？原因何在？

(2)如不忽略管段的沿程损失 h_f，所测出的 ζ 值比实际的偏大还是偏小？在工程中使用此值是否安全？

(3)在相同管径变化条件下，相应于同一流量，其突然扩大的 ζ 值是否一定大于突然缩小的 ζ 值？为什么？

第7章 土力学试验

1 内容简介

1.1 课程在专业中的地位和作用

土力学试验是土木工程专业的一门技术基础科学。作为一门课程其任务是通过介绍土力学试验的基本测试技术和试验方法，使学生获得专业所必需的试验基本技能，具备解决一般土工问题的能力，并对学生进行科学研究试验能力的培养，是土木工程专业高级技术人才所必需的基本训练的一部分。

通过学习"土力学"可以获得有关土力学学科的基本理论、基本知识和基本技能，为后续课程如土木工程施工等专业课程提供土力学基本知识，也为从事岩土工程的专门研究奠定必要的理论基础。学生必须牢固地掌握土力学的基本概念与基本原理，掌握土的物理力学性质、强度变形计算、稳定性分析、挡土墙的设计与计算、地基承载力等土力学基本理论与方法，从而能够应用这些基本理论与原理分析和解决实际工程问题。

"土力学"理论性强，实践性更强，土工试验是本课程的重要实践环节，指导学生从事岩土工程相关的科学实验和其他科技活动，有助于培养学生的动手能力和创造力。但是在土力学试验的教学过程中，由于各个试验的连贯性不是很强，学生对各个试验的原理和操作过程不易掌握，对试验目的及在实际工程中的应用不易弄清楚。所以，为了巩固学生对理论知识的掌握，帮助学生把理论应用到实际工程中去，提高教学质量，土木工程试验教程土力学部分试验学习指导书的编写，具有新的特点。在学生做试验时，不但要求掌握试验原理和操作过程，而且还结合土的工程性质，知道为什么要做这些试验，试验参数在工程设计和施工中如何应用，更注重实践知识的学习。

1.2 实验内容及课时分配

按教学大纲要求，土木工程试验教程土力学部分共包括9项试验，2项预备试验(课堂讲解)、4项验证性试验(学生分组操作)、2项演示试验(教师演示操作)和1项综合性试验。每项验证试验都能结合工程设计或施工中的土力学问题，通过试验测定土的物理、力学性质指标，最后来解决工程问题。各项试验综合性强，试验教学的可操作性好。

土样采集和试样制备　是正确做好土力学试验的基础工作，通过课堂教学使学生了解土样和试样的获得途径，为保证试验数据成果的可靠性及可比性，制订了统一的试样制备方法。

土的物理性质指标试验　结合课堂讲解进行，土的物理性质指标中有3个直接指标，需要通过土力学试验才能得到，即土的含水率试验、土的密度试验、土粒比重试验。

界限含水率试验　要求学生不但要测出土的液限和塑限，计算土的塑性指数和液性指数；还要学会结合**颗粒分析试验**和塑性图给细粒土分类，通过液性指数判断该土的天然状态，分析该土料是否适用于填筑。

击实试验　要求学生通过试验测定土的最优含水率和最大干密度值，评价土的压实性，学会通过压实度计算评价填方工程的施工质量；将击实过的土给学生演示**渗透试验**，测定压实后土的渗透系数，评价土的渗透性。

压缩试验　要求学生掌握压力和孔隙比的关系，计算压缩系数和压缩模量等压缩指标，如何用这些指标来计算建筑物的基础沉降量，判别该地基土的可用性，提出工程处理措施。

直接剪切试验　要求学生测定土的抗剪强度参数，即凝聚力 C 和内摩擦角 φ，还要学会通过这些指标来计算建筑物地基土的平衡条件，判别地基土所处的状态。

三轴压缩试验　要求学生根据不同的排水条件，选择不固结不排水剪(UU)，固结不排水剪(CU)和固结排水剪(CD)等合适的试验类型，测定细粒土和沙类土的抗剪强度参数和有效抗剪强度参数。

土力学试验计划学时总数为12学时，课时分配见表7-1。

表7-1　土力学试验课时分配表

序号	实验名称	计划学时	类型
1	土样采集和试样制备	—	课堂讲解
2	土的物理性质指标试验	—	课堂讲解
3	颗粒分析试验	2	演示试验
4	界限含水率试验		验证性试验
5	击实试验	2	验证性试验
6	渗透试验		演示试验
7	压缩试验	2	验证性试验
8	直接剪切试验	2	验证性试验
9	三轴压缩试验	4	综合性试验

2　土样采集和试样制备

2.1　基本概念

工程地质勘查的任务之一就是土样采集，用来对其观察、鉴别或进行各种物理、力学的试验。土样采集工作一般由工程地质人员完成，不同的目的对土样的要求也不一样，其颗粒粒径一般小于 60 cm，土样包括原状土和扰动土，保持土的原状结构及天然含水率，并使土样的采集不受扰动的土称为原状土，反之则为扰动土。对扰动土样，试验人员将采集的土样经过风干、碾散、过筛、匀土、分样和贮存等预备程序，将土样制备成试样。土样制备程序视所做试验而异，故土样制备前应拟订土工试验计划。对密封的原状土样除小心搬运和妥善存放外，在试验前不应开启，试验前如需要进行土样鉴别和分类必须开启时，则在检验后，应迅速妥善封好贮藏，应使土样少受扰动。

2.2 目的和适用范围

目的是了解原状土和扰动土样的采集方法和试样制备过程，掌握采用不同的方法制备饱和土样的过程。

2.3 土样采集

2.3.1 土样质量等级划分

按取样方法和试验目的不同，现行的岩土工程勘察设计规范将土样分成 4 个等级，具体见表 7-2。

表 7-2 土样质量等级划分

土样级别	扰动程度	试验内容
Ⅰ	不扰动	土类定名、含水率、密度、强度试验、固结试验
Ⅱ	轻微扰动	土类定名、含水率、密度
Ⅲ	显著扰动	土类定名、含水率
Ⅳ	完全扰动	土类定名

表 7-2 虽然给出了根据扰动程度进行土样质量等级划分的依据，但是准确判断土样的扰动程度也是很困难的，需要综合多方面的因素考虑。一般采用外观检查法、测定回收率法、X 射线检验法、室内试验评价法等，各试验方法在此不做详细论述。需要说明的是：以上标准只是取样后对其扰动程度状态的事后判断，为了能取到合乎要求的土样，取样前应精心准备，取样过程应严格控制，这才是对土样进行质量等级划分的指导思想所在。

2.3.2 取样方法及注意事项

取样过程中对土样扰动程度影响最大的因素就是取样方法，可分为以下两种。对于埋深较浅的土层一般采用在探井、探槽中直接刻取土样的方法；对于埋深较大的土层采用钻孔取土器钻取土样的方法，钻孔取土器可分为贯入式取土器和回钻式取土器两类。

土样从母体土层中剥离后到最终进入室内试验尚需要经过现场封存、储运、运输等多个环节，这其中的任何一个环节处置不当均会对土样造成扰动甚至破坏，从而影响试验结果的准确性，因此对从取土器中取出土样及后续过程也应遵循规定，否则可能会前功尽弃。在取样环节和运输环节应注意以下几个方面：

(1)保持钻孔的垂直度。钻孔的垂直度直接影响土样的质量与试验资料的准确性。若钻孔倾斜,则在下放取土器的过程中,取土器会刮削孔壁而使余土过多,因而使土样受挤压扰动。另外,由倾斜钻孔中取出的土样也是倾斜的,用这些土样进行试验所得到的土的力学指标是不符合实际情况的,按照这种试验结果进行土工计算和设计很可能会导致错误结果。

(2)根据不同地层、不同埋深情况、不同设备条件合理选择相应的取土器和取土方法。

(3)保持孔内清洁。只有较彻底地清除孔底的废土碎屑,才能避免因余土过多而使土样受挤压扰动。

(4)保证取土器切入土层的速度。为了获得高质量的原状土样,提高取土器进入土层的速度是一个重要方面。取土器进入土层的速度与施加压力的大小和土层的性质、结构等因素密切相关。在取土器进入土层的过程中,虽然取土器的内壁比较光滑,但若切入速度较慢,土样的侧向膨胀会加大取土器内壁与土样之间的摩擦阻力而使土样受到扰动。反之,如取土器切入较快,不待土样膨胀,土样已顺利进入取土器中,则土样扰动程度相对较小。

(5)土样的封装、运输、保存应符合要求。

(6)钻进方法。为取得保持原状结构的土样,首先必须保证孔底土层没有因不恰当的钻进方法而受到扰动。

2.4 试样制备

2.4.1 试验仪器

(1)细筛:孔径 5 mm,2 mm,0.5 mm;

(2)洗筛:孔径 0.075 mm;

(3)台秤:称量 10～40 kg,分度值 5 g;

(4)天平:称量 1 000 g,分度值 0.1 g,称量 200 g,分度值 0.01 g;

(5)碎土器:磨土机;

(6)击样器:包括活塞、导筒和环刀,见图 7-1;

(7)压样器:分为单向和双向两类,见图 7-2;

(8)抽气机(带真空表);

(9)饱和器(附金属或玻璃的真空饱和装置),分为叠式和框式两类,见图 7-3;

(10)其他:烘箱、干燥器、保湿器、研钵、木槌、木碾、橡皮板、玻璃瓶、玻璃缸、修土刀、钢丝锯、凡士林、土样标签以及其他盛土器等。

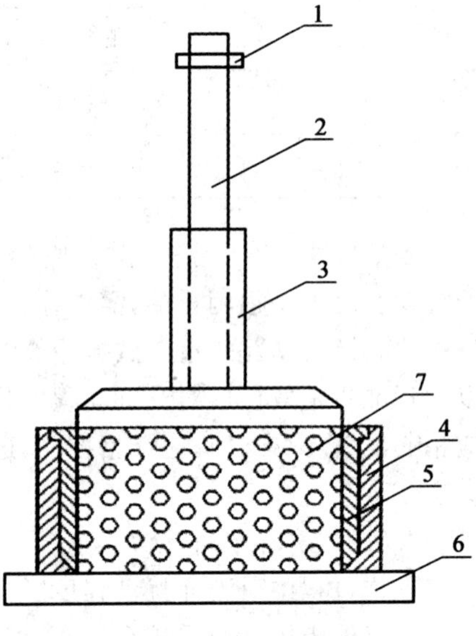

图 7-1　击样器

1. 定位环　2. 导杆　3. 击锤　4. 击样筒
5. 环刀　6. 底座　7. 试样

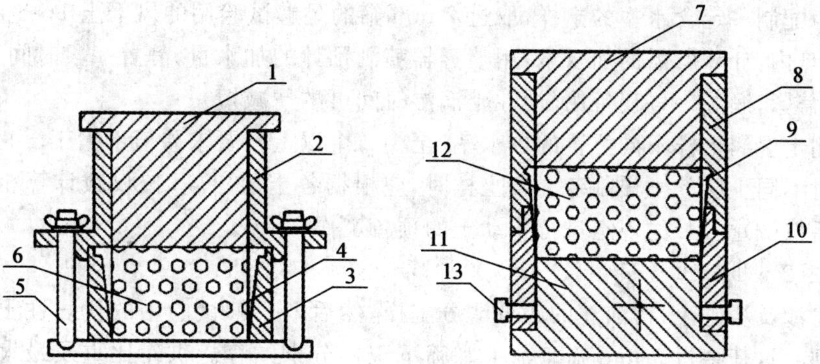

(a)单向　　(b)双向

图 7-2　压样器

1.活塞　2.导筒　3.护环　4.环刀　5.拉杆　6.试样　7.上活塞
8.上导筒　9.环刀　10.下导筒　11.下活塞　12.试样　13.销钉

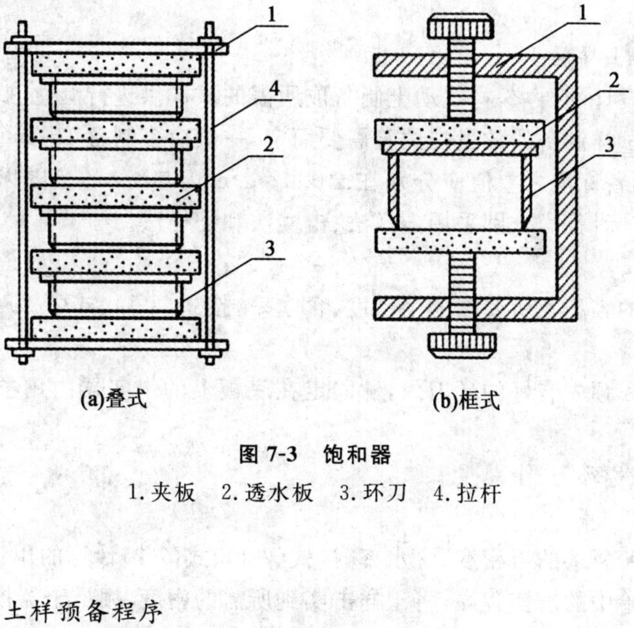

(a)叠式　　(b)框式

图 7-3　饱和器

1.夹板　2.透水板　3.环刀　4.拉杆

2.4.2　扰动土样预备程序

2.4.2.1　细粒土样预备程序

(1)将扰动土样进行土样描述,如颜色、土类、气味及夹杂物等;如有需要,将扰动土充分拌匀,取代表性土样进行含水率测定。

(2)将块状扰动土放在橡皮板上用木碾或利用碎土器碾散(勿压碎颗粒);如水量较大时,可先风干至易碾散为止。

(3)根据试验所需土样数量,将碾散后的土样过筛。物理性试验土样如液限、塑限、缩限等试验过 0.5 mm 筛,物理性及力学性试验土样过 2 mm 筛,击实试验土样过 5 mm 筛。过筛后用四分对角取样法,取出足够数量的代表性土样,分别装入玻璃缸内,标以标签,以备各项试验之用。对风干土,需测定风干含水率。

(4)为配制一定含水率的土样，取过 2 mm 筛的足够试验用的风干土 1～5 kg，平铺在不吸水的盘内，计算所需的加水量；用喷雾器喷洒预计的加水量，静置一段时间，然后装入玻璃缸内盖紧，润湿一昼夜备用(沙性土润湿时间可酌情减短)。

(5)测定湿润土样不同位置的含水率(至少 2 个以上)，要求差值不大于±1%。

(6)对不同土层的土样制备混合土样时，应根据各土层厚度，按权数计算相应的质量配合，然后按(2)至(4)的规定进行扰动土的预备工作。

2.4.2.2　粗粒土样预备程序

(1)对沙及沙砾土，按前述的四分法分土样，然后取足够试验用的代表性土样供作颗粒分析试验用，其余过 5 mm 筛。筛上和筛下土样分别贮存。供作比重及最大和最小孔隙比等试验用。取一部分过 2 mm 筛的土样供作力学试验用。

(2)如有部分黏土依附在沙砾石上面，则先用水浸泡，将浸泡过的土样在 2 mm 筛上冲洗，取筛上及筛下代表性的土样供作颗粒分析试验用。

(3)将冲洗下来的土浆风干至易碾散为止，再按细粒土样预备程序(2)至(4)的规定进行预备工作。

2.4.3　扰动土样制备

根据工程和设计的要求，将扰动土制备成所需的试样供进行湿化、膨胀、渗透、压缩及剪切等试验用。试样制备的数量视试验需要而定，一般应多制备 1～2 个备用。制备试样密度、含水率与制备标准之差值应分别在±0.02 g/cm^2 与±1%范围以内。扰动土试样的制备，视工程实际情况，分别采用击样法、击实法和压样法。

(1)击样法。

①根据环刀的容积及所要求的干密度、含水率，按式(7-1)、式(7-2)计算的用量，制备湿土样。

②将湿土倒入预先装好的环刀内，并固定在底板上的击实器内用击实方法将土击入环刀内。

③取出环刀，称环刀、土总量。

(2)击实法。

①根据试样所要求的干密度、含水率，按式(7-1)、式(7-2)计算的用量，制备湿土样。

②按击实试验中的击实程序，将土样击实到所需的密度，用推土器推出。

③将试验用的切土环刀内壁涂一薄层凡士林，刃口向下，放在土样上。用切土刀将土样切削成稍大于环刀直径的土柱。然后将环刀垂直向下压，边压边削，至土样伸出环刀为止，削去两端余土并修平，擦净环刀外壁，称环刀、土总质量，准确至 0.1 g，并测定环刀两端削下土样的含水率。

④试样制备应尽量迅速操作，或在保湿间内进行。

(3)压样法。

①按规定制备湿土样，称出所需的湿土量。将湿土倒入预先装好环刀的压样器内，拂平土样表面，以静压力将土压入环刀内。

②取出环刀，称环刀、土总质量。

按式(7-1)计算干土质量：

$$m_s=\frac{m_0}{1+0.01\omega_0} \tag{7-1}$$

式中，m_s 为干土质量，g；m_0 为风干土质量（或天然湿土质量），g；ω_0 为风干含水率（或天然含水率），%。

按式(7-2)计算土样制备含水率所加水量：

$$m_w=0.01(\omega-\omega_0)m_s \tag{7-2}$$

式中，m_w 为土样所需加水质量，g；m_s 为风干土质量，g；ω_0 为风干含水率，%；ω 为土样所要求的含水率，%。

按式(7-3)计算制备扰动土试样所需总土质量：

$$m=(1+0.01\omega_0)\rho_d V \tag{7-3}$$

式中，m 为制备试样所需总土质量，g；ρ_d 为制备试样所要求的干密度，g/cm³；V 为计算出击实土样体积或压样器所用环刀容积，cm³；ω_0 为风干含水率，%。

2.4.4 原状土样制备

(1)小心开启原状土样包装，辨别土样上下和层次，整平土样两端。无特殊要求时，切土方向与天然层次垂直。

(2)切取试样，试样与环刀要密合，同一组试样的密度差值不宜大于 0.03 g/cm³，含水率差值不宜大于 2%。

(3)切削过程中，应细心观察土样的情况，并描述它的层次、气味、颜色，有无杂质，土质是否均匀，有无裂缝等。

(4)切取试样后剩余的原状土样，应用蜡纸包好置于保湿器内，以备补做试验之用，切削的余土做物理性试验。

(5)视试样本身及工程要求，决定试样是否进行饱和，如不立即进行试验或饱和时，则将试样暂存于保湿器内。

2.4.5 试样饱和

土的孔隙逐渐被水填充的过程称为饱和，当孔隙被水充满时的土，称为饱和土。试样饱和方法视土的性质选用浸水饱和法、毛管饱和法及真空抽气饱和法三种。沙土可直接在仪器内浸水饱和；较易透水的黏性土，渗透系数大于 10^{-4} cm/s 时，采用毛管饱和法较为方便；不易透水的黏性土，渗透系数小于 10^{-4} cm/s 时，采用真空饱和法；如土的结构性较弱，抽气可能发生扰动者，不宜采用。

2.4.5.1 毛管饱和法

(1)选用框式饱和器[图 7-3(a)]，在装有试样的环刀两面贴放滤纸，再放两块大于环刀的透水板于滤纸上，通过框架两端的螺丝将透水板、环刀夹紧。

(2)将装好试样的饱和器放入水箱中，注清水入箱，水面不宜将试样淹没，使土中气体得以排出。

(3)关上箱盖，防止水分蒸发，借土的毛细管作用使试样饱和，一般约需 3 d；试样饱和后，取出饱和器，松开螺丝，取出环刀，擦干外壁，吸去表面积水，取下试样上下滤纸，称环刀、土总质量，准确至 0.1 g。

(4)按公式(7-4)计算饱和度，如饱和度小于 95％时，将环刀再装入饱和器，浸入水中延长饱和时间。

2.4.5.2　真空饱和法

(1)选用重叠式饱和器[图 7-3(b)]或框式饱和器，在重叠式饱和器下板正中放置稍大于环刀直径的透水板和滤纸，将装有试样的环刀放在滤纸上，试样上再放一张滤纸和一块透水板，以这样顺序重复，由下向上重叠，至拉杆的长度。将饱和器上夹板放在最上部透水板上，旋紧拉杆上端的螺丝，将各个环刀在上下夹板间夹紧。

(2)装好试样的饱和器放入真空缸内(图 7-4)盖上缸盖。盖缝内应涂一薄层凡士林，以防漏气。

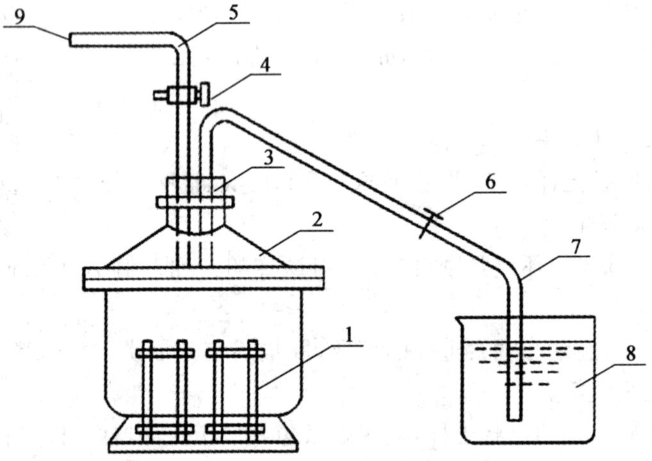

图 7-4　真空饱和装置

1.饱和器　2.真空缸　3.橡皮塞　4.二通管　5.排气管
6.管夹　7.引水管　8.盛水器　9.接抽气机

(3)关管夹、开二通阀，将抽气机与真空缸接通，开动抽气机，抽除缸内及土中气体，当真空表达到约 1 个大气负压力值(－0.1 MPa)后，继续抽气，黏质土约 1 h，粉质土约 0.5 h 后，稍微开启管夹，使清水由引水管徐徐注入真空缸内。在注水过程中，应调节管夹，使真空表上的数值，基本上保持不变。

(4)待饱和器完全淹没水中后，即停止抽气。将引水管自水缸中提出，开管夹令空气进入真空缸内，静置一定时间，借大气压力，使试样饱和。

(5)按规定取出试样，称量准确至 0.1 g，按公式(7-4)计算饱和度。

$$S_r=\frac{(\rho-\rho_d)G_s}{e\rho_d}=\frac{\omega G_s}{e} \tag{7-4}$$

式中，S_r 为饱和度，%；ρ 为饱和后的密度，g/cm³；ρ_d 为土的干密度，g/cm³；e 为土的孔隙比；G_s 为土的比重；ω 为饱和后土的含水率，%。

3　土的物理性质指标试验

3.1　基本概念

土的密度、土的含水率、土粒比重三个指标可在实验室内直接测定，是实测指标，常称为土的三相基本试验指标。土的密度是指土的总质量与总体积之比，即单位体积土的质量，其单位是 g/cm³，常见值为 1.6～2.2 g/cm³，它是计算土的干密度、孔隙比等物理性质指标的重要依据，也是计算土的自重应力、土压力、土坡稳定、地基承载力的重要指标。土的含水率是土中所含水分的质量与固体颗粒质量之比，以百分数表示，它是描述土的干湿程度的重要指标，土的天然含水率变化范围很大，从干沙的含水率接近于零到蒙脱石的含水率可达百分之几百。土粒比重(土粒相对密度)是指土的质量与 4℃时同体积水的质量之比，其值与土粒密度相同，但没有单位，土粒比重大小决定于土粒的矿物成分，与土的孔隙大小和含水多少无关，它的数值一般为 2.6～2.8。

3.2　目的和适用范围

土的密度试验目的是测定土在天然状态下单位体积的质量，对一般黏质土，宜采用环刀法。若土样易碎裂，难以切削，可用蜡封法。本章仅介绍环刀法。

土的含水率试验目的是测定土在天然状态下，单位质量土颗粒含水的多少，以烘干法为室内试验的标准方法。在野外如无烘箱设备或要求快速测定含水率时，可依土的性质和工程情况采用酒精燃烧法(适用于简易测定细粒土含水率)。本章仅介绍烘干法。

土粒比重试验目的是测定土在 105～110℃下烘至恒值时的质量与土粒同体积 4℃纯水质量的比值。按照土粒粒径不同，分别用下列方法进行比重测定：粒径小于 5 mm 的土，用比重瓶法测定；粒径大于 5 mm 的土，其中含粒径大于 20 mm 颗粒小于 10%时，用浮称法测定；含粒径大于 20 mm 颗粒大于 10%时，用虹吸筒法测定，粒径小于 5 mm 部分用比重瓶法测定，取其加权平均值作为土的比重。一般土粒的比重用纯水测定，对含有可溶盐、亲水性胶体或有机质的土，须用中性液体(如煤油)测定。本章仅介绍比重瓶法。

3.3　土的密度试验(环刀法)

3.3.1　试验原理

用已知质量及容积的环刀切取原状土样，使之与其体积保持一致，定义单位体积的土的质量即为土的密度，其计算公式如式(7-5)所示：

$$\rho=\frac{m_2-m_1}{V} \tag{7-5}$$

式中，ρ 为土的密度，g/cm^3；m_1 为环刀的质量，g；m_2 为环刀与土样的质量，g；V 为环刀的体积，cm^3。

3.3.2　仪器设备

(1)环刀：内径为 6.18 cm(面积为 30 cm^2)或内径为 7.98 cm(面积为 50 cm^2)，高为 2 cm，壁厚为 0.15 cm，如图 7-5 所示。

(2)天平：称量 500 g，分度值 0.1 g；称量 200 g，分度值 0.01 g。

(3)其他：切土刀、钢丝锯、凡士林、圆玻璃片等。

图 7-5　环刀及手柄

3.3.3　操作步骤

(1)按工程需要取原状土或制备所需状态的扰动土样，整平其两端，将环刀内壁涂一薄层凡士林，刃口向下放在土样上。

(2)用切土刀(或钢丝锯)将土样削成略大于环刀直径的土柱，然后将环刀垂直下压，边压边削，至土样伸出环刀为止，将两端余土削去修平，取剩余的代表性土样测定含水率。

(3)擦净环刀外壁称量，准确至 0.1 g。

3.3.4　数据整理

按式(7-5)计算密度，按式(7-6)计算干密度：

$$\rho_d=\frac{\rho}{1+\omega} \tag{7-6}$$

式中，ρ_d 为土的干密度，g/cm^3；ρ 为土的密度，g/cm^3；ω 为土的含水率，%。

本试验需进行 2 次平行测定，其平行差值不得大于 0.03 g/cm^3，取算术平均值，试验结果精确至 0.01 g/cm^3。

3.3.5　注意事项

(1)当土质比较坚硬、易碎或含有粗颗粒不易修成规则形状，采用环刀法有困难时，可采用蜡封法。将试样称重浸入液体石蜡中，使试样表面有一层蜡膜，根据排水法测定出体积，可求出密度。

(2)在野外用环刀法测细粒土的密度时，采用的环刀体积多为 200 cm^3 或 500 cm^3，且有手柄和击锤，见图 7-5；在野外测粗粒土的密度时，多采用灌水法或灌沙法进行现场密度测定，见图 7-6，图 7-7。

图 7-6　灌沙筒

图 7-7　现场密度实验

3.3.6　试验记录

密度试验记录(环刀法)

工程名称：__________　　　　试验者：__________

工程编号：__________　　　　计算者：__________

试验日期：__________　　　　校核者：__________

试样编号	环刀+湿土质量/g	环刀质量/g	湿土质量/g	环刀体积/cm^3	湿密度/(g/cm^3)	平均湿密度/(g/cm^3)	含水率/%	干密度/(g/cm^3)	平均干密度/(g/cm^3)

3.3.7　讨论

(1)土的密度测定方法有哪些？各适用于什么土质？

(2)土的密度和干密度有何区别？土的密度越大土就越密实吗？

3.4 土的含水率试验(烘干法)

3.4.1 试验原理

土的含水率是指土在105～110℃下烘至恒量时失去的水分质量与烘干后干土质量的比值,以百分数表示,其计算公式如式(7-7)所示。

$$\omega=\frac{m_w}{m_s}\times 100\% \tag{7-7}$$

式中,ω 为土的含水率,%;m_w 为土中水的质量,g;m_s 为干土的质量,g。

3.4.2 仪器设备

(1)烘箱:可采用电热烘箱或温度能保持105～110℃的其他能源烘箱,见图7-8;

(2)天平:称量200 g,分度值0.01 g;

(3)其他:干燥器、称量盒(为简化计算手续可用恒质量盒)。

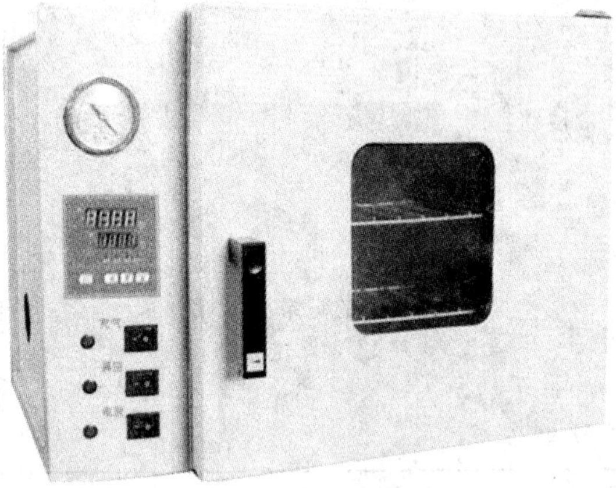

图7-8 烘箱

3.4.3 操作步骤

(1)取代表性试样15～30 g,放入称量盒内,立即盖好盒盖,称量。

(2)揭开盒盖,将试样和盒放入烘箱,在温度105～110℃下烘到恒量。烘干时间对黏质土不少于8 h,沙类土不少于6 h,对含有机质超过10%的土,应将温度控制在65～70℃的恒温下烘至恒量。

(3)将烘干后的试样和盒取出,盖好盒盖放入干燥器内冷却至室温,称干土质量。本试验称量应准确至0.01 g。

3.4.4　数据整理

按式(7-8)计算含水率，准确至0.1%。

$$\omega=\frac{m-m_s}{m_s}\times 100\%=\left(\frac{m}{m_s}-1\right)\times 100\% \tag{7-8}$$

式中，ω 为土的含水率，%；m 为湿土的质量，g；m_s 为干土的质量，g。

本试验需进行2次平行测定，取其算术平均值。允许平行差值规定如下：若计算含水率小于10%，允许平行差值不大于0.5%；若计算含水率为10%～40%，允许平行差值不大于1.0%；若计算含水率大于40%，允许平行差值不大于2.0%。

3.4.5　注意事项

(1)测量含水率时要快，及时将称量盒盖好，避免土样水分的蒸发；

(2)取含水率试样时应注意代表性；

(3)称量盒要保持干燥和洁净，称量盒盖与盒体要对号；

(4)烘干时将称量盒盖打开，烘干冷却后将盒盖盖好称量。

3.4.6　试验记录

含水率试验记录(烘干法)

工程名称：__________　　　　试验者：__________

工程编号：__________　　　　计算者：__________

试验日期：__________　　　　校核者：__________

土样编号	盒号	盒质量/g	盒+湿土质量/g	盒+干土质量/g	水质量/g	干土质量/g	含水率/%	平均含水率/%
		(1)	(2)	(3)	(4)=(2)-(3)	(5)=(3)-(1)	(6)=(4)/(5)	(7)

3.4.7　讨论

(1)含水率试验烘箱温度为什么控制在105～110℃？温度过高、过低有何影响？

(2)测定含水率的方法有哪些？适用于什么情况？

3.5　土的比重试验(比重瓶法)

3.5.1　试验原理

土粒比重是土在105～110℃下烘至恒值时的质量与土粒同体积4℃纯水质量的比

值。其计算公式见式(7-9)：

$$G_s=\frac{m_s}{V_s(\rho_w)_{4℃}} \tag{7-9}$$

式中，G_s 为土粒比重；m_s 为干土的质量，g；V_s 为土粒的体积，cm^3；$(\rho_w)_{4℃}$ 为水温 4℃时水的密度，g/cm^3。

可以看出 G_s 是无量纲数，其大小取决于土粒的矿物成分，土中若含有有机质和泥炭，比重会明显降低。常见土粒比重变化范围一般为：沙土 2.65～2.69，粉土 2.70～2.71，粉质黏土 2.72～2.73，黏土 2.74～2.76，有机质土 2.30～2.50，泥炭土 1.50～1.80。

3.5.2 仪器设备

(1)比重瓶：容量 100(或 50)mL，分长颈和短颈两种，见图 7-9；

(2)天平：称量 200 g，分度值 0.001 g；

(3)恒温水槽：准确度±1℃；

(4)沙浴：能调节温度；

(5)真空抽气设备；

(6)温度计：测量范围 0～50℃，分度 0.5℃；

(7)其他：如烘箱、纯水、中性液体(如煤油等)，孔径 2 mm 及 5 mm 筛，漏斗，滴管等。

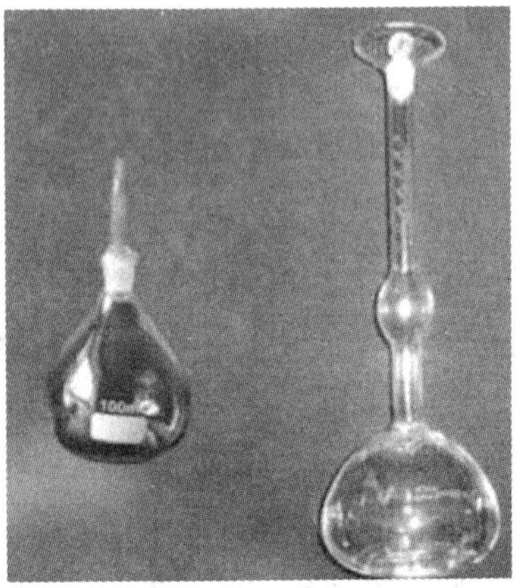

图 7-9 比重瓶

3.5.3 操作步骤

(1)将比重瓶烘干，装烘干土 15 g 入 100 mL 比重瓶内(若用 50 mL 比重瓶，装烘干土 12 g)称量。

(2)为排除土中的空气，将已装有干土的比重瓶，注纯水至瓶的一半处，摇动比重瓶，并将瓶放在沙浴上煮沸，煮沸时间自悬液沸腾时算起，沙及沙质粉土不应少于 30 min，黏土及粉质黏土不应少于 1 h。煮沸时应注意不使土液溢出瓶外。

(3)将纯水注入比重瓶，如系长颈比重瓶，注水至略低于瓶的刻度处；如系短颈比重瓶，应注水至近满(有恒温水槽时，可将比重瓶放于恒温水槽内)，待瓶内悬液稳定及瓶上部悬液澄清。

(4)如系长颈比重瓶，用滴管调整液面恰至刻度处(以弯液面下缘为准)，擦干瓶外及瓶内壁刻度以上部分的水，称瓶、水、土总质量；如系短颈比重瓶，塞好瓶塞，使多余水分自瓶塞毛细管中溢出，将瓶外水分擦干后，称瓶、水、土总质量，称量后立即测出瓶内水的温度。

(5)根据测得的温度，从已绘制的温度与瓶、水总量关系中查得瓶、水总质量。

(6)测定含有可溶盐、亲水性胶体或有机质的土粒比重时，用中性液体（如煤油等）代替纯水，用真空抽气法代替煮沸法，排除土中空气。抽气时真空度须接近 1 个大气压（−98 kPa），从达到 1 个大气压时算起，抽气时间一般为 1～2 h，直至悬液内无气泡逸出时为止。其余步骤按本规程(3)至(5)进行。

3.5.4　注意事项

(1)比重瓶要保持干燥，土样要烘干至恒重；

(2)煮沸排气时，为防止悬液溅出可用吸耳球吹气；

(3)称量时一定将瓶外水分擦干，并注意量测水温。

3.5.5　数据整理

按式(7-10)计算土粒比重：

$$G_s=\frac{m_s}{m_1+m_s-m_2}\times G_{\omega t} \tag{7-10}$$

式中，G_s 为土粒比重；m_s 为干土的质量，g；m_1 为瓶、水的质量，g；m_2 为瓶、水、土的质量，g；$G_{\omega t}$ 为 t℃时水的比重（可查物理手册），准确至 0.001，不同温度下水的比重近似值见表 7-3。

表 7-3　不同温度时水的比重(近似值)

水温/℃	4.0～12.5	12.5～19.0	19.0～23.5	23.5～27.5	27.5～30.5	30.5～33.5
水的比重	1.000	0.999	0.998	0.997	0.996	0.995

3.5.6　试验记录

比重试验记录(比重瓶法)

工程名称：__________　　试验者：__________

工程编号：__________　　计算者：__________

试验日期：__________　　校核者：__________

试样编号	比重瓶号	温度/℃	液体比重	瓶＋土质量/g	瓶＋土＋水质量/g	土的质量/g	比重	平均值
		(1)	(2)	(3)	(4)	(5)	(6)	
							(5)×(2)/[(3)＋(5)－(4)]	

3.5.7 讨论

(1)试验时为何将比重瓶放置在沙浴上煮沸一段时间?

(2)试验过程中为何要测量水温?

4 颗粒分析试验

4.1 基本概念

土体是三相介质,一般由固相(固体颗粒)、液相(水及其溶解物)和气相(气体和封闭气体)所组成,其中固体颗粒构成了土体骨架部分,对土的性质起着决定性作用。天然土都是由大小不同的颗粒所组成的,土粒的粒径从粗到细逐渐变化时,土的性质也随之相应地发生变化。在工程上把粒径大小相近的土粒,按适当的粒径范围归并为一组,称为粒组,各粒组随着粒径分界尺寸的不同而呈现出一定质的变化。土粒的大小及其组成情况,通常以土中各粒组的相对含量(各粒组占土粒总量的百分数)来表示,称为土的颗粒级配。

粗粒土主要是依据颗粒组成进行分类的,而细粒土由于矿物成分、颗粒形状及胶体含量等因素,则不能单以颗粒组成进行分类,还要借助于塑性图或塑性指数进行分类。

4.2 目的和适用范围

土的颗粒组成在一定程度上能够反映出土的物理、力学性质,因此工程上常依据颗粒组成对土进行分类。粗粒土主要是依据颗粒组成(粒度成分)进行分类的。颗粒分析试验目的是测定土中各粒组占该土总质量的百分数,以明确颗粒大小分布及级配组成,可大概判断土的工程性质以及供天然建材选料之用。粗粒土的颗粒分析试验采用筛析法,适用于粒径大于 0.075 mm 且其含量超过全土重的 90%的土;细粒土的颗粒分析试验采用沉降分析法;常用的密度计法(比重计法)和移液管法,适用于粒径小于 0.075 mm 且其含量超过全土重的 90%的土;而对于一般的混合土,要采用筛析法和密度计法联合测定。

4.3 筛析法

4.3.1 试验原理

筛析法是采用不同孔径的土壤筛(圆孔筛),由上至下孔径按大到小叠放,将一定质量的代表性土料通过筛孔,按筛孔孔径的大小将颗粒加以分组,然后称量并计算出各个粒组占总量的百分数,再换算出小于某粒径的百分含量。

4.3.2 仪器设备

(1)分析筛:圆孔粗筛孔径为 60 mm,40 mm,20 mm,10 mm,5 mm 和 2 mm;圆孔细筛孔径为 2 mm,1 mm,0.5 mm,0.25 mm,0.1 mm 和 0.075 mm。见图 7-10。

(2)天平:称量 5 000 g、最小分度值 1 g;称量 1 000 g、最小分度值 0.1 g;称量 200 g、最小分度值 0.01 g。

(3)振筛机:筛析过程中应能上下振动、水平转动。

(4)其他:烘箱、量筒、漏斗、研钵、瓷盘、毛刷等。

图 7-10 分析筛

4.3.3 操作步骤

先用风干法制样,然后从风干松散的土样中,按表 7-4 称取有代表性的试样,称量应准确至 0.1 g,当试样质量超过 500 g 时,称量应准确至 1 g。

(1)将按上表称取的试样过孔径为 2 mm 的筛,分别称出留在筛上和已通过筛孔的筛下试样质量。当筛下试样质量小于试样总质量的 10%时,不作细筛分析;当筛上试样质量小于试样总质量的 10%时,不作粗筛分析。

表 7-4 筛析法取样质量

颗粒尺寸/mm	取样质量/g
<2	100~300
<10	300~1 000
<20	1 000~2 000
<40	2 000~4 000
<60	4 000 以上

(2)取 2 mm 筛上的试样倒入依次叠好的粗筛的最上层筛中,进行粗筛筛析,然后再取 2 mm 筛下试样倒入依次叠好的细筛的最上层筛中,进行细筛筛析。细筛宜置于振筛机上进行振筛,振筛时间一般为 10~15 min。

(3)按由最大孔径的筛开始,顺序将各筛取下,称留在各级筛上及底盘内的试样质量,准确至 0.1 g。

(4)筛后各级筛上及底盘内试样质量的总和与筛前试样总质量的差值,不得大于试样总质量的 1%。

4.3.4　数据整理

(1)小于某粒径的试样质量占试样总质量的百分比可按式(7-11)计算：

$$X=\frac{m_{\mathrm{A}}}{m_{\mathrm{B}}}d_{\mathrm{x}} \tag{7-11}$$

式中，X 为小于某粒径的试样质量占试样总质量的百分比，%；m_{A} 为小于某粒径的试样质量，g；m_{B} 为当细筛分析时或用密度计法分析时所取的试样质量，当粗筛分析时为试样总质量，g；d_{x} 为粒径小于 2 mm 的试样质量占试样总质量的百分比，%。

(2)制图。以小于某粒径的试样质量占试样总质量的百分比为纵坐标，以颗粒粒径为对数横坐标，在单对数坐标上绘制颗粒大小分布曲线，见图 7-11。

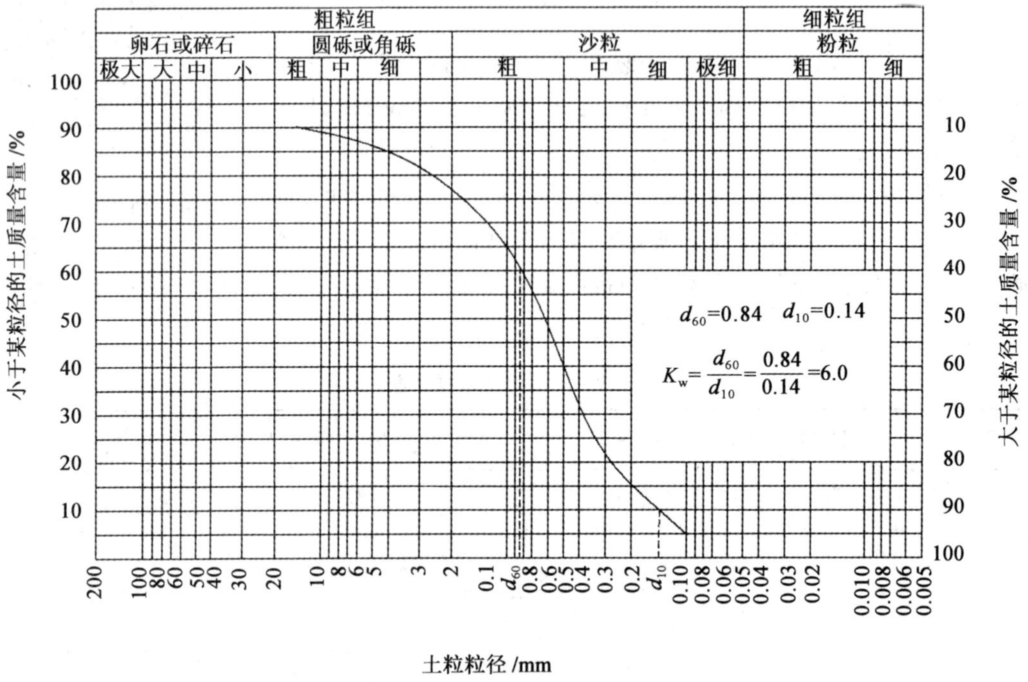

图 7-11　颗粒分析级配曲线图

按式(7-12)计算不均匀系数：

$$C_{\mathrm{u}}=\frac{d_{60}}{d_{10}} \tag{7-12}$$

式中，C_{u} 为不均匀系数；d_{60} 为限制粒径，在颗粒大小分布曲线上小于该粒径的土含量占土总质量的 60%；d_{10} 为有效粒径，在颗粒大小分布曲线上小于该粒径的土含量占土总质量的 10%。

按式(7-13)计算曲率系数：

$$C_c = \frac{d_{30}^2}{d_{60} \times d_{10}} \tag{7-13}$$

式中，C_c 为曲率系数；d_{30} 为在颗粒大小分布曲线上小于该粒径的土含量占土总质量 30% 的粒径。

4.3.5 试验记录

筛析法试验记录

工程名称：______________　　试验者：______________

工程编号：______________　　计算者：______________

试验日期：______________　　校核者：______________

风干土质量：________ g　　粒径小于 0.075 mm 的土占总土质量百分数：________ %

2 mm 筛上土质量：________ g　　粒径小于 2 mm 的土占总土质量百分数 d_x：________ %

2 mm 筛下土质量：________ g　　细筛分析时所取试样质量：________ g

筛 号	孔径/mm	累计留筛土质量/g	粒径小于该孔径的土质量/g	粒径小于该孔径的土质量百分数/%	粒径小于该孔径的总土质量百分数/%
01	100				
02	80				
03	60				
04	40				
05	20				
06	10				
07	5				
08	2				
09	1				
10	0.5				
11	0.25				
12	0.1				
13	0.075				
底盘总计					

4.3.6 注意事项

(1)试验取料要注意代表性，取样质量应符合要求，宜采用四分法取样。

(2)试验时仔细检查土壤筛叠放顺序是否正确，试验时振动时间要满足要求。

(3)试验时应避免土样洒落，影响试验精度，筛后各级筛上及底盘内试样质量的总和与筛前试样总质量的差值超过允许值时，应重新进行试验。

(4)进行现场全级配筛分试验时，颗粒粒径一般比较大，若没有 100 mm 以上的筛孔，对粒径较大的石头可采用圈尺进行量测。

4.3.7 讨论

(1)何为土的级配？工程中如何判定土的级配好坏？

(2)颗粒分析(密度计法)试验的适用范围是什么？

(3)从颗粒分析级配曲线中能得到关于土的性质的哪些信息？

4.4 密度计法

4.4.1 试验原理

土粒在液体中靠自重下沉时，较大的颗粒下沉较快，而较小的颗粒下沉较慢，土颗粒沉降速率与土粒直径 d(单位:mm)的平方成正比；对于粒径为 0.2～0.002 mm 的颗粒，在液体中靠自重下沉时，基本作等速运动，符合斯托克斯定律。密度计法是基于以上原理进行的，适用于粒径小于 0.075 mm 的土粒。密度计法是将一定量的土样(粒径<0.075 mm)放入量筒，加纯水经浸泡、沸煮和搅拌后，再加入一定量分散剂使土颗粒在水中均匀分布，配置均匀浓度的土悬液(1 000 mL)。土粒下沉过程中，用密度计测出不同时刻的悬液密度，根据密度计读数和土粒的下沉时间，计算出小于某粒径 d(单位:mm)的颗粒占土样的百分数。

4.4.2 仪器设备

(1)密度计:目前通常采用的密度计有甲、乙两种(图 7-12)，这两种密度计的制造原理及使用方法基本相同，但密度计的读数所表示的含义不同。甲种密度计读数所表示的是一定量悬液中的干土质量，乙种密度计读数所表示的是悬液比重。试验中一般采用甲种密度计，刻度单位以在 20℃时每 1 000 mL 悬液内所含土质量(单位:g)来表示，刻度为 −5～50，最小分度值为 0.5。

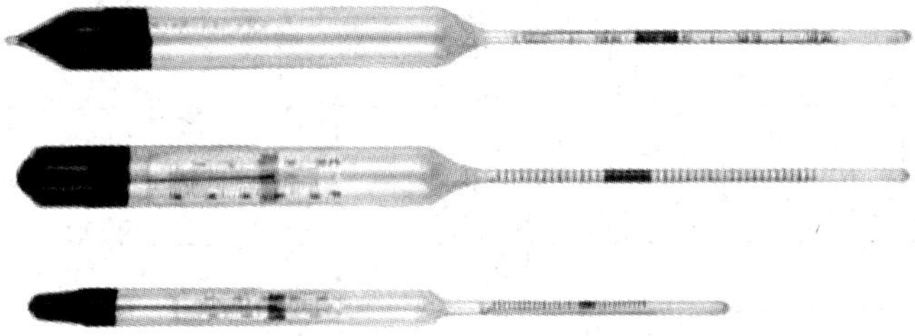

图 7-12 密度计

(2)量筒:容积 1 000 mL，内径约 60 mm，高 42～45 cm，刻度 0～1 000 mL，分度值为 10 mL。

(3)试验筛:孔径 2 mm,1 mm,0.5 mm,0.25 mm 和 0.1 mm 的细筛,孔径 0.075 mm 的洗筛。

(4)洗筛漏斗:上口直径大于洗筛直径,下口直径略小于量筒内径。

(5)天平:称量 1 000 g、最小分度值 0.1 g 和称量 200 g 最小分度值 0.01 g 的天平。

(6)搅拌器:轮径 50 mm,孔径 3 mm,杆长约 450 mm,带螺旋叶。

(7)煮沸设备:电沙浴或电热板(附冷凝管装置)。

(8)温度计:刻度 0～50℃、最小分度值 0.5℃。

(9)其他:秒表、容积 500 mL 的锥形烧瓶、研钵、电导率仪等。

本试验需用试剂如下:

(1)分散剂:4%六偏磷酸钠溶液,在 100 mL 水中溶解 4 g 六偏磷酸钠。

(2)易溶盐检验试剂:5%酸性硝酸银溶液,在 100 mL 的 10%硝酸(HNO_3)溶液中溶解 5 g 硝酸银($AgNO_3$)。

(3)易溶盐检验试剂:5%酸性氯化钡溶液,在 100 mL 的 10%盐酸(HCl)溶液中溶解 5 g 氯化钡($BaCl_2$)。

4.4.3 操作步骤

(1)称取具有代表性的风干试样 200～300 g,过 2 mm 筛,并求出留在筛上试样占试样总质量的百分比。

(2)测定通过 2 mm 筛试样的风干含水率。

(3)称取干土质量为 30 g 的风干试样,试样质量可按式(7-14)、式(7-15)计算:

当易溶盐含量小于 1%时:

$$m_0 = 30 \times (1 + 0.01\omega_0) \tag{7-14}$$

当易溶盐含量大于、等于 1%时:

$$m_0 = \frac{30 \times (1 + 0.01\omega_0)}{1 - 0.01W} \tag{7-15}$$

式中,m_0 为风干土质量,g;ω_0 为风干土含水率,%;W 为易溶盐含量,%。

(4)当试样中易溶盐含量大于 0.5%时,说明试样中含有足以使悬液中土粒成团下降的易溶盐,应进行洗盐。易溶盐含量的检验方法可采用电导法或目测法。

电导法:按电导率仪使用方法测定试样溶液(土水比为 1∶5)的电导率,按式(7-16)计算出 20℃时的电导率:

$$K_{20} = \frac{K_T}{1 + 0.02(T - 20)} \tag{7-16}$$

式中,K_{20} 为 20℃时悬液的电导率,μS/cm;K_T 为 T℃时悬液的电导率,μS/cm;T 为悬液的温度,℃;当 K_{20} 大于 1 000 μS/cm 时应洗盐。

目测法:取风干试样 5 g,放入烧杯中,加 4～6 mL 纯水调成糊状,并用带橡皮头的玻璃棒研散,再加 25 mL 纯水,然后煮沸 10 min 冷却后经漏斗注入 30 mL 的试管中,静置过夜。若试管中悬液出现凝聚现象，应进行洗盐。

洗盐方法：按操作步骤 3 的要求，计算并称取干土质量为 30 g 的风干试样质量，准确至 0.01 g，倒入 500 mL 的锥形瓶中，加纯水 200 mL，搅拌后迅速倒入贴有滤纸的漏斗中，并注入纯水冲洗过滤。若发现滤液混浊，则必须重新过滤，直到滤液的电导率小于 1 000 μS/cm 或对于 5%酸性硝酸银溶液和 5%酸性氯化钡溶液无白色沉淀反应为止。

(5)将风干或洗盐后的试样，倒入 500 mL 锥形瓶，注入 200 mL 纯水，然后浸泡过夜。

(6)将锥形瓶置于煮沸设备上煮沸，煮沸时间为 40 min 至 1 h。

(7)将冷却后的悬液倒入烧杯中，静置 1 min 并将上部悬液通过 0.075 mm 筛，遗留杯底沉淀物用带橡皮头的碾杆碾散，再加适量水搅拌，静置 1 min，再将上部悬液通过 0.075 mm 筛。如此重复进行，直至静置 1 min 后，上部悬液澄清为止，但是须注意的是，最后所得悬液不得超过 1 000 mL。

(8)将筛上和杯中沙粒合并洗入蒸发皿中，倒去清水，烘干，称量，然后进行筛孔径分别为 2 mm，1 mm，0.5 mm，0.25 mm 和 0.1 mm 的细筛分析，并计算大于 0.075 mm 的各级颗粒占试样总质量的百分比。

(9)将已通过 0.075 mm 筛的悬液倒入量筒内，加入 10 mL 的 4%六偏磷酸钠分散剂，再注入纯水至 1 000 mL。

(10)用搅拌器在量筒内，沿悬液深度上下搅拌 1 min，往复约 30 次，使悬液内土粒均匀分布，但在搅拌时注意不能使悬液溅出筒外。

(11)取出搅拌器，将密度计放入悬液中的同时，立即开动秒表，测记 0.5 min，1 min，2 min，5 min，15 min，30 min，60 min，120 min 和 1 440 min 时的密度计读数。每次读数前 10～20 s，均应将密度计放入悬液中，且保持密度计浮泡处在量筒中心，不得贴近量筒内壁。

(12)每次读数后，应取出密度计放入盛有纯水的量筒中，并测定相应的悬液温度，准确至 0.5℃，放入或取出密度计时，应小心轻放，不得扰动悬液。

(13)密度计读数均以弯液面上缘为准。甲种密度计应准确至 0.5，乙种密度计应准确至 0.000 2。

4.4.4 数据整理

当试样中既有小于 0.075 mm 的颗粒，又有大于 0.075 mm 的颗粒，需进行密度计法和筛析法联合测定，应考虑到小于 0.075 mm 的试样质量占试样总质量的百分比，分别绘制密度计法和筛析法所得的颗粒大小分布曲线，将两段曲线连成一条平滑的曲线。

试验采用斯托克斯公式来求土粒在静水中的沉降速度，求出相应的土粒直径，如式(7-17)、式(7-18)：

$$K=\sqrt{\frac{1\ 800\times10^4\eta}{(G_s-G_{wT})\rho_{wT}g}} \tag{7-17}$$

$$d=K\sqrt{\frac{L}{t}} \tag{7-18}$$

式中，d 为试样颗粒粒径，mm；K 为粒径计算系数（查《土工试验规程》SL237—1999）；η 为水的动力黏滞系数，kPa·s×10^{-6}；G_{wT} 为 T℃时水的比重；ρ_{wT} 为 4℃时纯水的密度，g/cm^3；L 为某一时间内土颗粒沉降距离（查各仪器说明书），cm；t 为沉降时间，s；g 为重力加速度，cm/s^2。

对于甲种比重计，小于某粒径的试样质量占试样总质量的百分比按式(7-19)计算，进行试验时，受实验室多种因素的影响，若悬液温度不是 20℃，必须将初始读数经温度校正。此外还需进行弯液面校正、分散剂校正。

$$X=\frac{100}{m_d}C_G(R+m_T+n+C_D) \tag{7-19}$$

式中，X 为小于某粒径的试样质量百分比，%；m_d 为试样干质量，g；C_G 为土颗粒比重校正值（查表 7-5）；m_T 为悬液温度校正值（查表 7-6）；n 为弯液面校正值（使用符合国际标准的密度计时，无须进行弯液面校正）；C_D 为分散剂校正值（由试验得出）；R 为甲种比重计读数。

表 7-5　土粒比重校正表

土粒比重	校正值 C_G	土粒比重	校正值 C_G	土粒比重	校正值 C_G	土粒比重	校正值 C_G
2.50	1.038	2.60	1.012	2.70	0.989	2.80	0.969
2.52	1.032	2.62	1.007	2.72	0.985	2.82	0.965
2.54	1.027	2.64	1.002	2.74	0.981	2.84	0.961
2.56	1.022	2.66	0.998	2.76	0.977	2.86	0.958
2.58	1.017	2.68	0.993	2.78	0.973	2.88	0.954

表 7-6　悬液温度校正表

温度/℃	校正值(m_T)	温度/℃	校正值(m_T)	温度/℃	校正值(m_T)	温度/℃	校正值(m_T)
10.0	−2.0	15.5	−1.1	21.5	+0.5	27.0	+2.5
10.5	−1.9	16.0	−1.0	22.0	+0.6	27.5	+2.6
11.0	−1.9	16.5	−0.9	22.5	+0.8	28.0	+2.9
11.5	−1.8	17.0	−0.8	23.0	+0.9	28.5	+3.1
12.0	−1.8	17.5	−0.7	23.5	+1.1	29.0	+3.3
12.5	−1.7	18.0	−0.5	24.0	+1.3	29.5	+3.5
13.0	−1.6	18.5	−0.4	24.5	+1.5	30.0	+3.7
13.5	−1.5	19.0	−0.3	25.0	+1.7		
14.0	−1.4	19.5	−0.1	25.5	+1.9		
14.5	−1.3	20.0	0.0	26.0	+2.1		
15.0	−1.2	21.0	+0.3	26.5	+2.2		

4.4.5　注意事项

(1)将称好的试样放入锥形瓶时不要使土粒散落，煮沸冷却后的悬液倒入量筒时要分次加入纯水，将锥形瓶内土颗粒洗净倒入量筒，不得使土样流失，不宜使量筒内水位超过 900 mL，加入 10 mL 分散剂后再标定至 1 000 mL。

(2)搅拌悬液时，搅拌器沿悬液上下搅拌，不得使悬液溅出筒外。

(3)密度计应轻拿轻放，不要使密度计靠近筒壁，减少对悬液的扰动，不得横持密度计，防止密度计细玻璃管折断损坏。

(4)每次读数完成后，将密度计放入盛有纯水的量筒中备用，试验完毕后，将密度计小心擦净放好，以防损坏。

4.4.6　试验记录

密度计法试验记录

工程名称：________________　　试验者：________________

工程编号：________________　　计算者：________________

试验日期：________________　　校核者：________________

小于 0.075 mm 颗粒土重百分数：________ %　　干土总质量：＿＿30＿＿ g

密度计号：________________　　土粒比重：________________

量筒号：________________　　比重校正值：________________

烧瓶号：________________　　弯液面校正值：________________

含盐量：________________ %　　试样处理说明：________________

试验时间	下沉时间 t/min	悬液温度 T/℃	密度计读数					土粒有效沉降距离 L/cm	粒径 d/mm	小于某粒径的土质量百分数 /%	小于某粒径的总土质量百分数 /%
			密度计读数 R	温度校正值 m	分散剂校正值 C_D	$R_M=R+m+n-C_D$	$R_H=R_M\times C_s$				

4.4.7 讨论

(1)将烘干土样装入锥形瓶后为什么要进行一段时间的煮沸?

(2)颗粒分析(密度计法)试验的适用范围是什么?

(3)整理试验数据时,密度计读数的校正包括哪些?是如何校正的?

5 界限含水率试验

5.1 基本概念

黏性土的状态随着含水率的变化而变化,当含水率不同时,黏性土可分别处于固态、半固态、可塑状态及流动状态,黏性土从一种状态变到另一种状态的分界含水率称为界限含水率。土体从可塑状态转到流动状态的界限含水率称为液限 W_L;土体从半固体状态转到可塑状态的界限含水率称为塑限 W_P;土体由半固体状态不断蒸发水分,则体积逐渐缩小,直到体积不再缩小时的界限含水率称为缩限 W_s。

土的塑性指数 I_p 是指液限与塑限的差值(去掉百分号),由于塑性指数在一定程度上综合反映了影响黏性土特征的各种重要因素,因此,黏性土常按塑性指数进行分类。土的液性指数 I_L 是指黏性土的天然含水率和塑限的差值与塑性指数之比,液性指数可被用来表示黏性土所处的软硬状态,所以土的界限含水率是计算塑性指数和液性指数不可缺少的指标。

5.2 目的和适用范围

界限含水率试验的目的是测定细粒土的液限、塑限和缩限,划分细粒土的类别,计算塑性指数、液性指数,供设计施工使用。界限含水率试验适用于土颗粒粒径小于0.5 mm,且有机质含量不超过5%的土,宜采用天然含水率的试样,也可采用风干试样;当试样中含有粒径大于0.5 mm的土粒或杂质时,应先过0.5 mm的筛。界限含水率试验一般采用液塑限联合测定法,此外也可以采用液限仪测定液限,配套采用搓条法测定塑限。

5.3 液限试验

5.3.1 试验原理

液限是区分黏性土可塑状态和流动状态的界限含水率,测定土的液限主要有圆锥仪法、碟式仪法等试验方法,也可采用液塑限联合测定法测定土的液限。圆锥仪液限试验就是将质量为76 g的圆锥仪轻放在试样的表面,使其在自重作用下沉入土中,若圆锥体经过5 s恰好沉入土中17 mm深度,此时试样的含水率就是液限。

5.3.2 仪器设备

(1)圆锥液限仪主要有三个部分:①质量为76 g且带有平衡装置的圆锥,锥角30°,高

25 mm，距锥尖 10 mm 处有环状刻度（图 7-13）；②用金属材料或有机玻璃制成的试样杯，直径不小于 40 mm，高度不小于 20 mm；③硬木或金属制成的平稳底座。

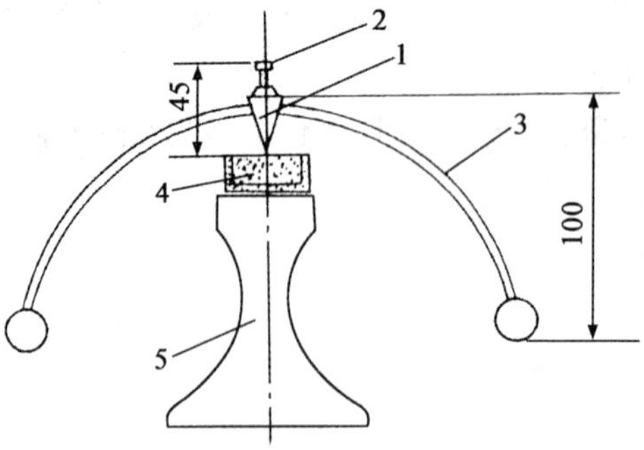

图 7-13　锥式液限仪（单位：mm）

1. 锥身　2. 手柄　3. 平衡装置　4. 试杯　5. 底座

（2）称量 200 g、最小分度值 0.01 g 的天平。

（3）烘箱、干燥器。

（4）铝制称量盒、调土刀、小刀、毛玻璃板、滴管、吹风机、孔径为 0.5 mm 的标准筛、研钵等设备。

5.3.3　操作步骤

（1）选取具有代表性的天然含水率土样或风干土样，若土中含有较多大于 0.5 mm 的颗粒或夹有多量的杂物时，应将土样风干后用带橡皮头的研材研碎或用木棒在橡皮板上压碎，然后再过 0.5 mm 的筛。

（2）当采用天然含水率土样时，取代表性土样 250 g，将试样放在橡皮板或毛玻璃板上搅拌均匀；当采用风干土样时，取过 0.5 mm 筛的代表性土样 200 g，将试样放在橡皮板上用纯水将土样调成均匀膏状，然后放入调土皿中，盖上湿布，浸润过夜。

（3）将土样用调土刀充分调拌均匀后，分层装入试样杯中，并注意土中不能留有空隙，装满试杯后刮去余土使土样与杯口齐平，并将试样杯放在底座上。

（4）将圆锥仪擦拭干净，并在锥尖上抹一薄层凡士林，两指捏住圆锥仪手柄，保持锥体垂直。当圆锥仪锥尖与试样表面正好接触时，轻轻松手让锥体自由沉入土中。

（5）放锥后约经 5 s，锥体入土深度恰好为 17 mm 的圆锥环状刻度线处，此时土的含水率即为液限。

（6）若锥体入土深度超过或小于 17 mm 时，表示试样的含水率高于或低于液限，应该用小刀挖去沾有凡士林的土，然后将试样全部取出，放在橡皮板或毛玻璃板上，根据试样的干、湿情况，适当加纯水或边调拌边风干重新拌和，然后重复（3）至（5）试验步骤。

（7）取出锥体，用小刀挖去沾有凡士林的土，然后取锥孔附近土样 10～15 g，放入称量盒内，测定其含水率。

5.3.4　数据整理

按公式(7-20)计算土的液限。

$$W_L=\frac{(w_0+w)-(w_0+w_s)}{(w_0+w_s)-w_0}\times 100\% \tag{7-20}$$

式中，W_L 为土的液限，%；w_0 为铝盒质量，g；w 为湿土质量，g；w_s 为干土质量，g。

5.3.5　注意事项

(1)在制备好的试样中加水时，不能一次加得太多，特别初次宜少；

(2)试验前校核液限仪的平衡性能，中心轴是否竖直，放锥时要稳，使锥自由下落。

5.3.6　试验记录

液限试验记录

工程名称：________　　试验者：________

工程编号：________　　计算者：________

试验日期：________　　校核者：________

试验日期	土样编号	盒号	盒质量/g	盒+湿土质量/g	盒+干土质量/g	水质量/g	干土质量/g	含水率/%	液限(W_L)

5.3.7　讨论

(1)什么是土的液限含水率？其物理意义是什么？

(2)土木工程中液限试验标准与其他工程领域有何区别？

5.4　塑限试验

5.4.1　试验原理

测定土的塑限试验方法主要是搓滚法，就是用手掌在毛玻璃上轻轻搓滚土条，水分会不断散失，土条含水率也在不断发生变化。当土条直径刚好达到 3 mm 时表面产生微裂缝和断裂，此时土条的含水率即为塑限。

5.4.2　仪器设备

(1)毛玻璃板：约 20 cm×30 cm。

(2)缝隙 3 mm 的模板或直径 3 mm 的金属丝，或卡尺。

(3)天平：称量 200 g，感量 0.01 g。

(4)其他：烘箱，干燥缸，称量盒，土壤筛(孔径 0.5 mm)等。

5.4.3 操作步骤

(1)按做液限试验制备土样方法制备土样(约 100 g)。

(2)为使试验土样的含水量接近塑限，可将土样放在手中捏揉至不黏，或用吹风机稍吹干些，然后将土样捏扁，如出现裂缝，表示土样含水量接近塑限。

(3)取接近塑限的土样一小块，先用手搓成椭圆形，然后再用手掌在毛玻璃上轻轻地搓滚，搓滚时手掌要均匀施加压力于土条上，不得使土条在毛玻璃上无力滚动。土条宽度不宜超过手掌宽度。在滚动时，不应从手掌下任一边脱出，土条在任何情况下，不得产生中空现象。

(4)若土条搓至直径 3 mm 时，仍未产生裂缝及断裂，表示这时含水量高于塑限，应将其捏成一团，按上述步骤继续搓滚。直至土条直径达 3 mm 时，产生裂缝并开始断裂为止。如果土条直径大于 3 mm 时即断裂，表示土样含水量小于塑限，应弃去，重新取土试验。

(5)取合格的断裂土条放入称量盒中，随即盖紧盒盖，待收集 3～5 g 后(至少 10 条以上)称量，测定其含水量，即得该土的塑限。

5.4.4 数据整理

按公式(7-21)计算土的塑限。

$$W_p=\frac{(w_0+w)-(w_0+w_s)}{(w_0+w_s)-w_0}\times 100\% \tag{7-21}$$

式中，W_p 为土的塑限，%；w_0 为铝盒质量，g；w 为湿土质量，g；w_s 为干土质量，g。

5.4.5 注意事项

(1)土样制备时要过 0.5 mm 土壤筛，加少量水充分浸润 24 h。

(2)土条搓滚过程中，用力要均匀，避免出现中空或粗细不均匀现象。

5.4.6 试验记录

塑限试验记录

工程名称：________________　　　　试验者：________________

工程编号：________________　　　　计算者：________________

试验日期：________________　　　　校核者：________________

试验日期	土样编号	盒号	盒质量/g	盒+湿土质量/g	盒+干土质量/g	水质量/g	干土质量/g	含水率/%	塑限(W_p)

5.4.7　讨论

(1)搓条法试验为什么要采用毛玻璃片？

(2)什么是土的塑限含水率，其物理意义是什么？

5.5　液、塑限联合测定试验

5.5.1　试验原理

液、塑限联合测定法是根据圆锥仪的圆锥入土深度与其相应的含水率在双对数坐标上具有线性关系的特性来进行的。利用圆锥质量为 76 g 的液、塑限联合测定仪测得土在不同含水率时的圆锥入土深度，并绘制其关系直线图，在图上查得圆锥下沉深度为 17 mm 所对应的含水率即为液限，查得圆锥下沉深度为 2 mm 所对应的含水率即为塑限。

5.5.2　仪器设备

(1)液、塑限联合测定仪，包括带标尺的圆锥仪、电磁铁、显示屏、控制开关、试样杯和升降座，见图 7-14。圆锥质量为 76 g，锥角为 30°；试样杯内径为 40～50 mm，高度为 30～40 mm。

(2)称量 200 g、最小分度值 0.01 g 的天平。

(3)烘箱、干燥器。

(4)铝制称量盒、调土刀、孔径为 0.5 mm 的筛、研钵、凡士林等。

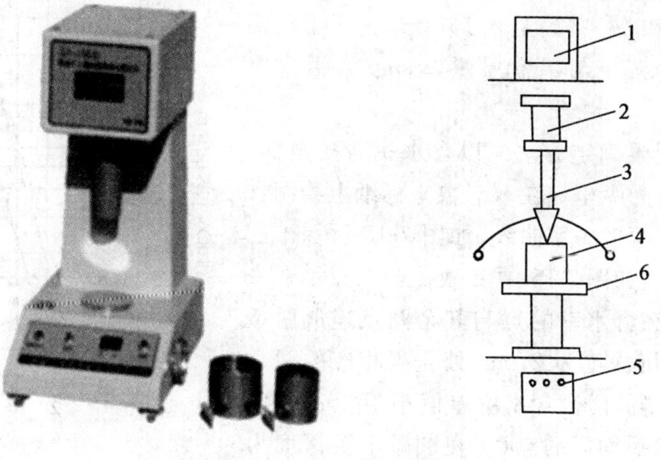

图 7-14　液、塑限联合测定仪

1.显示屏　2.电磁铁　3.圆锥仪　4.试样杯　5.控制开关　6.升降座

5.5.3　操作步骤

(1)原则上采用天然含水率土样，但也可采用风干土样，当试样中含有粒径大于 0.5 mm 的土粒和杂物时，应过 0.5 mm 筛。

(2)当采用天然含水率土样时，取代表性试样 250 g；采用风干土样时，取过 0.5 mm

筛的代表性试样 200 g，将试样放在橡皮板上用纯水调制成均匀膏状，放入调土皿，盖上湿布，浸润过夜。

(3)将制备好的试样用调土刀充分调拌均匀后，分层装入试样杯中，并注意土中不能留有空隙，装满试杯后刮去余土使土样与杯口齐平，并将试样杯放在联合测定仪的升降座上。

(4)将圆锥仪擦拭干净，并在锥尖上抹一薄层凡士林，然后接通电源，使电磁铁吸住圆锥。

(5)调节零点，使屏幕上的标尺调在零位，然后转动升降旋钮，试样杯则徐徐上升，当锥尖刚好接触试样表面时，指示灯亮，立即停止转动旋钮。

(6)按动控制开关，圆锥则在自重下沉入试样，经 5 s 后，测读显示在屏幕上的圆锥下沉深度，然后取出试样杯，挖去锥尖入土处的凡士林，取锥体附近的试样不少于 10 g，放入称量盒内，测定含水率。

(7)将试样从试样杯中全部挖出，再加水或吹干并调匀，重复以上试验步骤分别测定试样在不同含水率下的圆锥下沉深度。液、塑限联合测定至少在三点以上，其圆锥入土深度宜分别控制在 3～5 mm，7～9 mm 和 15～17 mm。

5.5.4　数据整理

(1)按式(7-22)计算土的含水率

$$\omega = \frac{m_2 - m_1}{m_1 - m_0} \times 100\% \qquad (7\text{-}22)$$

式中，ω 为含水率，%，精确至 0.1%；m_1 为干土与铝盒质量，g；m_2 为湿土与铝盒质量，g；m_0 为铝盒质量，g。

(2)液限、塑限确定方法。以含水率为横坐标、以圆锥入土深度为纵坐标在双对数坐标纸上绘制含水率与圆锥入土深度关系曲线，如图 7-15 所示。三点应在一直线上，如图 7-15 中 A 线。当三点不在一直线上时，通过高含水率的点与其余两点连成两条直线，在圆锥下沉深度为 2 mm 处查得相应的两个含水率，当所查得的两个含水率差值小于 2%时，应以该两个含水率平均值的点(仍在圆锥下沉深度为 2 mm 处)与高含水率的点再连一直线，如图 7-15 中 B 线。若两个含水率的差值大于、等于 2%时，则应重做试验。

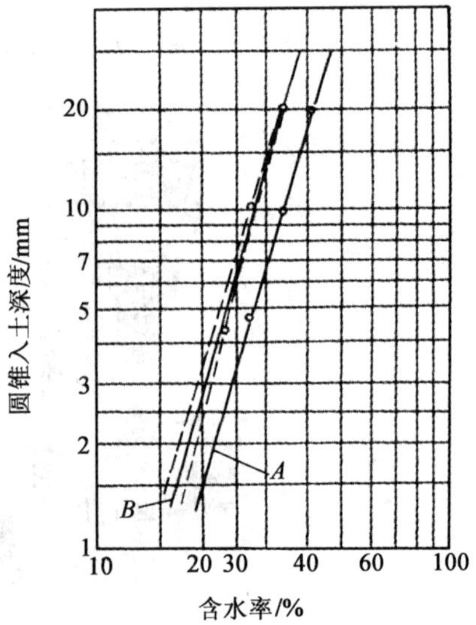

图 7-15　圆锥下沉深度与含水率关系曲线

在含水率与圆锥下沉深度的关系图上查得圆锥下沉深度为 17 mm 所对应的含水率为 17 mm 液限；查得圆锥下沉深度为 10 mm 所对应的含水率为 10 mm 液限；查得圆锥下沉深度为 2 mm 所对应的含水率为塑限，取值以百分数表示，准确至0.1%。

(3)按式(7-23)计算塑性指数

$$I_P=(W_L-W_P)\times 100\% \tag{7-23}$$

式中，I_P 为土的塑性指数；W_L 为土的液限，%；W_P 为土的塑限，%。

(4)按式(7-24)计算液性指数

$$I_L=\frac{\omega-W_P}{W_L-W_P}=\frac{\omega-W_P}{I_P} \tag{7-24}$$

式中，I_L 为土的液性指数；ω 为土的天然含水率，%；W_L 为土的液限，%；W_P 为土的塑限，%。

5.5.5 注意事项

(1)试验中，锥连杆下落后需要重新提起时，只需将测杆轻轻上推到位，便可自动锁住。

(2)土样加水后搅拌要均匀，装入试样杯时一定要压密实。

(3)该试验需做平行试验。

5.5.6 试验记录

液、塑限联合测定法试验记录表

工程名称：__________ 试验者：__________

工程编号：__________ 计算者：__________

试验日期：__________ 校核者：__________

试样编号	圆锥下沉深度/mm	盒号	盒加湿土质量/g	盒加干土质量/g	盒质量/g	水质量/g	干土质量/g	含水率/%	液限/%	塑限/%	塑性指数	液性指数
			(1)	(2)	(3)	(4)	(5)	(6)	(7)	(8)	(9)	(10)
						(1)−(2)	(2)−(3)	(4)/(5)×100			(7)−(8)	

5.5.7 讨论

(1)液、塑限联合测定法试验与其他方法相比有何区别？

(2)若试验时发现试验的三点不共线时该怎么处理？

(3)若某土样的天然含水率为15%，试判定该土的天然状态。

6 击实试验

6.1 基本概念

在土木工程建设中，经常会遇到一些填方（指用土料填筑而成的土体）工程，土作为一种相对经济的天然建筑材料经常会被用于填方工程中，如水库大坝、填方渠道、堤防工程等。填方工程施工过程一般包括挖土、运土、摊铺、碾压几个过程，经过碾压后土的物理、力学性质均可以得到改善。

土料的压实程度与含水率、压实功能和压实方法有着密切的关系，当压实功能和压实方法不变时，土料的干密度先是随着含水率的增加而增加，但当干密度达到某一最大值后，含水率的增加反而使干密度减小。能使土达到最大密度的含水率，称为最优含水率 ω_{op}（或称最佳含水率），其相应的干密度称为最大干密度 ρ_{dmax}。

6.2 目的和适用范围

击实试验就是在室内模拟施工现场的碾压过程，采用锤击方法使原先松散的土体密度增大、强度提高、沉降变小的一种试验方法。通过击实理论学习可知土在一定的击实功作用下，含水率不同，所得的密度也不相同。击实试验的目的就是测定土料在规定的击实次数下含水率与干密度之间的关系，从而确定该土料的最大干密度和最优含水率，进而为填方工程的施工提供设计依据和质量控制标准。

击实试验按土料不同可分轻型击实试验和重型击实试验两种方法。轻型击实试验适用于土料最大粒径小于 5 mm 的黏性土，其单位体积击实功约为 592.2 kJ/m^3；重型击实试验适用于土料最大粒径不大于 20 mm 的土，其单位体积击实功约为 2 684.9 kJ/m^3。

6.3 试验原理

土的压实特性与土的组成结构、土粒的表面现象、毛细管压力、孔隙水和孔隙气压力等均有关系，所以因素是复杂的。压实作用使土变形和结构调整并密实，松散土的含水率偏干时，由于粒间引力使土保持比较疏松的凝聚结构。土中孔隙大都相互连通，水少而气多，在一定压实功能作用下，虽然土孔隙中气体易被排出，密度可以增大，但由于较薄的强结合水水膜润滑作用不明显，以及外部功能不足以克服粒间引力，土粒相对移动不显著，所以压实效果就比较差。当含水率逐渐加大时，水膜变厚、土体变软，土颗粒间引力减弱，外部压实功使土粒移动较容易，加上水膜的润滑作用，压实效果渐佳，在最佳含水率附近时，土体中所含的水量最有利于土颗粒受击时发生相对移动，以致能达到最大干密度。当含水率再增加到偏湿状态时，孔隙中出现了自由水，击实时不可能使土中多余的水和气体排出，而孔隙压力升高却更为显著，抵消了部分击实功，击实功效反而下降，在排水不畅的情况下，经过多次的反复击实，甚至会导致土体密度不加大而土体结构被破坏的结果，出现工程上所谓的“橡皮土”现象。

6.4 仪器设备

(1)击实仪,有轻型击实仪和重型击实仪两类,如图 7-16、图 7-17 所示,击实筒、击锤和导筒等主要部件的尺寸应符合表 7-7 的规定。

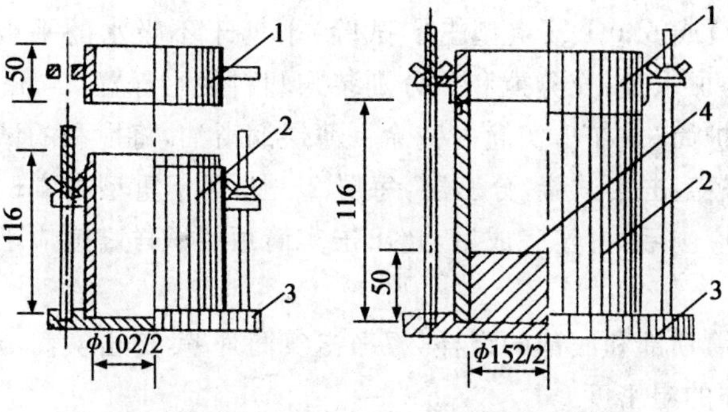

(a) 轻型击实筒　　(b) 重型击实筒

图 7-16　击实筒(单位:mm)

1.套筒　2.击实筒　3.底板　4.垫块

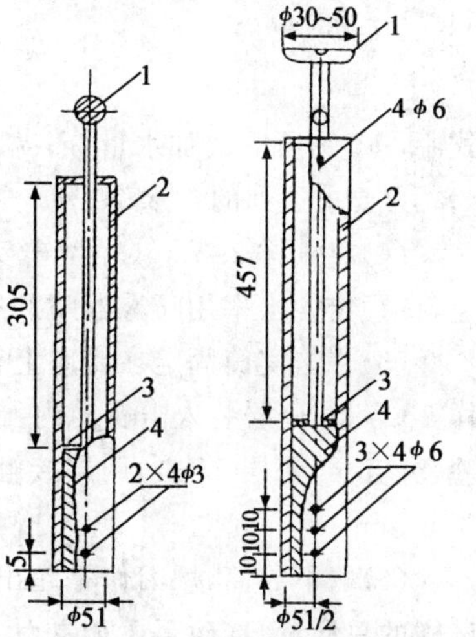

(a)2.5 kg 击锤　　(b)4.5 kg 击锤

图 7-17　击锤及导筒(单位:mm)

1.提手　2.导筒　3.硬橡皮垫　4.击锤

(2)称量 200 g 的天平,感量 0.01 g。

(3)称量 10 kg 的台秤,感量 1 g。

(4)孔径为 20 mm、40 mm 和 5 mm 的标准筛。

(5)试样推土器。

(6)其他,如喷雾器、盛土容器、修土刀及碎土设备等。

表 7-7　击实仪主要部件尺寸规格表

试验方法	锤底直径/mm	锤质量/kg	落高/mm	击实筒			护筒高度/mm
				内径/mm	筒高/mm	容积/cm^3	
轻型	51	2.5	305	102	116	947.4	50
重型	51	4.5	457	152	116	2 103.9	50

6.5 操作步骤

(1)取一定量的代表性风干土样,对于轻型击实试验为 20 kg,对于重型击实试验为 50 kg。

(2)将风干土样碾碎后过 5 mm 的筛(轻型击实试验)或过 20 mm 的筛(重型击实试验),将筛下的土样拌匀,并测定土样的风干含水率。

(3)根据土的塑限预估最优含水率，加水湿润制备不少于五个含水率的试样，含水率依次相差为 2%～3%，且其中有两个含水率应大于塑限，两个含水率小于塑限，一个含水率接近塑限。

按式(7-25)计算制备试样所需的加水量：

$$m_w = \frac{m_0}{1+0.01\omega_0} \times 0.01(\omega - \omega_0) \tag{7-25}$$

式中，m_w 为所需的加水量，g；ω_0 为风干含水率，%；m_0 为风干含水率 ω_0 时土样的质量，g；ω 为要求达到的含水率，%。

(4)将试样 2.5 kg(轻型击实试验)或 5.0 kg(重型击实试验)平铺于不吸水的平板上，按预定含水率用喷雾器喷洒所需的加水量，充分搅和并分别装入塑料袋中静置 24 h。

(5)将击实筒固定在底座上，装好护筒，并在击实筒内壁涂一薄层润滑油，将搅和的试样 2～5 kg 分层装入击实筒内。对于轻型击实试验，分三层，每层 25 击；对于重型击实试验，分五层，每层 56 击，两层接触土面应刨毛，击实完成后，超出击实筒顶的试样高度应小于 6 mm。

(6)取下导筒，用刀修平超出击实筒顶部和底部的试样，擦净击实筒外壁，称击实筒与试样的总质量，准确至 1 g，并计算试样的湿密度。

(7)用推土器将试样从击实筒中推出，从试样中心处取两份一定量土料(轻型击实试验 15～30 g，重型击实试验 50～100 g)，测定土的含水率，两份土样的含水率差值应不大于 1%。

6.6 数据整理

(1)按式(7-26)计算干密度：

$$\rho_d = \frac{\rho}{1+0.01\omega} \tag{7-26}$$

式中，ρ_d 为干密度，g/cm^3，准确至 0.01 g/cm^3；ρ 为密度，g/cm^3；ω 为含水率，%。

(2)按式(7-27)计算饱和含水率：

$$\omega_{sat} = \left(\frac{1}{\rho_d} - \frac{1}{G_s}\right) \times 100\% \tag{7-27}$$

式中，ω_{sat} 为饱和含水率，%；其余符号同前。

(3)以干密度为纵坐标，含水率为横坐标，绘制干密度与含水率的关系曲线及饱和曲线，干密度与含水率的关系曲线(图 7-18)上峰点的坐标分别就为该土料的最大密度与最优含水率，如不能连成完整的曲线时，应进行补点试验。

(4)轻型击实试验中，当试样中粒径大于 5 mm 的土质量小于或等于试样总质量的 30%时，应对最大干密度和最优含水率进行校正。

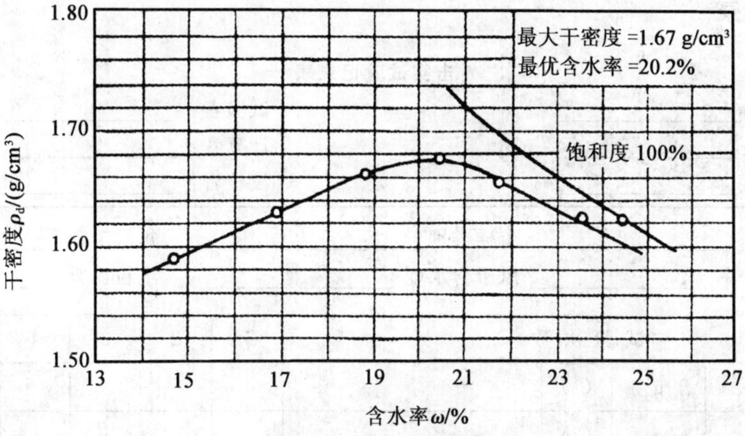

图 7-18　干密度与含水率关系曲线

①按式(7-28)计算校正后的最大干密度：

$$\rho'_{\mathrm{dmax}}=\frac{1}{\dfrac{1-P_5}{\rho_{\mathrm{dmax}}}+\dfrac{P_5}{\rho_{\mathrm{w}}G_{\mathrm{s2}}}} \tag{7-28}$$

式中，ρ'_{dmax}为校正后试样的最大干密度，g/cm^3；P_5 为粒径大于 5 mm 土粒的质量百分数，%；G_{s2}为粒径大于 5 mm 土粒的饱和面干比重，饱和面干比重是指当土粒呈饱和面干状态时的土粒总质量与相当于土粒总体积的纯水 4℃时质量的比值。

②按式(7-29)计算校正后的最优含水率

$$\omega'_{\mathrm{op}}=\omega_{\mathrm{op}}(1-P_5)+P_5\omega_{\mathrm{ab}} \tag{7-29}$$

式中，ω'_{op}为校正后试样的最优含水率，%；ω_{op}为击实试样的最优含水率，%；ω_{ab}为粒径大于 5 mm 土粒的吸着含水率，%；其余符号同前。

6.7　注意事项

(1)试样配水时，先由土的塑限预估最优含水率，按依次相差 2%的含水率配置一组(不少于 5 个)试样，其中应该有 2 个含水率大于塑限，2 个含水率小于塑限，1 个含水率接近塑限。

(2)制备试样时，必须使土样中含水率分布均匀，因此试样制备完成后一般浸润 12 h 以上。

(3)击实筒顶部和底部超出的试样必须完全修平，避免密度误差较大。

6.8 试验记录

击实试验记录表

工程名称：________　　　　试验者：________

工程编号：________　　　　计算者：________

试验日期：________　　　　校核者：________

试验仪器________　　土样类别________　　每层击数________

估计最优含水率________　　风干含水度 ________　　土粒比重________

试验次数					1	2	3	4	5	6
密度	筒加土重	g	(1)							
	筒质重	g	(2)							
	湿土重	g	(3)	(3) =(1)−(2)						
	筒体积	cm^3	(4)							
	湿密度	g/cm^3	(5)	(5) =(3/(4))						
	干密度	g/cm^3	(6)	(6) =(5)/(1+(13))						
含水率	盒号	/	(7)							
	盒加湿土重	g	(8)							
	盒加干土重	g	(9)							
	盒重	g	(10)							
	水重	g	(11)	(11) =(8)−(9)						
	干土重	g	(12)	(12) = (9)−(10)						
	含水率	%	(13)	(13) = (11)/(12)						

6.9 讨论

(1)什么是土的击实性？如何研究土的击实性？

(2)同一种土的最大干密度和最优含水率是否为常数？

(3)击实后土的性质发生了哪些变化？

(4)为什么可以用压实度和干密度作为细粒土填方工程的控制标准？

7 渗透试验

7.1 基本概念

土体是三相介质，由固体颗粒、水和气所组成，土孔隙中的自由水在重力作用下发生运动的现象，称为土的渗透性。在工程中常需要了解土的渗透性，例如基坑开挖排水时，需要了解土的渗透性，以配置合适的排水设备；在河滩上修筑渗水路堤时，需要考虑路堤填料的渗透性；在计算饱和黏性土上建筑物的沉降和时间的关系时，需要掌握土的渗透性。

7.2 目的和适用范围

渗透试验主要是测定土体的渗透系数，渗透系数是单位水力坡度下的渗透流速，常以cm/s作为单位。渗透试验可分为常水头渗透试验和变水头渗透试验两种方法，土的渗透系数变化范围很大，可从10^{-1} cm/s变化到10^{-8} cm/s，因此，土的渗透系数的测定应根据不同的土质情况，分别采用不同的试验方法。常水头渗透试验适用于粗粒土（沙质土）渗透系数的测定，而变水头渗透试验则适用于细粒土（粉土、黏土）渗透系数的测定。对于黏性土，渗透系数一般很小，在水头差不大的情况下，通过土样的渗流十分缓慢且历时很长，可采用增加渗透压力的加荷渗透法测定土的渗透系数，从而可以加快试验过程。

7.3 常水头渗透试验

7.3.1 试验原理

常水头渗透试验是在整个试验过程中，水头保持不变，试样厚度即为渗径长度L，土样面积即为渗透面积A，试验时控制水位差为h，通过测量某一时间段t内流经试样的水量V，根据达西渗透定律便可以计算出土的渗透系数，计算公式如式(7-30)所示。

$$k = \frac{VL}{Aht} \tag{7-30}$$

7.3.2 试验设备

(1)常水头渗透仪(70型渗透仪)，如图7-19所示。其中：封底圆筒的尺寸参数应符合规定，当使用其他尺寸的圆筒时，筒内径应大于试样最大粒径的10倍，玻璃测压管内径为0.6 cm，分度值为0.1 cm。

(2)天平：称量500 g，分度值1.0 g。

(3)温度计：分度值0.5℃。

(4)其他附属设备：木槌、秒表等。

7.3.3 操作步骤

(1)按图装好仪器，并检查各管路接头处是否漏水。将调节管与供水管连通，由仪器底部充水至水位略高于金属孔板，关止水夹。

(2)取具有代表性的风干试样3～4 kg，称量准确至1.0 g，并测定试样的风干含水率。将试样分层装入圆筒，每层厚2～3 cm，用木槌轻轻击实到一定厚度，以控制其孔隙比。如试样含黏粒较多，应在金属孔板上加铺厚约2 cm的粗沙过渡层，防止试验时细料流失，并量出过渡层厚度。

(3)每层试样装好后，连接供水管和调节管，并由调节管中进水，微开止水夹，使试样

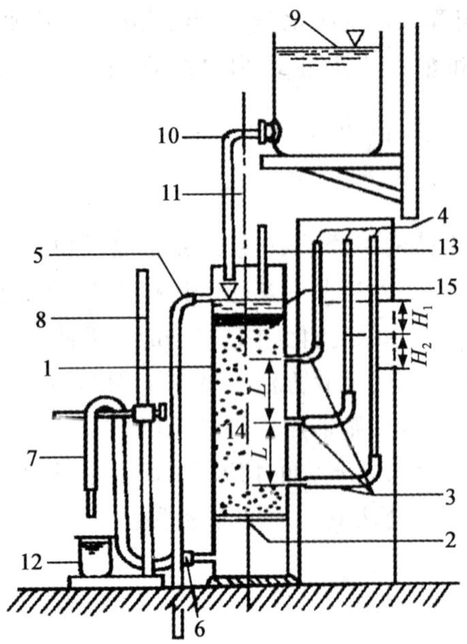

图 7-19　常水头渗透仪装置

1. 封底金属圆筒　2. 金属孔板　3. 测压孔　4. 玻璃测压管　5. 溢水孔　6. 渗水孔　7. 调节管　8. 滑动支架　9. 容量为 500 mL 的供水瓶　10. 供水管　11. 止水夹　12. 容量为 500 mL 的量筒　13. 温度计　14. 试样　15. 砾石层

逐渐饱和，当水面与试样顶面齐平，关止水夹。饱和时水流不应过急，以免冲动试样。

(4)依上述步骤逐层装试样，至试样高出上测压孔 3～4 cm 止。在试样上端铺厚约 2 cm 砾石作缓冲层。待最后一层试样饱和后，继续使水位缓缓上升至溢水孔。当有水溢出时，关止水夹。

(5)试样装好后测量试样顶部至仪器上口的剩余高度，计算试样净高。称剩余试样质量(准确至 1.0 kg)，计算装入试样的总质量。

(6)静置数分钟后，检查各测压管水位是否与溢水孔齐平。如不齐平，说明试样中或测压管接头处有集气阻隔，用吸水球进行吸水排气处理。提高调节管使其高于溢水孔，然后将调节管与供水管分开，并将供水管置于金属圆筒内，开止水夹，使水由上部注入金属圆筒内。降低调节管口，使其位于试样上部 1/3 处。造成水位差，水即渗过试样，经调节管流出。在渗透过程中应调节供水管夹，使供水管流量略多于溢出水量。溢水孔应始终有余水溢出，以保持常水位。测压管水位稳定后，记录测压管水位，计算各测压管间的水位差。

(7)开动秒表，同时用量筒接取经一定时间的渗透水量，并重复 1 次。接取渗透水量时，调节管口不可没入水中。测记进水与出水处的水温，取平均值。降低调节管管口至试样中部及下部 1/3 处，以改变水力坡降重复进行测定。

7.3.4　数据整理

试验以 20℃ 为标准温度，标准温度下渗透系数按式(7-31)计算：

$$k_{20} = k_T \frac{\eta_T}{\eta_{20}} \tag{7-31}$$

式中，k_{20}为标准温度下的渗透系数，cm/s；k_T为试验温度 T℃下的渗透系数，cm/s；η_{20}为标准温度 20℃时水的动力黏滞系数，kPa·s；η_T为试验温度 T℃时水的动力黏滞系数，kPa·s。

黏滞系数比 η_T/η_{20}可查表 7-8。

表 7-8　水的动力黏滞系数 η、黏滞系数比 η_T/η_{20}

温度/℃	动力黏滞系数 $\eta/(\times10^{-6}$ kPa·s)	$\frac{\eta_T}{\eta_{20}}$	温度/℃	动力黏滞系数 $\eta/(\times10^{-6}$ kPa·s)	$\frac{\eta_T}{\eta_{20}}$
5.0	1.516	1.501	15.5	1.130	1.119
5.5	1.493	1.478	16.0	1.115	1.104
6.0	1.470	1.455	16.5	1.101	1.090
6.5	1.449	1.435	17.0	1.088	1.077
7.0	1.428	1.414	17.5	1.074	1.066
7.5	1.407	1.393	18.0	1.061	1.050
8.0	1.387	1.373	18.5	1.048	1.038
8.5	1.367	1.353	19.0	1.035	1.025
9.0	1.347	1.334	19.5	1.022	1.012
9.5	1.328	1.315	20.0	1.010	1.000
10.0	1.310	1.297	20.5	0.998	0.988
10.5	1.292	1.279	21.0	0.986	0.976
11.0	1.274	1.261	21.5	0.974	0.964
11.5	1.256	1.243	22.0	0.963	0.953
12.0	1.239	1.227	22.5	0.952	0.943
12.5	1.223	1.211	23.0	0.941	0.932
13.0	1.206	1.194	24.0	0.919	0.910
13.5	1.190	1.178	25.0	0.899	0.890
14.0	1.175	1.163	26.0	0.879	0.870
14.5	1.160	1.148	27.0	0.859	0.850
15.0	1.144	1.133	28.0	0.841	0.833

7.3.5 试验记录

常水头渗透试验记录表(南70型渗透仪)

土样编号:__________　　试样高度 L=__________　　试验者:__________

仪器编号:__________　　试样面积 A= __________　　计算者:__________

试验日期:__________　　初始密度 =__________　　校核者:__________

试验次数	经过时间	测压管水位			水位差			水力坡降	渗透水量	渗透系数	平均水温	校正系数	水温20℃渗透系数	平均渗透系数
	t/s	Ⅰ管	Ⅱ管	Ⅲ管	H_1	H_2	平均 H	J	Q/cm^3	k_T/(cm/s)	℃	η_t/η_{20}	k_{20}/(cm/s)	k_{20}/(cm/s)

7.3.6 注意事项

(1)装样时,在试样和仪器边壁之间均匀涂抹一层胶泥膏,保证试验的准确性。

(2)在试样饱和的过程中,应由下向上逐渐饱和,避免在土样内部形成封闭气泡。

7.4 变水头渗透试验

7.4.1 试验原理

黏性土渗透系数很小,流经试样的水量很少,很难直接准确测量,应采用变水头法。在整个试验过程中,水头是随着时间而变化的,在进口端采用一根细玻璃管来测量渗透水量,玻璃管截面积为 a,通过测量 t_1 时刻玻璃管内的水位 h_1 和 t_2 时刻玻璃管内的水位 h_2,根据达西渗透定律便可以计算出土的渗透系数,计算公式如式(7-32)所示。

$$k_T = 2.3 \times \frac{aL}{A(t_2 - t_1)} \lg \frac{h_1}{h_2} \tag{7-32}$$

式中,k_T 为水温 T 时土的渗透系数,cm/s;a 为变水头管的断面积,cm^2;A 为试样的断面积,cm^2;L 为渗径,即试样的高度,cm;t_1 为测读水头的起始时间,s;t_2 为测读水头的终止时间,s;h_1 为测压管中开始时的水头,cm;h_2 为测压管中终止时的水头,cm;2.3 为 ln 和 lg 的变换因数。

7.4.2 仪器设备

(1)变水头渗透实验装置(南 55 型),如图 7-20,图 7-21 所示。

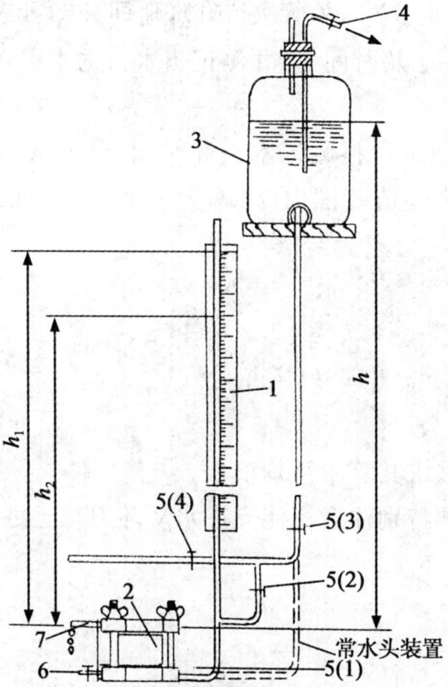

图 7-20 变水头渗透试验装置(南 55 型)

1.变水头关 2.渗透容器 3.供水瓶 (500 mL) 4.接水源 5.止水夹 6.排气管 7.出水管

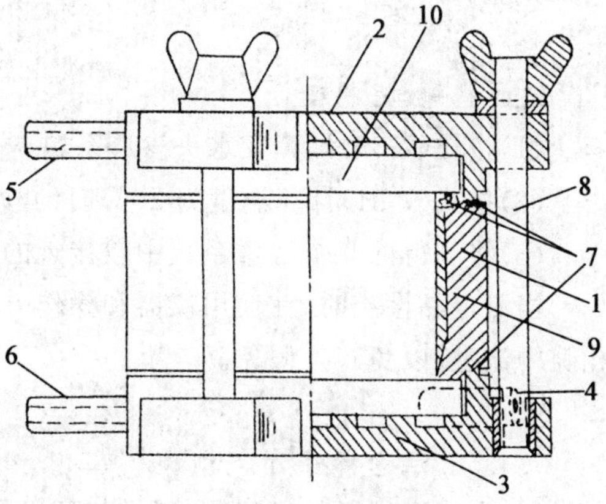

图 7-21 渗透容器图

1.套筒 2.上盖 3.下盖 4.进水管 5.出水管 6.排水管 7.橡皮圈 8.螺栓 9.环刀 10.透水石

(2)渗透容器,由环刀、透水石、套环、上盖和下盖组成,环刀内径61.8 mm,高40 mm,透水石的渗透系数应大于 10^{-3} cm/s。

(3)变水头装置,由变水头管、供水瓶、进水管等组成,变水头管的内径应均匀,管径不大于 1 cm,管外壁有最小分度为 1.0 mm 的刻度,长度为 2 m 左右。

(4)容量 100 mL、分度值 1 mL 的量筒。

(5)其他,如修土刀、秒表、温度计、薄铁片、橡皮垫圈等。

7.4.3 操作步骤

(1)将环刀垂直切入土样,平整土样两面,整平时不得用刀往复涂抹,以免闭塞空隙。

(2)将装有试样的环刀装入渗透容器,用螺母旋紧,要求密封至不漏水不漏气。对不易透水的试样,需进行加气饱和;对饱和试样和较易透水的试样,可直接用变水头装置的水头进行试样饱和。

(3)将位于渗透容器下盖的进水口与变水头装置中的进水管连接,开管夹 5(1),使供水瓶与变水头管相通。

(4)开进水管及排气管夹，使水流入渗透仪，当排气管流出的水不带气泡时，关排气管管夹，使水由下而上地饱和试样。

(5)开位于渗透容器上盖的出水管管夹，当出水管有水流出时，即认为试样已达饱和。

(6)当变水头管的水头距试样面有一定高度时，立即关管夹5(1)，随即开动秒表，记录水头 h_1 及时间 t_1，经过时间 t 后，再测记水头 h_2 及时间 t_2，并测记出水口的水温，如此再经过相等的时间，重复测记一次。

(7)将变水头管中的水位变换高度，待水位稳定后再测记水头和时间，重复试验5～6次。当不同开始水头下测定的渗透系数在允许差值范围内时(不大于 2×10^{-n} cm/s)，结束试验。

7.4.4 数据整理

(1)按式(7-32)计算变水头渗透系数。

(2)按式(7-31)计算温度为20℃时的渗透系数。

(3)将测得的几个渗透系数中较接近的几个，求其算术平均值。

当测定黏性土时，在使用仪器和操作方面，须特别注意不能允许水从环刀与土之间的孔隙中流过，以免产生假象。

7.4.5 注意事项

(1)在切取试样的过程中，试样与环刀要紧密接触，避免形成渗漏通道。

(2)试样在饱和之前，先打开仪器排气孔排气，避免试样内部形成封闭气体。

7.4.6 试验记录

变水头渗透试验记录表(南55型渗透仪)

土样编号：________　　试样高度 L=________　　试验者：________

仪器编号：________　　试样面积 A=________　　计算者：________

试验日期：________　　测压管断面积 a=________　　校核者：________

开始时间 t_1/s	终了时间 t_2/s	经过时间 t/s	开始水头 h_1/cm	终了水头 h_2/cm	$2.3\times\frac{aL}{At}$	$\lg\frac{h_1}{h_2}$	水温 T℃时渗透系数 k_T/(cm/s)	水温/℃	校正系数 $\frac{\eta_T}{\eta_{20}}$	渗透系数 k_{20}/(cm/s)	平均渗透系数 k_{20}/(cm/s)
(1)	(2)	(3)	(4)	(5)	(6)	(7)	(8)	(9)	(10)	(11)	(12)
		(2)×(1)			$2.3\times\frac{aL}{A\times(3)}$	$\lg\frac{(4)}{(5)}$	(6)×(7)			(8)×(10)	$\frac{\sum(11)}{n}$

7.4.7　讨论

(1)达西定律计算出的渗透流速是否是土的真实渗透流速？二者有何区别？

(2)影响土的渗透性的主要因素有哪些？

8　压缩试验

8.1　基本概念

土在外荷载作用下，其孔隙间的水和空气逐渐被挤出，土的骨架颗粒之间相互挤紧，封闭气泡的体积也将缩小，从而引起土层的压缩变形，土在外力作用下体积缩小的这种特性称为土的压缩性。土的压缩是土体在荷载作用下产生变形的过程，实质是土体中孔隙体积减小的结果，饱和土的压缩的实质是孔隙水排出的结果。

8.2　试验目的和范围

试验目的是测定试样在侧限与轴向排水条件下，变形和压力或孔隙比和压力的关系，绘制压缩曲线和固结曲线，以便计算土的压缩系数 a、压缩模量 E_s 和固结系数 c_v，估算渗透和控制建筑物沉降量。目前常用的压缩仪(也称固结仪)，有秤称式和杠杆式两种，本试验用杠杆式压缩仪。

8.3　试验原理

土体的压缩是指土体在外力作用下，土体中的水和气体被逐渐挤出，孔隙体积减小，土颗粒之间重新排列变得更加密实。通过测定土样在各级垂直荷载作用下产生的变形，计算各级荷载下相应的孔隙比，用以确定土的压缩系数和压缩模量等。

8.4　仪器设备

(1)压缩仪。压缩仪包括压缩容器及加压设备两部分，如图 7-22、图 7-23 所示。切取试样用环刀内径为 7.58 cm，环刀高 2 cm。环壁应经常保持较高的光洁度，以减小摩擦的影响。

(2)天平：感量 0.01 g。

(3)测微表：精度 0.01 mm。

(4)其他：秒表、烘箱、修土刀、滤纸等。

图 7-22　压缩仪

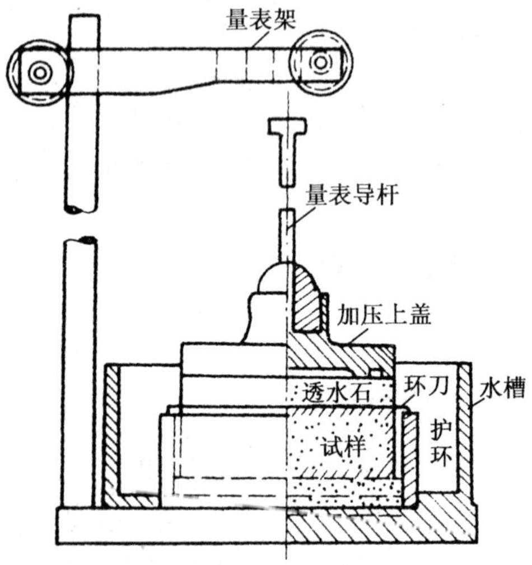

图 7-23　压缩仪示意图

8.5　操作步骤

(1)用环刀(30 cm^2)切取备好的试样，先将环刀内壁抹一薄层凡士林油以减少摩擦，切土时边修边压，尽量减少对土样的挠动，最后将上下两端刮平，同时用称量盒测定其含水量。

(2)擦净环刀外壁，称环刀加湿土重，如试样需要饱和时，按规定方法饱和(方法见有关土工试验书籍)。

(3)将带有环刀的试样，刃口向下小心地装入压缩容器的护环内。

(4)在压缩容器内，顺次放上底板、洁净而润湿的透水石及滤纸各一。将带有试样的护环放入容器内并放好导环，覆盖上直径略小于试样的洁净润湿的透水石及滤纸各一，最后放上加压上盖。

(5)检查加压设备是否稳固、灵敏及位置是否正确。轻轻抬起杠杆，将装好试样的压缩容器放在加压台的正中，使加压横梁的钢珠与加压上盖紧密配合，然后装上测微表(百分表)，调节表脚使其可伸长的长度不小于 8 mm，并检查表是否灵敏和垂直。(学员应在试验前熟悉测微表如何读数)

(6)在砝码吊盘上加相当于试样受压约为 1 kPa 的预压荷载，使压缩仪的各部分紧密接触。然后调整测微表的读数，使其大小指针均对准零点或以某正数作为起初读数，并记录。

(7)施加第一级荷载，其大小可视土的软硬程度分别采用 12.5 kPa，25 kPa 或 50 kPa (一般采用 50 kPa 为第一级荷载)。在加载的同时开动秒表，加载时应将砝码轻轻地放在砝码盘上，避免因冲击、摇摆而使试样产生额外的变形和砝码掉落伤人。

(8)如系饱和试样，应在施加第一级荷载后，立即向压缩仪容器中注满水，如系非饱和试样则以湿棉花围护在传压板上面以防水分蒸发。

(9)加载后可按下列时间测记测微表读数：6 s，9 s，15 s，1 min，2 min 15 s，4 min，6 min 15 s，9 min，12 min 15 s，16 min，20 min 15 s，25 min，…，24 h 直至稳定。测记读数后，施加第二级荷载，依次逐级加载至试验终止，只需要测定压缩系数的试样，施加每级压力后每小时的变形量达 0.005 mm 时，为压缩稳定标准。

(10)试验结束后，迅速顺次拆去测微表，卸除砝码，取下容器，拿出护环，小心地取出带环刀的试样。用烘干法测定试验后试样的含水量。

8.6 数据整理

(1)按式(7-33)计算试样的初始孔隙比 e_0

$$e_0=\frac{\rho_w d_s(1+0.01\omega_0)}{\rho_0}-1 \tag{7-33}$$

式中，d_s 为土颗粒比重；ω_0 为试样开始时的含水量，%；ρ_0 为试样开始时的密度，g/cm³；ρ_w 为水的密度，g/cm³，$\rho_w=1$ g/cm³。

(2)按式(7-34)计算各级荷载下压缩稳定后的相对沉降量 λ_z

$$\lambda_z=\frac{s}{H_j} \tag{7-34}$$

式中，s 为某一级荷载下，试样压缩稳定后的总沉降量(等于该荷载下压缩稳定后的测微表读数减去仪器变形量。仪器变形量由试验室提供)；H_j 为试样的初始高度(等于环刀高)。

(3)按式(7-35)计算各级荷载下压缩稳定后的孔隙比

$$e=e_0-(1+e_0)\lambda_z \tag{7-35}$$

(4)以孔隙比 e(包括 e_0)为纵坐标，荷载(单位压力)p 为横坐标(或对数坐标)绘制 e-p 或 e-$\log p$ 曲线。

(5)根据 e-p 曲线，按式(7-36)确定在指定荷载变化范围 $p_2 \sim p_1$ 内(p_1 相当于土层所受的平均自重应力，p_2 相当于土层所受的平均自重应力和附加应力之和)土的压缩系数 a：

$$a=\frac{e_1-e_2}{p_2-p_1} \tag{7-36}$$

(6)用时间平方根法求算固结系数 c_v。对于某一级荷载，以量表读数 s 为纵坐标，时间平方根$\sqrt{t}$(单位：min)为横坐标，绘制 s-$\sqrt{t}$曲线如图 7-24 所示。延长 s-$\sqrt{t}$曲线开始段的直线，交于纵坐标轴 d_s(d_s 称理论零点)，过 d_s 绘制另一直线，令其横坐标为前一直线横坐标的 1.15 倍，

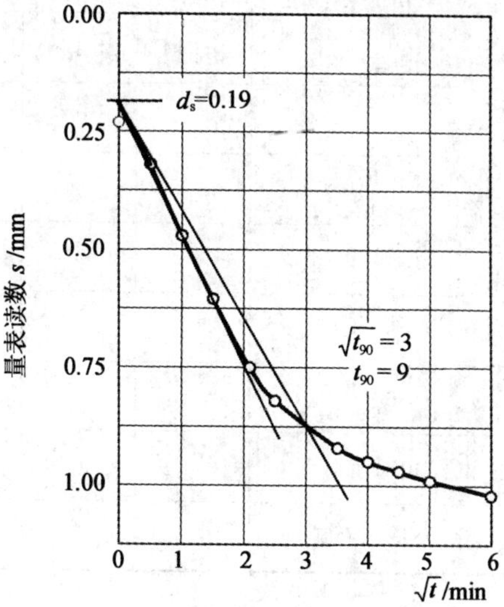

图 7-24 时间平方根法求 t_{90}

则后一直线与 $s\text{-}\sqrt{t}$ 曲线交点所对应的时间的平方即该试样固结度达到 90%所需时间 t_{90}。按式(7-37)计算该荷载下的固结系数 c_v：

$$c_v=\frac{0.848\ h^2}{t_{90}} \tag{7-37}$$

式中，h 为最大排水距离，等于某一荷载下试样初始与终了高度的平均值的一半。

8.7 注意事项

(1)在高压压缩试验中，仪器变形量不能忽略。

(2)滤纸浸湿后的变形量较大，因此，压缩试验要求使用薄滤纸或用孔径较细的透水石而不使用滤纸，但这时易使透水石淤堵。

(3)固结试验仅进行需要固结系数的那几级荷载，其他仅测读稳定沉降量。

(4)压缩试验中，使用卡萨格兰德(Casagrande)方法确定前期固结应力时，前面几级加载比应小于1。

(5)压缩试验过程中，使加载杠杆始终保持水平。

8.8 试验记录

压缩试验记录表

压缩环刀号数________　　　　环刀质量________g

环刀加湿土质量________g　　　　环刀高度________cm

干土质量________g　　　　环刀体积________cm³

试验前含水量________%　　　　仪器编号________

试验前密度________g/cm³　　　　土粒比重________

各级荷载历时 /min	各级荷载下测微表读数							
	12.5 kPa	25 kPa	50 kPa	100 kPa	200 kPa	400 kPa	800 kPa	1 600 kPa
0.5								
1								
5								
30								
60								
试样相对沉降量								
试样变形后孔隙比								

8.9 讨论

(1)为什么可以用孔隙比的变化来表示土的压缩性？

(2)何为土的压缩？其实质是什么？

(3)土体在固结过程中孔隙水应力和有效应力如何转化？

(4)工程中常用的压缩系数和模量是什么？如何判定土的压缩性？

9 直接剪切试验

9.1 基本概念

工程中土坡稳定分析、土压力计算、地基承载力的计算都需要抗剪强度指标：内摩擦角 φ 和黏聚力 C。一般来说，土的强度是指抗剪强度，土的抗剪强度是指土体对于外荷载所产生的剪应力的极限抵抗能力。在外荷载作用下，土体中将产生剪应力和剪切变形，当土中某点由外力所产生的剪应力达到土的抗剪强度时，土就沿着剪应力作用方向产生相对滑动，该点便发生剪切破坏。

影响土的抗剪强度的因素很多，如土的密度、含水率、初始应力状态、应力历史以及固结程度和排水条件等。因此，为测得可靠的土的强度指标，应采用有代表性的土样和尽可能模拟现场条件的试验方法。

9.2 目的和适用范围

测定土的强度指标的试验为剪切试验，可以在实验室进行，也可以在现场原位条件下进行。室内常用的方法有直接剪切试验、三轴试验、无侧限抗压强度试验等，现场测试方法有十字板剪切试验等。对于一般工程而言，经常采用直接剪切试验，可以很容易测定土的抗剪强度指标，根据实际情况可分为快剪、固结快剪、慢剪三种方法。对于重要工程来说需要采用三轴试验测定强度指标，本章仅介绍直接剪切试验的快剪试验。

9.3 试验原理

通常采用四个试样，分别在不同的垂直压力下，分别施加水平剪切力进行剪切，随着剪切位移的增大，剪应力不断增加，试样剪破时，剪应力达到最大，即为该垂直压力下的土的抗剪强度。4 个不同垂直压力下得到 4 个不同的抗剪强度，绘制剪应力和正应力关系，得出土的抗剪强度线，强度线纵坐标上的截距为黏聚力 C，与水平线的夹角为土的内摩擦角 φ。

9.4 仪器设备

(1)应变控制直剪仪(图 7-25)仪器主要部件有：

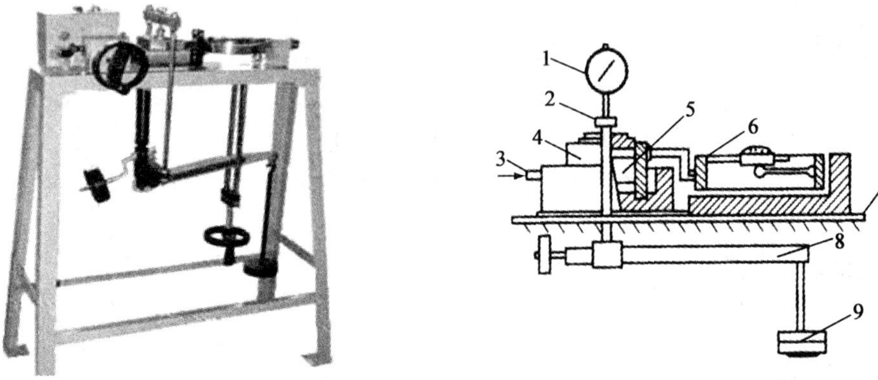

图 7-25　应变式直接剪切仪

1. 垂直变形百分表　2. 垂直加压框架　3. 推动座　4. 剪切盒

5. 试样　6. 测力计　7. 台板　8. 杠杆　9. 砝码

①剪切盒。剪切盒分上下两盒(附一个传压盖及两个透水石),上盒一端顶在量力环的一端,下盒与底座连接,底座放在两条轨道滚珠上,可以移动。

②加力及测量设备。

垂直荷重:通过杠杆(1∶10)放砝码来施加。

水平荷重:通过旋转手轮推进螺杆顶压下盒来施加,荷重大小从量力环的变形间接求出。

(2)环刀:一般面积 30 cm^2,高度 2 cm。

(3)测微表(百分表):最大量距 10 mm,精度 0.01 mm。

(4)其他:秒表、天平、烘箱、修土刀、推土器等。

9.5　操作步骤

(1)将试样表面削平,用环刀切取试样,称环刀加湿土重,测出密度,4 块试样的密度误差不得超过 0.03 g/cm^3。

(2)将剪切盒内壁擦净,上下盒口对准,插入固定销,使上下盒固定在一起,不能相对移动,在下盒透水石上放一张蜡纸。

(3)将带试样的环刀刃口向下,对准上盒盒口放好,在试样上面顺序放蜡纸和透水石,然后用推土器将试样平稳推入上下盒中,移去环刀。

(4)顺次放上传压板、钢珠和加压板,按规定加垂直荷载(一般一组 4 次试验,建议采用 100 kPa,200 kPa,300 kPa,400 kPa)。

(5)按顺时针方向徐徐转动手轮至上盒前端的钢珠刚好与量力环接触(即量力环内的

测微计指针刚好开始移动)，调整测微计读数为零。

(6)拔去固定销，开动秒表，以 4～12 r/min 的均匀速率转动手轮(本试验以 6 r/min 为宜)，转动过程中不应中途停顿或时快时慢。使试样在 3～5 min 内剪损，手轮每转一圈应测记测微表读数一次，直至量力环的测微表指针不再前进或后退，即说明试样已剪损。如测微表指针一直缓慢前进，说明不出现峰值，则破坏以变形控制进行到剪切变形达 4 mm 时为止(手轮每转一圈推进下盒 0.2 mm)。

(7)剪切结束后，倒转手轮，然后顺序去掉荷载、加压架、钢珠、传压板与上盒，取出试样。

(8)重复上述步骤，做其他各垂直压力下的剪切试验。

9.6 数据整理

(1)密度的计算(略)。

(2)按式(7-38)计算抗剪强度：

$$\tau_f = c_0 R \tag{7-38}$$

式中，τ_f 为抗剪强度，kPa；R 为量力环中测微表最大读数，或位移量 4 mm 时的读数，0.01 mm；c_0 为量力环率定系数，10 MPa/mm。

(3)按式(7-39)计算剪切位移量：

$$\Delta L = 20nR \tag{7-39}$$

式中，ΔL 为剪切位移，0.01 mm；R 同上；n 为手轮转数。

(4)以抗剪强度 τ_f 为纵坐标，垂直应力 σ 为横坐标，绘出坐标点(注意纵、横坐标比例尺应一致)，根据这些点绘一视测直线，即为强度包线。该线的倾角即为土的内摩擦角，该线在纵坐标上的截距即为土的黏聚力 C。

9.7 注意事项

(1)安装试样时用透水石将试样从环刀推进剪切盒内，试验前量表中的大指针归零。

(2)剪切时一定记住拔出销钉，否则试样报废，且会损坏仪器。

(3)加荷载时轻拿轻放，避免冲击、震动。

(4)摇动手轮应尽量做到匀速，切不可中途停顿。

9.8 试验记录

直接剪切试验记录表

试验者：________　　计算者：________

量力环率定系数 c_0 = ________　　试验方法：________

垂直荷载		100 kPa	200 kPa	300 kPa	400 kPa
密度	环刀编号				
	环刀＋湿土质量/g				
	环刀质量/g				
	湿土质量/g				
	湿土密度				

垂直荷载 __100__ kPa　　垂直荷载 __200__ kPa

抗剪强度 ________ kPa　　抗剪强度 ________ kPa

手轮转数	测微计读数	剪应力 100 kPa	剪切变形 /mm	手轮转数	测微计读数	剪应力 100 kPa	剪切变形 /mm

垂直荷载 __300__ kPa　　垂直荷载 __400__ kPa

抗剪强度 ________ kPa　　抗剪强度 ________ kPa

手轮转数	测微计读数	剪应力 100 kPa	剪切变形 /mm	手轮转数	测微计读数	剪应力 100 kPa	剪切变形 /mm

9.9 讨论

(1)同一种土的抗剪强度指标是否为定值?

(2)直接剪切试验有哪些优缺点?

(3)为什么试验条件不同所测得的抗剪强度指标也不相同?

10 三轴压缩试验

10.1 基本概念

三轴压缩试验,实质上是三轴剪切试验,是测试土体抗剪强度的一种较精确的试验,在重大工程与科学研究中经常采用三轴压缩试验测定土体抗剪强度参数。

10.2 目的和适用范围

适用于测定细粒土和沙类土的总抗剪强度参数和有效抗剪强度参数。根据排水条件的不同,本试验分为不固结不排水剪(UU)、固结不排水剪(CU)和固结排水剪(CD)3 种试验类型。

(1)不固结不排水剪(UU)试验是在施加周围压力和增加轴向压力直至破坏过程中均不允许试样排水。本试验可以测得总抗剪强度参数 C_u、φ_u。

(2)固结不排水剪(CU)试验是试样先在某一周围压力作用下排水固结,然后在保持不排水的情况下,增加轴向压力直至破坏。本试验可以测得总抗剪强度参数 C_{cu}、φ_{cu}或有效抗剪强度参数 C'、φ'。

(3)固结排水剪(CD)试验是试样先在某一周围压力作用下排水固结,然后在允许试样充分排水的情况下增加轴向压力直到破坏,试验可以测得有效抗剪强度参数 C_d、φ_d。

10.3 试验原理

三轴压缩试验是测定土的抗剪强度的一种方法,它通常用 3~4 个圆柱形试样,分别在不同的恒定周围压力(即小主应力 σ_3)下施加轴向压力,即产生主应力差($\sigma_1-\sigma_3$),进行剪切直至破坏,然后根据摩尔-库仑理论,求得抗剪强度参数。

10.4 仪器设备

(1)应变控制式三轴仪:如图 7-26 所示,由压力控制系统、周围压力控制系统、压力室、孔隙水压力量测系统、试验机等组成。

(2)附属设备:击实筒、饱和器、切土盘、切土器和切土架、承膜筒。

(3)天平:称量 200 g,分度值 0.01 g;称量 1 000 g,分度值 0.1 g;称量 5 000 g,分度值 1 g。

(4)量表:量程 30 mm,分度值 0.01 mm。

(5)橡皮膜:对直径 39.1 mm 和 61.8 mm 的试样,橡皮膜厚度以 0.1~0.2 mm 为宜;

对直径 101 mm 的试样，橡皮膜厚度以 0.2～0.3 mm 为宜。

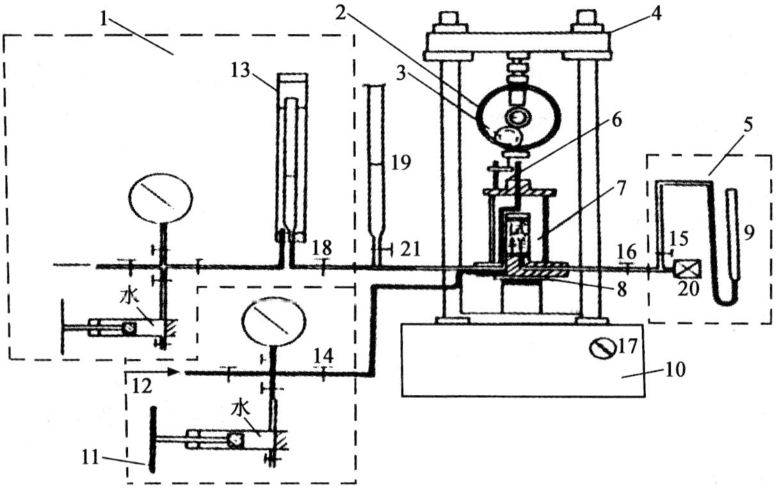

图 7-26　应变控制式三轴仪示意图

1.反压力控制系统　2.轴向测力计　3.轴向位移计　4.试验机横梁　5.孔隙压力测量系统　6.活塞　7.压力室　8.升降台　9.量水管　10.试验机　11.周围压力控制系统　12.压力源　13.体变管　14.周围压力阀　15.量管阀　16.孔隙压力阀　17.手轮　18.体变管阀　19.排水管　20.孔隙压力传感器　21.排水管阀

10.5　操作步骤

10.5.1　试样安装和固结

(1)对压力室底座充水，在底座上放置不透水板，并依次放置试样、不透水板及试样帽。

(2)将橡皮膜套在承膜筒内，两端翻出筒外，从吸气孔吸气，使膜贴紧承膜筒内壁，然后套在试样外，放气，翻起橡皮膜的两端，取出承膜筒。用橡皮圈将橡皮膜分别扎紧在压力室底座和试样帽上。

(3)装上压力室罩。安装时应先将活塞提升，以防碰撞试样，压力室罩安放后，将活塞对准试样帽中心，并均匀地旋紧螺丝，再将轴向测力计对准活塞。

(4)开排气孔，向压力室充水，当压力室内快注满水时，降低进水速度，水从排气孔溢出时，并闭排气孔。

(5)关体变管阀及孔隙压力阀，开周围压力阀，施加所需的周围压力。周围压力大小应与工程的实际荷载相适应，并尽可能使最大周围压力与土体的最大实际荷载大致相等。也可按 100 kPa，200 kPa，300 kPa，400 kPa 施加。

(6)旋转手轮，同时转动活塞，当轴向测力计有微读数时表示活塞已与试样帽接触。然后将轴向测力计和轴向位移计的读数调整到零位。

(7)其余几个试样按同样方法安装试样，并在不同周围压力下排水固结。

10.5.2 试样剪切

(1) 试验机的电动机启动之前，应按表 7-9 规定将各阀门关闭或开启。

表 7-9 各阀门开关状态

试验方法	体变管阀	排水管阀	周围压力阀	孔隙压力阀	量管阀
UU 试验	关	关	开	关	关
CU 试验	关	关	开	关	关
CD 试验	开	开	开	开	关

(2)试样的剪切应变速率按表 7-10 规定选择。

表 7-10 剪切应变速率表

试验方法	剪切应变速率/(%/min)	备 注
UU 试验	0.5～1.0	
CU 试验	0.5～1.0	
CD 试验	0.012～0.003	

(3) 开动电动机，合上离合器，进行剪切。开始阶段，试样每产生轴向应变 0.3%～0.4%测记测力计读数和轴向位移计读数各 1 次。当轴向应变达 3%以后，读数间隔可延长为 0.7%～0.8%各测记 1 次。当接近峰值时应加密读数。如果试样为特别硬脆或软弱的土可酌情加密或减少测读的次数。

(4)当出现峰值后，再继续剪 3%～5%轴向应变；若测力计读数无明显减少，则剪切至轴向应变达 15%～20%。

(5)CU 试验(测孔隙压力)，测读轴向位移计时应同时测读孔隙压力计的读数；CD 试验，测读轴向位移计时，应同时测读体变管读数或排水管读数。

(6) 试验结束后关闭电动机，关周围压力阀，CU 试验(测孔隙压力)应关闭孔隙压力阀，CD 试验则应关闭孔隙压力阀和体变管阀。然后拔出离合器，倒转手轮，开排气孔，排去压力室内的水，拆除压力室罩，脱去试样外的橡皮膜，描述破坏后形状，称试样质量，测定试验后含水率。

(7) 对其余几个试样，在不同周围压力下以同样的剪切应变速率进行试验。

10.6 数据整理

(1) 试样的高度、面积、体积及剪切时的面积按表 7-11 计算。

表 7-11 高度、面积、体积计算表

项目	起始	固结后		剪切时校正值
		按实测固结下沉	等应变简化式	
试样高度/cm	h_0	$H_c=h_0-\Delta h_c$	$h_c=h_c\times\left(1-\frac{\Delta V}{V_0}\right)^{1/3}$	
试样面积/cm²	A_0	$A_c=\frac{V_0-\Delta V}{h_c}$	$A_c=A_0\times\left(1-\frac{\Delta V}{V_0}\right)^{2/3}$	$A_a=\frac{A_0}{1-0.01\varepsilon_1}$(UU 试验) $A_a=\frac{A_c}{1-0.01\varepsilon_1}$(CU 试验) $A_a=\frac{V_c-\Delta V_i}{h_c-\Delta h_i}$(CD 试验)
试样体积/cm³	V_0	$V_c=h_cA_c$		

式中，Δh_c 为固结下沉量，由轴向位移计测得，cm；ΔV 为固结排水量(实测或试验前后试样质量差换算)，cm³；ΔV_i 为排水剪中剪切时的试样体积变化，按体变管或排水管读数求得，cm³；ε_1 为轴向应变，%$\left(\text{不固结不排水剪中的 }\varepsilon_1\text{ 等于}\frac{\Delta h_i}{h_c}\right)$；$\Delta h_i$ 为试样剪切时高度变化，由轴向位移计测得，cm。

为方便起见，可预先绘制 ΔV-h_c 及 ΔV-A_c 的关系线备用。

(2)按式(7-40)计算主应力差$(\sigma_1-\sigma_3)$：

$$(\sigma_1-\sigma_3)=\frac{cR}{A_a}\times 10 \tag{7-40}$$

式中，σ_1 为大主应力，kPa；σ_3 为小主应力，kPa；c 为测力计率定系数，N/0.01 mm；R 为测力计读数，0.01 mm；A_a 为试样剪切时的面积，cm³。

(3)制图。

①对于不固结不排水剪切试验，以法向应力 σ 为横坐标，剪应力 τ 为纵坐标。在横坐标上以$(\sigma_{1f}+\sigma_{3f})/2$ 为圆心，$(\sigma_{1f}-\sigma_{3f})/2$ 为半径(f 注脚表示破坏时的值)，绘制破坏总应力圆后，作诸圆包线。该包线的倾角为内摩擦角 φ_u，包线在纵轴上的截距为黏聚力 C_u，见图 7-27。

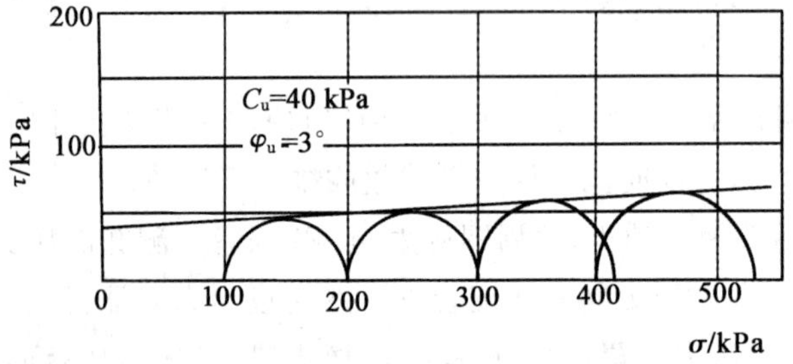

图 7-27 不固结不排水剪强度包线

②在固结不排水剪切试验中测孔隙压力，则可确定试样破坏时的有效应力。以有效应力 σ' 为横坐标，剪应力 τ' 为纵坐标。在横坐标轴上以$(\sigma'_{1f}+\sigma'_{3f})/2$ 为圆心，$(\sigma'_{1f}-\sigma'_{3f})/2$ 为半径绘制不同周围压力下的有效破坏应力圆后，作诸圆包线，包线的倾角为内摩擦角 φ_{cu} 和 φ'，包线在纵轴上的截距为黏聚力 C_{cu} 和 C'。见图 7-28。

③在排水剪切试验中，孔隙压力等于零，抗剪强度包线的倾角和纵轴上的截距分别以 φ_d 和 C_d 表示，如图 7-29 所示。

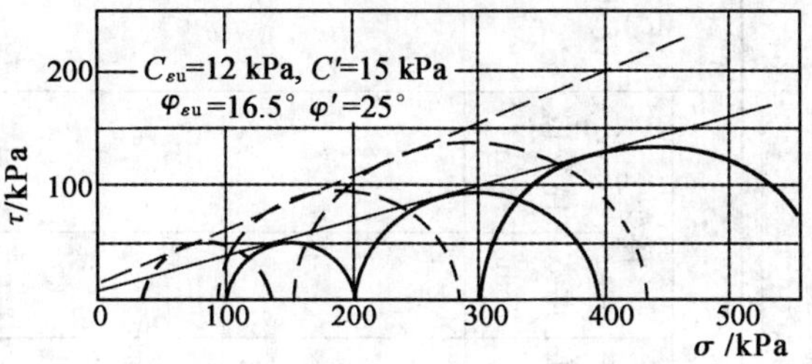

图 7-28　固结不排水剪强度包线

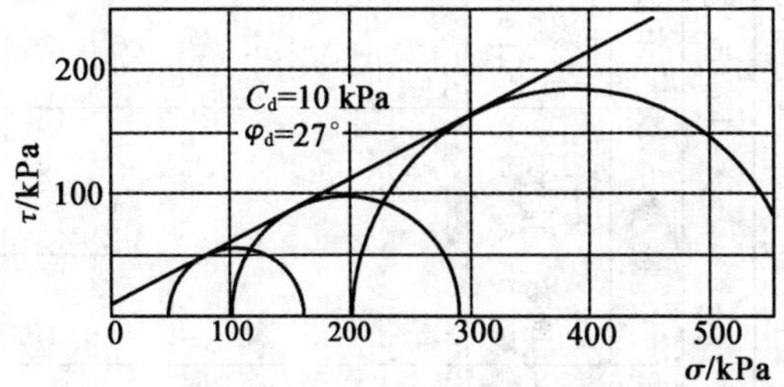

图 7-29　固结排水剪强度包线

④如各应力圆无规律，难以绘制各圆的强度包线，可按应力路径取值，值以$(\sigma_1-\sigma_3)/2$作为纵坐标，$(\sigma_1+\sigma_3)/2$ 作横坐标，绘制应力圆，作通过各圆之圆顶点的平均直线。见图7-30。根据直线的倾角及在纵坐标上的截距，按下列两式计算 φ'和 C'：

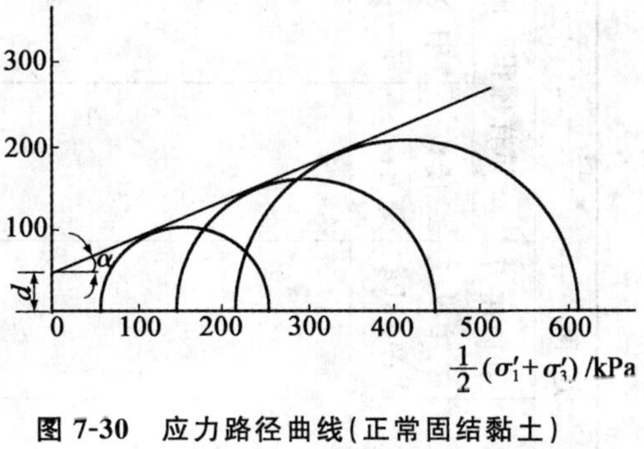

图 7-30　应力路径曲线(正常固结黏土)

$$\varphi'=\arcsin(\tan\alpha) \tag{7-41}$$

$$C'=\frac{d}{\cos\varphi'} \tag{7-42}$$

式中，α 为平均直线的倾角，(°)；d 为平均直线在纵轴上的截距，kPa。

10.7　注意事项

(1)试验前要对仪器进行检查，孔隙水压力系统无气泡，仪器无漏水，橡皮膜完好无损。

(2)排水条件不同，试样的剪切速度不同，应根据不同土样的类型，选择合适的剪切速度。

(3)同一组试验的几个试样，密度不应超出规范的允许偏差；原状土尽量选择同一层土样。

(4)画 τ-σ 的关系曲线时，横纵坐标的分度值要统一。

10.8 试验记录

三轴压缩试验记录表

土样编号________　　计 算 者________

周围压力________　　校 核 者________

试 验 者________　　试验日期________

加反压力过程							说明（检验结果）	固结过程							说明
时间	周围压力 σ_3 /kPa	反压力 u_0/kPa	孔隙压力 u/kPa	孔隙压力增量 Δu/kPa	试样体积变化			时间 /min	量管		孔隙压力		体变管		
					读数 /cm³	体变量 /cm³			读数	排水量	读数 /kPa	压力值 /kPa	读数 /cm³	体变值 /cm³	

三轴压缩试验记录表

土样编号________________　　　　试验者________________

试验方法________________　　　　计算者________________

试验日期________________　　　　校核者________________

周围压力：　kPa	固结下沉量：$\Delta h=$　cm
剪切应变速率：　mm/min	固结后高度：$h_c=$　cm
测力计率定系数：　N/0.01mm	固结后面积：$A_c=$　cm^2

轴向变形读数 Δh_i (0.01 mm)	轴向应变 $\varepsilon_1=\frac{\Delta h_i}{h_c}$ /%	试样校正后面积 $A_a=\frac{A_c}{1-\varepsilon_1}$ /cm^3	测力计表读数 R (0.1 mm)	主应力差 $(\sigma_1-\sigma_3)=\frac{RC}{A_a}\times 10$/kPa	大主应力 $\sigma_1=(\sigma_1-\sigma_3)+\sigma_3$ /kPa	孔隙压力		试样体积变化				有效大主应力 σ_1'/kPa	有效小主应力 σ_3'/kPa	有效主应力比 $\frac{\sigma_1'}{\sigma_3'}$	$\frac{\sigma_1-\sigma_3}{2}$ /kPa	$\frac{\sigma_1+\sigma_3}{2}$ /kPa	$\frac{\sigma_1'-\sigma_3'}{2}$ /kPa
								排水管		体积变化							
						读数	传略值 /kPa	读数	排出水量/cm^3	读数	体变量 /cm^3						

10.9 讨论

1. 为什么试验条件不同，所测定的抗剪强度指标也不同？
2. 什么是 K_f 线，什么是 τ_f 线，两者有何关系？
3. 三轴试验中，各试验类型的适用条件是什么？

第8章　混凝土结构基本原理实验

1　实验仪器及性能指标

1.1　常用的仪器设备

(1)电阻应变计。电阻应变计用来测量试件的应变。电阻应变计的工作原理是利用某种金属丝导体的“应变电阻效应”,即这种金属丝的电阻值随着其机械变形而变化的物理特性。

(2)力传感器和压力传感器。使用时一般串联接在液压加载器与构件之间,可用于测量构件受荷载及支座反力等。

(3)液压传感器。使用时一般并联接在油泵与液压加载器组成的油路中,可测量该油路的压力,根据所测压力大小即可以测量液压加载器对构件的作用力。

(4)线位移传感器。线位移传感器可用来测量结构的位移,包括结构的反应和对结构的作用、支座位移。它测到的位移是某一点相对另一点的位移,即测点相对于位移传感器支架固定点的位移。常用的位移传感器有机械式百分表、电子百分表、滑阻式传感器和差动电感式传感器等。

(5)读数显微镜。读数显微镜是由光学透镜和游标刻度组成。通常用来观测混凝土构件的裂缝宽度。

(6)电阻应变仪。电阻应变仪工作原理是当电阻应变计发生应变时,其电阻值发生变化,从而使得由电阻应变仪中的标准电阻和电阻应变计共同组成的惠斯顿电桥失去平衡,通过直接测量电桥失去平衡后的输出电压,可换算得到应变值。其接线方式有:全桥、半桥和1/4桥。

1.2　仪器设备的主要技术性能指标

常用的仪器设备的主要技术性能指标有:

(1)刻度值(最小分度值):仪器的指示或显示装置所能指示的最小测量值,即是每一最小刻度所表示被测量的数值。

(2)量程:仪器可以测量的最大范围。

(3)灵敏度:被测量的单位物理量所引起仪器输出或显示装置示值的大小,即仪器对被测物理量变化的反应能力。

(4)分辨率:仪器测量被测物理量最小变化值的能力。

(5)线形度:仪器校准曲线对理想拟合直线的接近程度,可用校准曲线与拟合直线的最大偏差作为评定指标,并用最大偏差和满量程输出的百分比来表示。

(6)稳定性:被测物理量数值不变,仪器在规定的时间内保持示值一致的能力。

(7)重复性:在同一工作条件下,仪器多次重复测量同一数值时,保持示值一致的能力。

2 钢筋混凝土梁的正截面受弯性能实验

2.1 实验目的

(1)学习编制结构静载试验计划与组织实施;

(2)使同学们对钢筋混凝土受弯构件的受力破坏过程有一个实际的认识;

(3)熟练对试验数据进行总结和分析,并对结构性能进行评定。

2.2 试验准备工作

2.2.1 制订试验计划

结构构件试验前应制订试验计划。试验计划宜包括下列内容:①概述;②试验目的和要求;③试件设计和制作;④试验对象的考察和检查;⑤试验构件的安装就位和试验装置;⑥试验荷载、加载方法和加载设备;⑦试验测量内容、方法和测点仪表布置图;⑧辅助试验的内容;⑨安全与防护措施;⑩试验进度计划;⑪试验的组织;⑫试验资料整理和数据分析的要求。

2.2.2 试件的检查

试验前宜将试件表面刷白,并分格画线,分格大小可按构件尺寸确定。在刷白前,对试件进行检查的内容包括:

(1)收集试件的原始设计资料、设计图纸和计算书;施工和制作记录;原材料的物理力学性能试验报告等文件资料。

(2)对结构构件的跨度、截面、钢筋的位置、保护层厚度等实际尺寸及初始挠曲、变形、原始裂缝等做出书面记录,绘制详图。对于钢筋位置、实际规格、尺寸和保护层厚度也可在试验结束后进行测量。

2.2.3 仪器设备标定

为了确定仪器设备的灵敏度和精确度,确定试验数据的误差,应该在试验前或试验后对仪器设备进行标定。仪器标定可按两种情况进行:一是对仪器进行单件标定;二是对仪器系统进行系统标定。单件标定可以确定某一件仪器的灵敏度和精确度,系统标定可以确定某些仪器组成的系统的灵敏度和精确度。

2.2.4 混凝土抗压强度试验

国家标准《混凝土结构设计规范》(GB 50010—2010)规定：混凝土强度等级应按立方体抗压强度标准确定；立方体抗压强度标准值是指标准方法制作养护的边长为 150 mm 的立方体试件，在 28 d 龄期用标准试验方法测得的具有 95%保证率的抗压强度。因此立方体抗压强度标准值是《混凝土结构设计规范》中混凝土各种力学指标的基本代表值，根据混凝土强度等级，可以查阅《混凝土结构设计规范》的有关表格，以确定混凝土的轴心抗压、轴心抗拉强度标准值和设计值以及混凝土的弹性模量等。

国家标准《普通混凝土力学性能试验方法》(GB/T 50081—2002) 规定：以边长为 150 mm 的立方体为标准试件，将标准立方体试件在(20±3)℃的温度和相对湿度 90%以上的潮湿空气中养护 28 d，按照标准试验方法测得的抗压强度作为混凝土的立方体抗压强度，单位为 N/mm (MPa)。混凝土立方体抗压强度试验步骤应按下列方法进行：

(1)试件从养护地点取出后应及时进行试验，将试件表面与上下承压板面擦干净。

(2)将试件安放在试验机的下压板或垫板上，试件的承压面应与成型时的顶面垂直。试件的中心应与试验机下压板中心对准，开动试验机，当上压板与试件接近时，调整球座，使接触均衡。

(3)在试验过程中应连续均匀地加载，混凝土强度等级<C30 时，加荷速度取每秒 0.3～0.5 MPa；混凝土强度等级≥C30 且<C60 时，取每秒 0.5～0.8 MPa；混凝土强度等级≥C60 时，取每秒 0.8～1.0 MPa。

(4)当试件接近破坏开始急剧变形时，应停止调整试验机油门，直至破坏。然后记录破坏荷载。

2.3 钢筋混凝土梁受弯试验

2.3.1 试件设计

2.3.1.1 试件设计的依据

根据梁正截面受压区相对高度 ζ 和界限受压区相对高度 ζ_b 的比较可以判断出受弯构件的类型：当 $\zeta \leqslant \zeta_b$ 时，为适筋梁；当 $\zeta > \zeta_b$ 时，为超筋梁。界限受压区相对高度 ζ_b 可按式(8-1)计算：

$$\zeta_b = \frac{0.8}{1+\dfrac{f_y}{0.003\,3E_s}} \tag{8-1}$$

其中在进行受弯试件梁设计时，f_y、E_s 分别取《混凝土结构设计规范》规定的钢筋受拉强度标准值和弹性模量；进行受弯试件梁加载设计时，f_y、E_s 分别取钢筋试件试验得到的钢筋受拉屈服强度标准值和弹性模量。

2.3.1.2 试件的主要参数

(1)试件尺寸(矩形截面)：$b \times h \times l = 100\ \text{mm} \times 150\ \text{mm} \times 1\,300\ \text{mm}$，设计跨度 $l_0 = 1\,200\ \text{mm}$；

(2)混凝土强度等级:C30;

(3)纵向受拉钢筋的种类:HRB335;

(4)箍筋的种类:HPB235(纯弯段无箍筋);

(5)纵向钢筋混凝土保护层厚度:25 mm。

2.3.2 试验荷载确定

试验加载荷载按照《混凝土结构设计规范》给定的材料强度标准值计算,未计试件梁和分配梁的自重。

(1)开裂弯矩估算

$$M_{cr} = 0.292(1 + 2.5\alpha_A) f_{tk} bh^2 \tag{8-2}$$

其中

$$\alpha_A = \frac{2\alpha_E A_s}{bh}, \alpha_E = \frac{E_s}{E_c}$$

(2)屈服弯矩估算

作为估算,可以假定钢筋屈服时,压区混凝土的应力为线性分布,因此有:

$$M_y = f_y A_s \left(h_0 - \frac{x_n}{3}\right) \approx 0.9\ M_\mu \tag{8-3}$$

(3)极限弯矩估算

$$\xi = \frac{f_{yk} A_s}{\alpha_1 f_{ck} b h_0}, M_\mu = \alpha_1 f_{ck} b h_0^2 \xi (1 - 0.5\xi) \tag{8-4}$$

2.3.3 试验装置

梁受弯性能试验采用的加载装置见图 8-1。采用两点集中力加载,在跨中形成纯弯段,由千斤顶及反力梁施加压力,分配梁分配荷载,压力传感器测定荷载值。梁受弯性能试验,取 L=1 300 mm,a=50 mm,b=350 mm,c=500 mm。梁受弯试验加载和内力简图如图 8-2 所示。

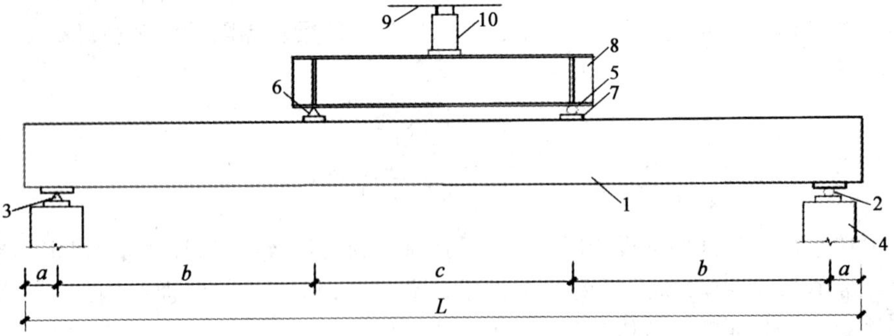

图 8-1 梁受弯试验装置图

1.试验梁 2.滚动铰支座 3.固定铰支座 4.支墩 5.分配梁滚动铰支座 6.分配梁滚动铰支座 7.集中力下的垫板 8.分配梁 9.反力梁及龙门架 10.千斤顶

(a) 加载简图(kN,mm)

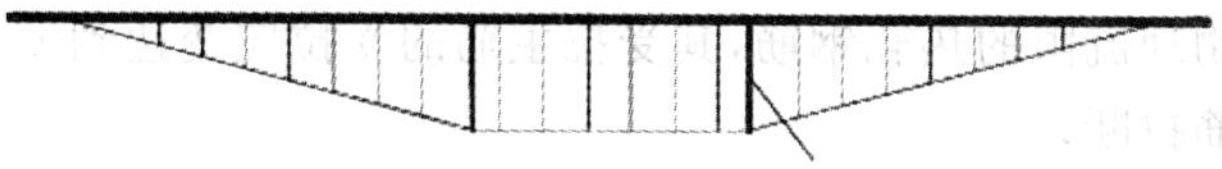

(b)弯矩图(kN · m)

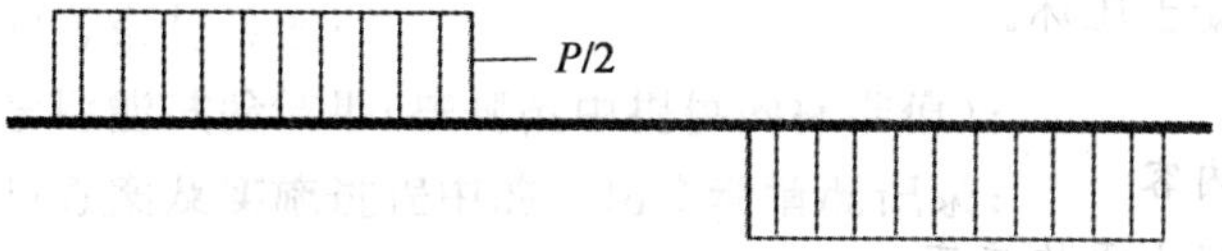

(c)剪力图(kN)

图 8-2　梁受弯试验加载和内力简图

2.3.4　加载方式

2.3.4.1　单调分级加载机制

试件的加载简图和相应的弯矩、剪力图见图 8-1 和图 8-2 所示。梁受弯试验采用单调分级加载,每次加载时间间隔为 10 min。在正式加载前,为检查仪器仪表读数是否正常,需要预加载,预加载所用的荷载是分级荷载的前 2 级。

对于适筋梁:①在加载到开裂试验荷载计算值的 90%以前,每级荷载不宜大于开裂荷载计算值的 20%;②达到开裂试验荷载计算值的 90%以后,每级荷载值不宜大于其荷载值的 5%;③当试件开裂后,每级荷载值取 10%的承载力试验荷载计算值(P_u)的级距;④当加载达到纵向受拉钢筋屈服后,按跨中位移控制加载,加载的级距为钢筋屈服工况对应的跨加载顺序,见表 8-1。

表 8-1　试验荷载分级及加载顺序

荷载等级	1	2	3	4	5	6	7	8	9	10	11	12	13	14	15
级差大小/kN	0	3.2	4.8	5.6	<u>6.4</u>	9.6	12.8	<u>16.0</u>	17.6	19.2	20.8	22.4	23.8	<u>24.0</u>	…
持续作用时间/min		10	10	10	10	10	10	30	10	10	10	10	10	10	…

2.3.4.2　开裂荷载实测值确定方法

对于正截面出现裂缝的试验构件,可采用下列方法确定开裂荷载实测值:

放大镜观察法。用放大倍率不低于四倍的放大镜观察裂缝的出现;当加载过程中第一次出现裂缝时,应取前一级荷载作为开裂荷载实测值;当在规定的荷载持续时间内第一次出现裂缝时,应取本级荷载值与前一级荷载的平均值作为开裂荷载实测值;当在规定的荷载持续时间结束后第一次出现裂缝时,应取本次荷载值作为开裂荷载实测值。

连续布置应变计法。在截面受拉区最外层表面,沿受力主筋方向在拉应力最大区段

(1)试验原始资料的整理；

(2)裂缝发展情况描述及裂缝展开图；

(3)正截面承载力分析；

(4)裂缝分析。

2.5 安全防护措施

规程 GB 50152—2012 规定：

(1)结构试验方案应包含保证试验过程中人身和设备仪表安全的措施及应急预案。试验前试验人员应学习、掌握试验方案中的安全措施及应急预案；试验中应设置熟悉试验工作的安全员，负责试验全过程的安全监督。

(2)制定结构加载方案时，应采用安全性高、有可靠保护措施的加载方式，避免在加载过程中结构破坏或加载能量释放伤及试验人员或造成设备、仪表损坏。在试验准备工作中，试验试件、加载设备、荷载架等的吊装，设备仪表、电气线路等的安装，试验后试件和试验装置的拆除，均应符合有关建筑安装工程安全技术规定的要求。吊车司机、起重工、焊工、电工等试验人员需经专业培训，并具有相应的资质。试验加载过程中，所有设备、仪表的使用均应严格遵守有关的操作规程。

(3)试验时应防止试验结构构件和设备的倒塌，并应设置安全托架或支墩。安全托架或支墩和试验结构构件宜保持尽可能小的距离，但不应妨碍试验结构构件的变形。试验用的千斤顶、分配梁和仪表等应吊在支架上。

(4)试验人员应与试验设施保持足够的安全距离，或设置专门的防护装置，将试件与人员和设备隔离，避免因试件、堆载或试验设备倒塌及倾覆造成伤害。对可能发生试件脆性破坏的试验，应采取屏蔽措施，防止试件突然破坏时碎片或者锚具等物体飞出危及人身、仪表和设备的安全。

3 混凝土强度的非破损检测技术

3.1 混凝土强度的非破损检测技术——回弹法

回弹法检测混凝土强度就是采用回弹仪弹击混凝土表面，测量混凝土的表面硬度(用回弹值表示)来推算其抗压强度，它是混凝土结构现场检测方法中常用的一种非破损试验方法。

3.1.1 回弹法的基本原理

1948 年，瑞士斯密特(E. Schmidt)发明了回弹仪(图 8-4)。发展至今，已经有数字显示和自动记录数据的回弹仪，并能按程序进行数据修正和处理。回弹法的基本原理是使用回弹仪的弹击拉簧驱动仪器内的弹击重锤，通过中心导杆，弹击混凝土的表面，并测得重锤反弹的距离，以反弹距离与弹簧初始长度之比为回弹值 R，由它与混凝土强度的相关关系来推定混凝土强度。

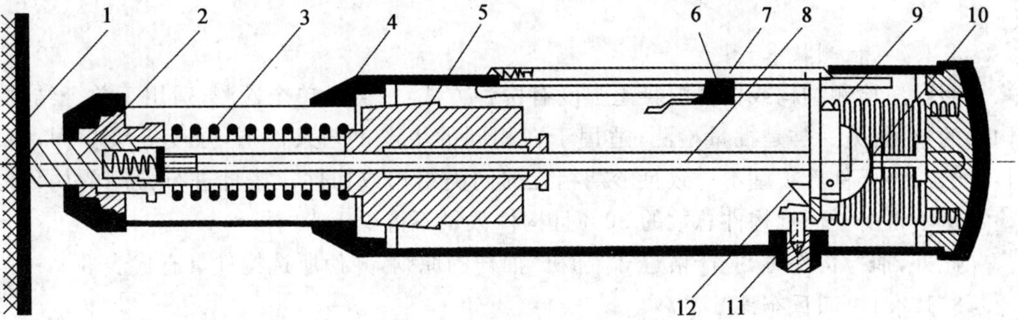

图 8-4 回弹仪的构造

1. 构件表面 2. 弹击杆 3. 拉力弹簧 4. 套筒 5. 重锤 6. 指针 7. 刻度尺 8. 导杆 9. 压力弹簧 10. 调整螺丝 11. 按钮 12. 挂钩

按图 8-5，回弹值 N 可用下式表示

$$N=\frac{L'}{L}\times 100\%$$

式中，L 为弹击弹簧的初始拉伸长度；L' 为重锤反弹位置或重锤回弹时弹簧的拉伸长度。

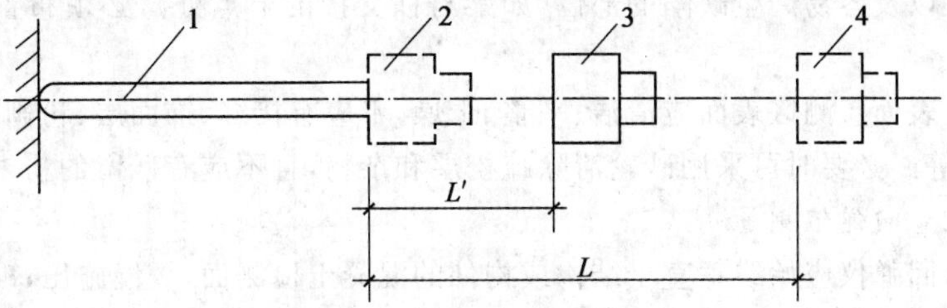

图 8-5 回弹法原理示意图

1. 弹击杆 2. 重锤弹击时的位置 3. 重锤回跳最远位置 4. 重锤发射前的位置

目前回弹法测定混凝土强度均采用试验归纳法，建立混凝土强度与回弹值 R 之间的一元回归公式，或建立混凝土强度与回弹值 R 及主要影响因素(如混凝土表面的碳化深度 d)之间的二元回归公式，见公式(8-5)。

$$f_{cu}^{c}=AR_{m}^{B}\times 10^{Cd_{m}} \tag{8-5}$$

式中，f_{cu}^{c} 为某测区混凝土的强度换算值；R_m 为该测区平均回弹值；d_m 为该测区平均碳化深度；A,B,C 为常数项，按原材料条件等因素不同而变化。

用于普通结构混凝土强度测试的回弹仪应采用中型回弹仪，其冲击能量为 2.207 J，在洛氏硬度 HRC 为 60±2 的钢砧上的率定值应为 80±2。回弹仪的使用环境温度应为 −4～40℃。回弹法适合于龄期为 14～1 000 d，抗压强度为 10～60 MPa 的混凝土强度的检测。

3.1.2 检测技术

回弹法检测结构或构件混凝土强度有两种方式:一类是单个检测,适用于单个结构或构件的检测;另一类是批量检测,适用于在相同的生产工艺条件下,强度等级相同,原材料、配合比、条件养护基本一致且龄期相近的同类结构或构件。按批进行检测的构件,抽检数量不得少于同批构件总数的 30%且构件数量不得少于 10 件。

此外,抽检构件时,应严格遵守“随机”抽样的原则,并使所选构件具有代表性。

3.1.2.1 测区布置

(1)测区数量。每一结构或构件其测区数量应不少于 10 个,对于某一方向尺寸小于 4.5 m 且另一方向尺寸小于 0.3 m 的构件,其测区数量可适当减少,但不应少于 5 个。测区的大小不宜大于 0.04 m,一般取为 4×4 的网格,网格大小为 50 mm×50 mm。

(2)测区间距。相邻两测区的间距应控制在 2 m 以内,测区离构件端部或施工缝边缘的距离不宜大于 0.5 m,且不宜小于 0.2 m。

(3)测区位置。测区应优先考虑布置在混凝土浇筑的侧面,即与混凝土浇筑方向相垂直的贴模板的一面。如不能满足时,则可选在混凝土浇筑的表面或底面。测区宜选在构件的两个对称可测面上,也可选在一个可测面上,且应均匀分布。在结构或构件的受力部位、薄弱部位以及容易产生缺陷的部位(如梁与柱交接的节点处),必须布置测区,并应避开预埋件。

(4)测区表面。测区表面应清洁、平整、干燥,不应有接缝、饰面层、粉刷层、浮浆、油垢和蜂窝麻面等。必要时可采用砂轮清除疏松层和杂物,且不应有残留的粉末或碎屑。

3.1.2.2 回弹值测量

检测时,回弹仪应始终垂直于结构或构件的混凝土检测面,缓慢施压,准确读数,快速复位。测点在测区内均匀布置,测点间距不宜小于 20 mm。测点距外露钢筋、预埋件的距离不小于 30 mm。测点不应在气孔或外露石子上,同一测点只允许弹击一次。每一测区应记取 16 个回弹值,每一测点的回弹值读数估读至 1。

对体积小、刚度差以及测试部位的厚度小于 100 mm 的构件,测试时应设置支撑,加以固定,防止产生颤动,影响量测精度。

3.1.2.3 碳化深度测量

回弹值测量完毕后,应在有代表性的位置上选择不少于构件测区数的 30%测量碳化深度,取其平均值作为该构件每测区的碳化深度值。当碳化深度的最大最小值相差超过 2.0 mm 时,应对所有测区的碳化深度进行测量。

测量碳化深度值时,用合适的工具在测区表面形成直径约为 15 mm 的孔洞,其深度应大于混凝土的碳化深度。清除孔洞中的碎屑和粉末(用风吹),注意不得用水冲洗,应立即用浓度为 1%的酚酞酒精溶液滴在孔洞内壁的边缘处,再用深度测量工具测量从测试表面到孔内混凝土不变色交界面的垂直距离,测量次数至少 3 次,取其平均值作为该测区混凝土的碳化深度值。每次量测读数精确至 0.5 mm。

3.1.3 数据处理

3.1.3.1 回弹值的计算

计算测区平均回弹值时，应从该测区的16个测点的回弹值中分别剔除3个最大值和3个最小值，然后把余下的10个回弹值取平均值。

$$R_m = \frac{\sum_{i=1}^{10} R_i}{10} \tag{8-6}$$

式中，R_m 为测区平均回弹值，精确至0.1；R_i 为第 i 个测点的回弹值。

3.1.3.2 回弹值修正

非水平方向检测混凝土浇筑侧面时，应按下式修正：

$$R_m = R_{m\alpha} + R_{a\alpha} \tag{8-7}$$

式中，$R_{m\alpha}$ 为非水平状态检测时测区的平均回弹值，精确至0.1；$R_{a\alpha}$ 为非水平状态检测时回弹值修正值，应按本规程附表B选用。

水平方向检测混凝土浇筑表面或浇筑底面时，应按下列公式修正：

$$R_m = R_m^t + R_a^t \tag{8-8}$$

$$R_m = R_m^b + R_a^b \tag{8-9}$$

式中，R_m^t，R_m^b 为水平方向检测混凝土浇筑表面、底面时，测区的平均回弹值，精确至0.1；R_a^t，R_a^b 为混凝土浇筑表面、底面回弹值的修正值，应按本规程附表C采用。

当检测时回弹仪为非水平方向且测试面为非混凝土的浇筑侧面时，应先对回弹值进行角度修正，对修正后的回弹值进行浇筑面修正。

3.1.3.3 碳化深度值的计算

每一测区的碳化深度平均值按下式计算：

$$d_m = \frac{\sum_{i=1}^{n} d_i}{n} \tag{8-10}$$

式中，d_m 为测区的平均碳化深度值，mm，计算精确至0.1 mm；d_i 为第 i 次测量的碳化深度值，mm；n 为测区碳化深度测量次数。

当 $d_m < 0.5$ mm时，按无碳化(即平均碳化深度 $d_m = 0$)进行处理。如 $d_m > 6$ mm，则按 $d_m = 6$ mm计算。

3.1.4 混凝土强度评定

3.1.4.1 测区混凝土强度值的计算

结构或构件第 i 个测区混凝土强度换算值，可按《回弹法检测混凝土抗压强度技术规程》(JGJ/T 23—2011)所求得的平均回弹值 R_m 及平均碳化深度 d_m，由附录A的测区混凝土强度表查表得出。当有地区或专用测强曲线时，则混凝土强度换算值应按地区或专用测强曲线换算得出。当强度高于 60 MPa 或低于 10 MPa，附录表 A 查不出时，可记为 $f_{cu}^{c}>50$ MPa 或 $f_{cu}^{c}<10$ MPa，附录表中未列出的测区强度值可用内插法求得。当检测条件与测强曲线的使用条件有较大差异时，采用数量不少于 6 个的相同条件试件或钻取混凝土芯样进行修正。钻取芯样时，每个部位应钻取一个芯样。计算时，测区混凝土强度换算值乘以修正系数。修正系数的计算公式为：

$$\eta=\frac{1}{n}\sum_{i=1}^{n}\frac{f_{cu,i}}{f_{cu,i}^{c}} \tag{8-11}$$

或

$$\eta=\frac{1}{n}\sum_{i=1}^{n}\frac{f_{cor,i}}{f_{cu,i}^{c}} \tag{8-12}$$

式中，η 为修正系数，精确到 0.01；$f_{cu,i}$ 为第 i 个混凝土立方体试件（边长为 150 mm）的抗压强度值，精确到 0.1 MPa；$f_{cor,i}$ 为第 i 个混凝土芯样试件的抗压强度值，精确到 0.1 MPa；$f_{cu,i}^{c}$ 为对应于第 i 个试件或芯样部位，根据其回弹值和碳化深度值计算的测区混凝土强度换算值，精确到 0.1 MPa。

3.1.4.2　结构或构件的测区混凝土强度平均值

结构或构件的测区混凝土强度平均值可根据各测区的混凝土强度换算值计算。当测区为 10 个以上时，尚应计算强度标准差。结构或构件混凝土的测区强度平均值及标准差按下列公式计算：

$$m_{f_{cu}^{c}}=\frac{\sum_{i=1}^{n}f_{cu}^{c}}{n} \tag{8-13}$$

$$s_{f_{cu}^{c}}=\sqrt{\frac{\sum_{i=1}^{n}(f_{cu,i}^{c})^{2}-n(m_{f_{cu}^{c}})^{2}}{n-1}} \tag{8-14}$$

式中，$m_{f_{cu}^{c}}$ 为结构或构件测区混凝土强度的平均值，MPa，精确至 0.1 MPa；n 为对于单个检测的构件，取一个构件的测区数；对于批量检测的构件，取各抽检构件测区数之和；$s_{f_{cu}^{c}}$ 为结构或构件测区混凝土强度换算值的标准差，MPa，精确至 0.01 MPa。

3.1.4.3　结构或构件混凝土强度推定值 $f_{cu,e}$

当该结构或构件的测区数量少于 10 个时，以构件中最小测区强度值作为该构件的混凝土强度推定

$$f_{cu,e}=f_{cu,min}^{c} \tag{8-15}$$

当该结构或构件的测区数量不少于 10 个或批量检测时，则按公式(8-16)计算的计算值作为结构或构件的混凝土强度推定值：

$$f_{cu,e}=m_{f_{cu}^{c}}-1.645s_{f_{cu}^{c}} \tag{8-16}$$

当该结构或构件的测区强度值中出现小于 10.0 MPa 时，结构或构件的混凝土强度推定值为：

$$f_{cu,e} < 10\ \text{MPa} \tag{8-17}$$

对于按批量检测的构件，当该批构件混凝土强度标准差出现下列情况之一时，该批构件应全部按单个构件检测推定混凝土的强度值。

（1）该批构件混凝土强度平均值 $m_{f_{cu}^c} < 25$ MPa，且标准差 $s_{f_{cu}^c} > 4.5$ MPa。

（2）该批构件混凝土强度平均值 $m_{f_{cu}^c} \geqslant 25$ MPa，且标准差 $s_{f_{uc}^c} > 5.5$ MPa。

附表 A　测区混凝土强度换算表

平均回弹值 R_m	测区混凝土强度换算值 $f_{cu,i}^c$/MPa												
	平均碳化深度值 d_m/mm												
	0	0.5	1.0	1.5	2.0	2.5	3.0	3.5	4.0	4.5	5.0	5.5	≥6
20.0	10.3	10.1											
20.2	10.5	10.3	10.0										
20.4	10.7	10.5	10.2										
20.6	11.0	10.8	10.4	10.1									
20.8	11.2	11.0	10.6	10.3									
21.0	11.4	11.2	10.8	10.5	10.0								
21.2	11.6	11.4	11.0	10.7	10.2								
21.4	11.8	11.6	11.2	10.9	10.4	10.0							
21.6	12.0	11.8	11.4	11.0	10.6	10.2							
21.8	12.3	12.1	11.7	11.3	10.8	10.5	10.1						
22.0	12.5	12.2	11.9	11.5	11.0	10.6	10.2						
22.2	12.7	12.4	12.1	11.7	11.2	10.8	10.4	10.0					
22.4	13.0	12.7	12.4	12.0	11.4	11.0	10.7	10.3	10.0				
22.6	13.2	12.9	12.5	12.1	11.6	11.2	10.8	10.4	10.2				
22.8	13.4	13.1	12.7	12.3	11.8	11.4	11.0	11.6	10.3				
23.0	13.7	13.4	13.0	12.6	12.1	11.6	11.2	10.8	10.5	10.1			
23.2	13.9	13.6	13.2	12.8	12.2	11.8	11.4	11.0	10.7	10.6	10.0		
23.4	14.1	13.8	13.4	13.0	12.4	12.0	11.6	11.2	10.9	10.4	10.2		
23.6	14.4	14.1	13.7	13.2	12.7	12.2	11.8	11.4	11.1	10.7	10.4	10.1	
23.8	14.6	14.3	13.9	13.4	12.8	12.4	12.0	11.5	11.2	10.8	10.5	10.2	
24.0	14.9	14.6	14.2	13.7	13.1	12.7	12.2	11.8	11.5	11.0	10.7	10.4	10.1
24.2	15.1	14.8	14.3	13.9	13.3	12.8	12.4	11.9	11.6	11.2	10.9	10.6	10.3

续附表 A

平均回弹值 R_m	测区混凝土强度换算值 $f^c_{cu,i}$/MPa												
	平均碳化深度值 d_m/mm												
	0	0.5	1.0	1.5	2.0	2.5	3.0	3.5	4.0	4.5	5.0	5.5	≥6
24.4	15.4	15.1	14.6	14.2	13.6	13.1	12.6	12.2	11.9	11.4	11.1	10.8	10.4
24.6	15.6	15.3	14.8	14.4	13.7	13.3	12.8	12.3	12.0	11.5	11.2	10.9	10.6
24.8	15.9	15.6	15.1	14.6	14.0	13.5	13.0	12.6	12.2	11.8	11.4	11.1	10.7
25.0	16.2	15.9	15.4	14.9	14.3	13.8	13.3	12.8	12.5	12.0	11.7	11.3	10.9
25.2	16.4	16.1	15.6	15.1	14.4	13.9	13.4	13.0	12.6	12.1	11.8	11.5	11.0
25.4	16.7	16.4	15.9	15.4	14.7	14.2	13.7	13.2	12.9	12.4	12.0	11.7	11.2
25.6	16.9	16.6	16.1	15.7	14.9	14.4	13.9	13.4	13.0	12.5	12.2	11.8	11.3
25.8	17.2	16.9	16.3	15.8	15.1	14.6	14.1	13.6	13.2	12.7	12.4	12.0	11.5
26.0	17.5	17.2	16.6	16.1	15.4	14.9	14.4	13.8	13.5	13.0	12.6	12.2	11.6
26.2	17.8	17.4	16.9	16.4	15.7	15.1	14.6	14.0	13.7	13.2	12.8	12.4	11.8
26.4	18.0	17.6	17.1	16.6	15.8	15.3	14.8	14.2	13.9	13.3	13.0	12.6	12.0
26.6	18.3	17.9	17.4	16.8	16.1	15.6	15.0	14.4	14.1	13.5	13.2	12.8	12.1
26.8	18.6	18.2	17.7	17.1	16.4	15.8	15.3	14.6	14.3	13.8	13.4	12.9	12.3
27.0	18.9	18.5	18.0	17.4	16.6	16.1	15.5	14.8	14.6	14.0	13.6	13.1	12.4
27.2	19.1	18.7	18.1	17.6	16.8	16.2	15.7	15.0	14.7	14.1	13.8	13.3	12.6
27.4	19.4	19.0	18.4	17.8	17.0	16.4	15.9	15.2	14.9	14.3	14.0	13.4	12.7
27.6	19.7	19.3	18.7	18.0	17.2	16.6	16.1	15.4	15.1	14.5	14.1	13.6	12.9
27.8	20.0	19.6	19.0	18.2	17.4	16.8	16.3	15.6	15.3	14.7	14.2	13.7	13.0
28.0	20.3	19.7	19.2	18.4	17.6	17.0	16.5	15.8	15.4	14.8	14.4	13.9	13.2
28.2	20.6	20.0	19.5	18.6	17.8	17.2	16.7	16.0	15.6	15.0	14.6	14.0	13.3
28.4	20.9	20.3	19.7	18.8	18.0	17.4	16.9	16.2	15.8	15.2	14.8	14.2	13.5
28.6	21.2	20.6	20.0	19.1	18.2	17.6	17.1	16.4	16.0	15.4	15.0	14.3	13.6
28.8	21.5	20.9	20.2	19.4	18.5	17.8	17.3	16.6	16.2	15.6	15.2	14.5	13.8
29.0	21.8	21.1	20.5	19.6	18.7	18.1	17.5	16.8	16.4	15.8	15.4	14.6	13.9
29.2	22.1	21.4	20.8	19.9	19.0	18.3	17.7	17.0	16.6	16.0	15.6	14.8	14.1
29.4	22.4	21.7	21.1	20.2	19.3	18.6	17.9	17.2	16.8	16.2	15.8	15.0	14.2
29.6	22.7	22.0	21.3	20.4	19.5	18.8	18.2	17.5	17.0	16.4	16.0	15.1	14.4
29.8	23.0	22.3	21.6	20.7	19.8	19.1	18.4	17.7	17.2	16.6	16.2	15.3	14.5

续附表 A

平均回弹值 R_m	测区混凝土强度换算值 $f^c_{cu,i}$/MPa												
	平均碳化深度值 d_m/mm												
	0	0.5	1.0	1.5	2.0	2.5	3.0	3.5	4.0	4.5	5.0	5.5	≥6
30.0	23.3	22.6	21.9	21.0	20.0	19.3	18.6	17.9	17.4	16.8	16.4	15.4	14.7
30.2	23.6	22.9	22.2	21.2	20.3	19.6	18.9	18.2	17.6	17.0	16.6	15.6	14.9
30.4	23.9	23.2	22.5	21.5	20.6	19.8	19.1	18.4	17.8	17.2	16.8	15.8	15.1
30.6	24.3	23.6	22.8	21.9	20.9	20.2	19.4	18.7	18.0	17.5	17.0	16.0	15.2
30.8	24.6	23.9	23.1	22.1	21.2	20.4	19.7	18.9	18.2	17.7	17.2	16.2	15.4
31.0	24.9	24.2	23.4	22.4	21.4	20.7	19.9	19.2	18.4	17.9	17.4	16.4	15.5
31.2	25.2	24.4	23.7	22.7	21.7	20.9	20.2	19.4	18.6	18.1	17.6	16.6	15.7
31.4	25.6	24.8	24.1	23.0	22.0	21.2	20.5	19.7	18.9	18.4	17.8	16.9	15.8
31.6	25.9	25.1	24.3	23.3	22.3	21.5	20.7	19.9	19.2	18.6	18.0	17.1	16.0
31.8	26.2	25.4	24.6	23.6	22.5	21.7	21.0	20.2	19.4	18.9	18.2	17.3	16.2
32.0	26.5	25.7	24.9	23.9	22.8	22.0	21.2	20.4	19.6	19.1	18.4	17.5	16.4
32.2	26.9	26.1	25.3	24.2	23.1	22.3	21.5	20.7	19.9	19.4	18.6	17.7	16.6
32.4	27.2	26.4	25.6	24.5	23.4	22.6	21.8	20.9	20.1	19.6	18.8	17.9	16.8
32.6	27.6	26.8	25.9	24.8	23.7	22.9	22.1	20.4	21.3	20.4	19.9	18.1	17.0
32.8	27.9	27.1	26.2	25.1	24.0	23.2	22.3	21.5	20.6	20.1	19.2	18.3	17.2
33.0	28.2	27.4	26.5	25.4	24.3	23.4	22.6	21.7	20.9	20.3	19.4	18.5	17.4
33.2	28.6	27.7	26.8	25.7	24.6	23.7	22.9	22.0	21.2	20.5	19.6	18.7	17.6
33.4	28.9	28.0	27.1	26.0	24.9	24.0	23.1	22.3	21.4	20.7	19.8	18.9	17.8
33.6	29.3	28.4	27.4	26.4	25.2	24.2	23.3	22.6	21.7	20.9	20.0	19.1	18.0
33.8	29.6	28.7	27.7	26.6	25.4	24.4	23.5	22.8	21.9	21.1	20.2	19.3	18.2
34.0	30.0	29.1	28.0	26.8	25.6	24.6	23.7	23.0	22.1	21.3	20.4	19.5	18.3
34.2	30.3	29.4	28.3	27.0	25.8	24.8	23.9	23.2	22.3	21.5	20.6	19.7	18.4
34.4	30.7	29.8	28.6	27.2	26.0	25.0	24.1	23.4	22.5	21.7	20.8	19.8	18.6
34.6	31.1	30.2	28.9	27.4	26.2	25.2	24.3	23.6	22.7	21.9	21.0	20.0	18.8
34.8	31.4	30.5	29.2	27.6	26.4	25.4	24.5	23.8	22.9	22.1	21.2	20.2	19.0
35.0	31.8	30.8	29.6	28.0	26.7	25.8	24.8	24.0	23.2	22.3	21.4	20.4	19.2
35.2	32.1	31.1	29.9	28.2	27.0	26.0	25.0	24.2	23.4	22.5	21.6	20.6	19.4
35.4	32.5	31.5	30.2	28.6	27.3	26.3	25.4	24.4	23.7	22.8	21.8	20.8	19.6
35.6	32.9	30.9	30.6	29.0	27.6	26.6	25.7	24.7	24.0	23.0	22.0	21.0	19.8

续附表 A

平均回弹值 R_m	测区混凝土强度换算值 $f^{c}_{cu,i}$/MPa												
	平均碳化深度值 d_m/mm												
	0	0.5	1.0	1.5	2.0	2.5	3.0	3.5	4.0	4.5	5.0	5.5	≥6
35.8	33.3	32.3	31.0	29.3	28.0	27.0	26.0	25.0	24.3	23.3	22.2	21.2	20.0
36.0	33.6	32.6	31.2	29.6	28.2	27.2	26.2	25.2	24.5	23.5	22.4	21.4	20.2
36.2	34.0	33.0	31.6	29.9	28.6	27.5	26.5	25.5	24.8	23.8	22.6	21.6	20.4
36.4	34.4	33.4	32.0	30.3	28.9	27.9	26.8	25.8	25.1	24.1	22.8	21.8	20.6
36.6	34.8	33.8	32.4	30.6	29.2	28.2	27.1	26.1	25.4	24.4	23.0	22.0	20.9
36.8	35.2	34.1	32.7	31.0	29.6	28.5	27.5	26.4	25.7	24.6	23.2	22.2	21.1
37.0	35.5	34.4	33.0	31.2	29.8	28.8	27.7	26.6	25.9	24.8	23.4	22.4	21.3
37.2	35.9	34.8	33.4	31.6	30.2	29.1	28.0	26.9	26.2	25.1	23.7	22.6	21.5
37.4	36.3	35.2	33.8	31.9	30.5	29.4	28.3	27.2	26.5	25.4	24.0	22.9	21.8
37.6	36.7	35.6	34.1	32.3	30.8	29.7	28.6	27.5	26.8	25.7	24.2	23.1	22.0
37.8	37.1	36.0	34.5	32.6	31.2	30.0	28.9	27.8	27.1	26.0	24.5	23.4	22.3
38.0	37.5	36.4	34.9	33.0	31.5	30.3	29.2	28.1	27.4	26.2	24.8	23.6	22.5
38.2	37.9	36.8	35.2	33.4	31.8	30.6	29.5	28.4	27.7	26.5	25.0	23.9	22.7
38.4	38.3	37.2	35.6	33.7	32.1	30.9	29.8	28.7	28.0	26.8	25.3	24.1	23.0
38.6	38.7	37.5	36.0	34.1	32.4	31.2	30.1	29.0	28.3	27.0	25.5	24.4	23.2
38.8	39.1	37.9	36.4	34.4	32.7	31.5	30.4	29.3	28.5	27.2	25.8	24.6	23.5
39.0	39.5	38.2	36.7	34.7	33.0	31.8	30.6	29.6	28.8	27.4	26.0	24.8	23.7
39.2	39.9	38.5	37.0	35.0	33.3	32.1	30.8	29.8	29.0	27.6	26.2	25.0	24.0
39.4	40.3	38.8	37.3	35.3	33.6	32.4	31.0	30.0	29.2	27.8	26.4	25.2	24.2
39.6	40.7	39.1	37.6	35.6	33.9	32.7	31.2	30.2	29.2	28.8	26.6	25.4	24.4
39.8	41.2	39.6	38.0	35.9	34.2	33.0	31.4	30.5	29.7	28.2	26.8	25.6	24.7
40.0	41.6	39.9	38.3	36.2	34.5	33.3	31.7	30.8	30.0	28.4	27.0	25.8	25.0
40.2	42.0	40.3	38.6	36.5	34.8	33.6	32.0	31.1	30.2	28.6	27.3	26.0	25.2
40.4	42.4	40.7	39.0	36.9	35.1	33.9	32.3	31.4	30.5	28.8	27.6	26.2	25.4
40.6	42.8	41.1	39.4	37.2	35.4	34.2	32.6	31.7	30.8	29.1	27.8	26.5	25.7
40.8	43.3	41.6	39.8	37.7	32.7	34.5	32.9	32.0	31.2	29.4	28.1	26.8	26.0
41.0	43.7	42.0	40.2	38.0	36.0	34.8	33.2	32.3	31.5	29.7	28.4	27.1	26.2
41.2	44.1	42.3	40.6	38.4	36.3	35.1	33.5	32.6	31.8	30.0	28.7	27.3	26.5
41.4	44.5	42.7	40.9	38.7	36.6	35.4	33.8	32.9	32.0	30.3	28.9	276	26.7

续附表 A

平均回弹值 R_m	测区混凝土强度换算值 $f^{c}_{cu,i}$/MPa												
	平均碳化深度值 d_m/mm												
	0	0.5	1.0	1.5	2.0	2.5	3.0	3.5	4.0	4.5	5.0	5.5	≥6
41.6	45.0	43.2	41.4	39.2	36.9	35.7	34.2	33.3	32.4	30.6	29.2	27.9	27.2
41.8	45.4	43.6	41.4	39.5	37.2	36.0	34.5	33.6	32.7	30.9	29.5	28.1	27.2
42.0	45.9	44.1	42.2	39.9	37.6	36.3	34.9	34.0	33.0	31.2	29.8	28.5	27.5
42.2	46.3	44.4	42.6	40.3	38.0	36.6	35.2	34.3	33.3	31.5	30.1	28.7	27.8
42.4	46.7	44.8	43.0	40.6	38.3	36.9	35.5	34.6	33.6	31.8	30.4	29.0	28.0
42.6	47.2	45.3	43.4	41.1	38.7	37.3	35.9	34.9	34.0	32.1	30.7	29.3	28.3
42.8	47.6	45.7	43.8	41.4	39.0	37.6	36.2	35.2	34.3	32.4	30.9	29.5	28.6
43.0	48.1	46.2	44.2	41.8	39.4	28.0	36.6	35.6	34.6	32.7	31.3	29.8	28.9
43.2	48.5	46.6	44.6	42.2	39.8	38.3	36.9	35.9	34.9	33.0	31.5	30.1	29.1
43.4	49.0	47.0	45.1	42.6	40.2	38.7	37.2	36.3	35.3	33.3	31.8	30.4	29.4
43.6	49.4	47.4	45.4	43.0	40.5	39.0	37.5	36.6	35.6	33.6	32.1	30.6	29.6
43.8	49.9	47.9	45.9	43.4	40.9	39.4	37.9	36.9	35.9	33.9	32.4	30.9	29.9
44.0	50.4	48.4	46.4	43.8	41.3	39.8	38.3	37.3	36.3	34.3	32.8	31.2	30.2
44.2	50.8	48.8	46.7	44.2	41.7	40.1	38.6	37.6	36.6	34.5	33.0	31.5	30.5
44.4	51.3	49.2	47.2	44.6	42.1	40.5	39.0	38.0	36.9	34.9	33.3	31.8	30.8
44.6	51.7	49.6	47.6	45.0	42.4	40.8	39.3	38.3	37.2	35.2	33.6	32.1	31.0
44.8	52.2	50.1	48.0	45.4	42.8	41.2	39.7	38.6	37.6	35.5	33.9	32.4	31.3
45.0	52.7	50.6	58.5	45.8	43.2	41.6	40.1	39.0	37.9	35.8	34.4	32.7	31.6
45.2	53.2	51.1	48.9	46.3	43.6	42.0	40.4	39.4	38.3	36.2	34.6	33.0	31.9
45.4	53.6	51.5	49.4	46.6	44.0	42.3	40.7	39.7	38.6	36.4	34.8	33.2	32.2
45.6	54.1	51.9	49.8	47.1	44.4	42.7	41.1	40.0	39.0	36.8	35.2	33.5	32.5
45.8	54.6	52.4	50.2	47.5	44.8	43.1	41.5	40.4	39.3	37.1	35.5	33.9	32.8
46.0	55.0	52.8	50.6	47.9	45.2	43.5	41.9	40.8	39.7	37.5	35.8	34.2	33.1
46.2	55.5	53.3	51.1	48.3	45.5	43.8	42.2	41.1	40.0	37.7	36.1	34.4	33.3
46.4	56.0	53.8	51.5	48.7	45.9	44.2	42.6	41.4	40.3	38.1	36.4	34.7	33.6
46.6	56.5	54.2	52.0	49.2	46.3	44.6	42.9	41.8	40.7	38.4	36.7	35.0	33.9
46.8	57.0	54.5	52.4	49.6	46.7	45.0	43.3	42.2	41.0	38.8	37.0	35.3	34.2
47.0	57.5	55.2	52.9	50.0	47.2	45.2	43.7	42.6	41.4	39.1	37.4	35.6	34.5
47.2	58.0	55.7	53.4	50.5	47.6	45.8	44.1	42.9	41.8	39.4	37.7	36.0	34.8
47.4	58.5	56.2	53.8	50.9	48.0	46.2	44.5	43.3	42.1	39.8	38.0	36.3	35.1
47.6	59.0	56.6	54.3	51.3	48.4	46.6	44.8	43.7	42.5	40.1	38.4	36.6	35.4

续附表 A

平均回弹值 R_m	测区混凝土强度换算值 $f_{cu,i}^{c}$/MPa												
	平均碳化深度值 d_m/mm												
	0	0.5	1.0	1.5	2.0	2.5	3.0	3.5	4.0	4.5	5.0	5.5	≥6
47.8	59.5	57.1	54.7	51.8	48.8	47.0	45.2	44.0	42.8	40.5	38.7	36.9	35.7
48.0	60.0	57.6	55.2	52.2	49.2	47.4	45.6	44.4	43.2	40.8	39.0	37.2	36.0
48.2		58.0	55.7	52.6	49.6	47.8	46.0	44.8	43.6	41.1	39.3	37.5	36.3
48.4		58.6	56.1	53.1	50.0	48.2	46.4	45.1	43.9	41.5	39.6	37.8	36.6
48.6		59.0	56.6	53.5	50.4	48.6	46.7	45.5	44.3	41.8	40.0	38.1	36.9
48.8		59.5	57.1	54.0	50.9	49.0	47.1	45.9	44.6	42.2	40.3	38.4	37.2
49.0		60.0	57.5	54.4	51.3	49.4	47.5	46.2	45.0	42.5	40.6	38.8	37.5
49.2			58.0	54.8	51.7	49.8	47.9	46.6	45.4	42.8	41.0	39.1	37.8
49.4			58.5	55.3	52.1	50.2	48.3	47.1	45.8	43.2	41.3	39.4	38.2
49.6			58.9	55.7	52.5	50.6	48.7	47.4	46.2	43.6	41.7	39.7	38.5
49.8			59.4	56.2	53.3	51.0	49.1	47.8	46.5	43.9	42.0	40.1	38.8
50.0			59.9	56.7	53.4	51.4	49.5	48.2	46.9	44.3	42.3	40.4	39.1
50.2				57.1	53.8	51.9	49.9	48.5	47.2	44.6	42.6	40.7	39.4
50.4				57.6	54.3	52.3	50.3	49.0	47.7	45.0	43.0	41.0	39.7
50.6				58.0	54.7	52.7	50.7	49.4	48.0	45.4	43.4	41.4	40.0
50.8				58.5	55.1	53.1	51.1	49.8	48.4	45.7	43.7	41.7	40.3
51.0				59.0	55.6	53.5	51.5	50.1	48.8	46.1	44.1	42.0	40.7
51.2				59.4	56.0	54.0	51.9	50.5	49.2	46.4	44.4	42.3	41.0
51.4				59.9	56.4	54.4	52.3	50.9	49.6	46.8	44.7	42.7	41.3
51.6					56.9	54.8	52.7	51.3	50.0	47.2	45.1	43.0	41.6
51.8					57.3	55.2	53.1	51.7	50.3	47.5	45.4	43.3	41.8
52.0					57.8	55.7	53.6	52.1	50.7	47.9	45.8	43.7	42.3
52.2					58.2	56.1	54.0	52.5	51.1	48.3	46.2	44.0	42.6
52.4					58.7	56.5	54.4	53.0	51.5	48.7	46.5	44.4	43.0
52.6					59.1	57.0	54.8	53.4	51.9	49.0	46.9	44.7	43.3
52.8					59.6	57.4	55.2	53.8	52.3	49.4	47.3	45.1	43.6
53.0					60.0	57.8	55.6	54.2	52.7	49.8	47.6	45.4	43.9
53.2						58.3	56.1	54.6	53.1	50.2	48.0	45.8	44.3
53.4						58.7	56.5	55.0	53.5	50.5	48.3	46.1	44.6
53.6						59.2	56.9	55.4	53.9	50.9	48.7	46.4	44.9
53.8						59.6	57.3	55.8	54.3	51.3	49.0	46.8	45.3

续附表 A

平均回弹值 R_m	测区混凝土强度换算值 $f^c_{cu,i}$/MPa												
	平均碳化深度值 d_m/mm												
	0	0.5	1.0	1.5	2.0	2.5	3.0	3.5	4.0	4.5	5.0	5.5	≥6
54.0							57.8	56.3	54.7	51.7	49.4	47.1	45.6
54.2							58.2	56.7	55.1	52.1	49.8	47.5	46.0
54.4							58.6	57.1	55.6	52.5	50.2	47.9	46.3
54.6							59.1	57.5	56.0	52.9	50.5	48.2	46.6
54.8							59.5	57.9	56.4	53.2	50.9	58.5	47.0
55.0							59.9	58.4	56.8	53.6	51.3	48.9	47.3
55.2								58.8	57.2	54.0	51.6	49.3	47.7
55.4								59.2	57.6	54.4	52.0	49.6	48.0
55.6								59.7	58.0	54.8	52.4	50.0	48.4
55.8									58.5	55.2	52.8	50.3	48.7
56.0									58.9	55.6	53.2	50.7	49.1
56.2									59.3	56.0	53.5	51.1	49.4
56.4									59.7	56.4	53.9	51.4	49.8
56.6										56.8	54.3	51.8	50.1
56.8										57.2	54.7	52.2	50.5
57.0										57.6	55.1	52.5	50.8
57.2										58.0	55.5	52.9	51.2
57.4										58.4	55.9	53.3	51.6
57.6										58.9	56.3	53.7	51.9
57.8										59.3	56.7	54.0	52.3
58.0										59.7	57.0	54.4	52.7
58.2											57.4	54.8	53.0
58.4											57.8	55.2	53.4
58.6											58.2	55.6	53.8
58.8											58.6	55.9	54.1
59.0											59.0	56.3	54.5
59.2											59.4	56.7	54.9
59.4											59.8	57.1	55.2
59.9												57.5	55.6
59.8												57.9	56.0
60.0												58.3	56.4

附表 B　非水平状态检测时的回弹值修正值

R_{ma}	检测角度							
	向上				向下			
	90°	60°	45°	30°	−30°	−45°	−60°	−90°
20	−6.0	−5.0	−4.0	−3.0	+2.5	+3.0	+3.5	+4.0
21	−5.9	−4.9	−4.0	−3.0	+2.5	+3.0	+3.5	+4.0
22	−5.8	−4.8	−3.9	−2.9	+2.4	+2.9	+3.4	+3.9
23	−5.7	−4.7	−3.9	−2.9	+2.4	+2.9	+3.4	+3.9
24	−5.6	−4.6	−3.8	−2.8	+2.3	+2.8	+3.3	+3.8
25	−5.5	−4.5	−3.8	−2.8	+2.3	+2.8	+3.3	+3.8
26	−5.4	−4.4	−3.7	−2.7	+2.2	+2.7	+3.2	+3.7
27	−5.3	−4.3	−3.7	−2.7	+2.2	+2.7	+3.2	+3.7
28	−5.2	−4.2	−3.6	−2.6	+2.1	+2.6	+3.1	+3.6
29	−5.1	−4.1	−3.6	−2.6	+2.1	+2.6	+3.1	+3.6
30	−5.0	−4.0	−3.5	−2.5	+2.0	+2.5	+3.0	+3.5
31	−4.9	−4.0	−3.5	−2.5	+2.0	+2.5	+3.0	+3.5
32	−4.8	−3.9	−3.4	−2.4	+1.9	+2.4	+2.9	+3.4
33	−4.7	−3.9	−3.4	−2.4	+1.9	+2.4	+2.9	+3.4
34	−4.6	−3.8	−3.3	−2.3	+1.8	+2.3	+2.8	+3.3
35	−4.5	−3.8	−3.3	−2.3	+1.8	+2.3	+2.8	+3.3
36	−4.4	−3.7	−3.2	−2.2	+1.7	+2.2	+2.7	+3.2
37	−4.3	−3.7	−3.2	−2.2	+1.7	+2.2	+2.7	+3.2
38	−4.2	−3.6	−3.1	−2.1	+1.6	+2.1	+2.6	+3.1
39	−4.1	−3.6	−3.1	−2.1	+1.6	+2.1	+2.6	+3.1
40	−4.0	−3.5	−3.0	−2.0	+1.5	+2.0	+2.5	+3.0
41	−4.0	−3.5	−3.0	−2.0	+1.5	+2.0	+2.5	+3.0
42	−3.9	−3.4	−2.9	−1.9	+1.4	+1.9	+2.4	+2.9
43	−3.9	−3.4	−2.9	−1.9	+1.4	+1.6	+2.4	+2.9
44	−3.8	−3.3	−2.8	−1.8	+1.3	+1.8	+2.3	+2.8
45	−3.8	−3.3	−2.8	−1.8	+1.3	+1.8	+2.3	+2.8
46	−3.7	−3.2	−2.7	−1.7	+1.2	+1.7	+2.2	+2.7
47	−3.7	−3.2	−2.7	−1.7	+1.2	+1.7	+2.2	+2.7
48	−3.6	−3.1	−2.6	−1.6	+1.1	+1.6	+2.1	+2.6
49	−3.6	−3.1	−2.6	−1.6	+1.1	+1.6	+2.1	+2.6
50	−3.5	−3.0	−2.5	−1.5	+1.0	+1.5	+2.0	+2.5

注：1. R_{ma}小于 20 或大于 50 时，均分别按 20 或 50 查表；

2. 表中未列入的相应于 R_{ma}的修正值 R_{ma}，可用内插法求得，精确至 0.1。

附表 C　不同浇筑面的回弹值修正值

R_m^t 或 R_m^b	表面修正值 (R_a^t)	底面修正值 (R_a^b)	R_m^t 或 R_m^b	表面修正值 (R_a^t)	底面修正值 (R_a^b)
20	+2.5	−3.0	36	+0.9	−1.4
21	+2.4	−2.9	37	+0.8	−1.3
22	+2.3	−2.8	38	+0.7	−1.2
23	+2.2	−2.7	39	+0.6	−1.1
24	+2.1	−2.6	40	+0.5	−1.0
25	+2.0	−2.5	41	+0.4	−0.9
26	+1.9	−2.4	42	+0.3	−0.8
27	+1.8	−2.3	43	+0.2	−0.7
28	+1.7	−2.2	44	+0.1	−0.6
29	+1.6	−2.1	45	0	−0.5
30	+1.5	−2.0	46	0	−0.4
31	+1.4	−1.9	47	0	−0.3
32	+1.3	−1.8	48	0	−0.2
33	+1.2	−1.7	49	0	−0.1
34	+1.1	−1.6	50	0	0
35	+1.0	−1.5			

注：1. R_m^t 或 R_m^b 小于 20 或大于 50 时，均分别按 20 或 50 查表；

2. 表中有关混凝土浇筑表面的修正系数，是指一般原浆抹面的修正值；

3. 表中有关混凝土浇筑底面的修正系数，是指构件底面与侧面采用同一类模板在正常浇筑情况下的修正值。

4. 表中未列入的相应于 R_m^t 或 R_m^b 的 R_a^t 和 R_a^b 值，可用内插法求得，精确至 0.1。

4　混凝土内部缺陷的超声法检测技术

4.1　基本原理

超声法检测混凝土缺陷是指采用低频超声波检测仪，测量超声脉冲纵波在结构混凝土中的传播速度(声速)、接收波形的振幅和频率等声学参数，并根据这些参数的相对变化和波形，来判定混凝土中的缺陷，这些缺陷主要有：裂缝深度、内部空洞和不密实区的位置及范围、表面损伤层厚度、混凝土的结合面和混凝土的匀质性。

超声法检测混凝土缺陷的基本原理是利用超声波在介质中传播时，遇到缺陷产生绕射使传播速度降低，声时变长；在缺陷界面产生反射，使波幅和频率明显降低，接收波形发生畸变。综合波速、波幅、频率等参数的相对变化和接收波形的变化，对比相同条件下无缺陷混凝土的参数和波形，就可判断和评定混凝土的缺陷和损伤情况。

混凝土超声检测使用非金属超声检测仪，其超声波的工作频率在 1 MHz 以下，一般采用 10～500 kHz。

换能器的频率选用 20～250 kHz，根据不同的测试需要选用厚度振动式和径向振动式。

4.2 混凝土裂缝检测

4.2.1 浅裂缝检测

对于结构混凝土开裂深度小于或等于 500 mm 的裂缝，可采用平测法或斜测法进行检测。需要检测的裂缝中不允许有积水或泥浆。当结构或构件中有主钢筋穿过裂缝且与两个换能器的连线大致平行时，布置测点应使两个换能器的连线与该钢筋轴线至少相距 1.5 倍的裂缝预计深度。

4.2.1.1 单面平测法

只有一个表面可供超声检测时（如混凝土路面、飞机跑道和大坝等），采用单面平测法进行裂缝深度的检测。检测时，应在裂缝检测部位以不同的测距同时按跨缝和不跨缝布置测点，分别测量超声波从 T 传播到 R 的声时值，其具体测量方法如下：

将发射换能器 T 和接收换能器 R 以裂缝为对称轴布置在裂缝的两侧（图 8-6），其距离为 l_i，测得超声波传播的声时为 t_i^o。再将换能器以相同的测距布置在裂缝同一侧完好混凝土的表面，如图 8-6(a)中 R'，测得相应的声时为 t_i。则裂缝的深度可按式(8-18)进行计算：

$$d_{ci}=\frac{l_i}{2}\sqrt{\left(\frac{t_i^o}{t_i}\right)-1} \tag{8-18}$$

式中，d_{ci} 为第 i 次量测的裂缝深度，mm；l_i 为第 i 次量测的超声波传播距离，mm；t_i、t_i^o 分别代表测距为 l_i 时不跨缝和跨缝量测的声时值，μs。

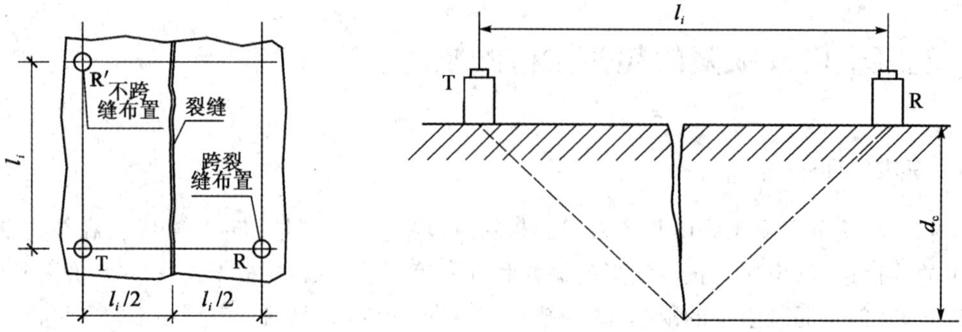

图 8-6 单面平测法检测裂缝深度

以不同 l_i 测得的 d_{ci} 的平均值作为该裂缝的深度值 d_c。

如所得的 d_c 值大于原测距中任一个 l_i，则应把该 l_i 距离的 d_{ci} 舍弃后重新计算 d_c 值。

4.2.1.2　双面斜测法

当结构的裂缝部位具有两个相互平行的测试表面（梁、板、柱等）时，可采用双面斜测法测量裂缝深度。测量方法如图 8-7 所示，将 T、R 换能器分别置于对应测点 1，2，3，…的位置，读取相应的声时值 t_i 和波幅值 A_i 及频率值 f_i。当 T、R 换能器的连线通过裂缝时，超声波在裂缝的界面上产生很大的衰减，接收信号的波幅和频率明显降低。根据波幅和频率的突变，可以判定裂缝的深度以及是否在平面方向贯通。

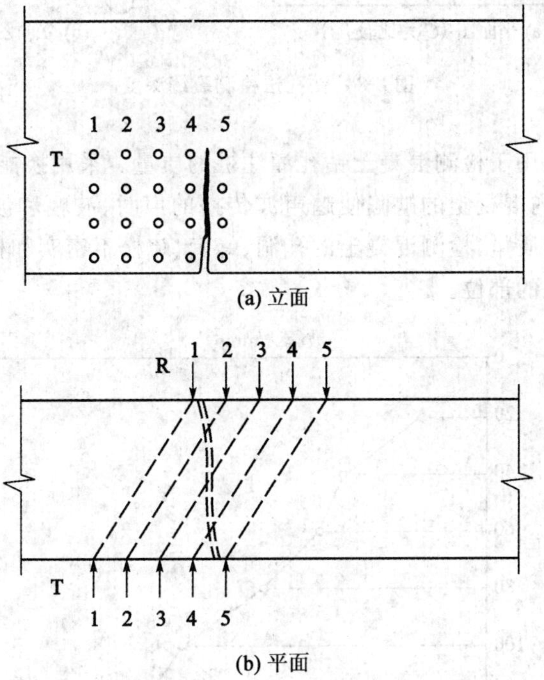

图 8-7　斜测法测裂缝示意图

4.2.2　深裂缝检测

对于在大体积混凝土中预计深度在 500 mm 以上的深裂缝，采用钻孔法测裂缝深度，如图 8-8 所示。在被测裂缝两侧钻取测试孔，两个对应测试孔的间距宜为 2 000 mm，其轴线应保持平行，孔径应比换能器的直径大 5～10 mm，孔深应至少大于裂缝预计深度 700 mm（经测试如浅于裂缝深度，则应加深钻孔），孔中粉末碎屑应清理干净。在混凝土裂缝测孔的一侧再钻一个深度较浅的比较孔，测试同样测距下无裂缝混凝土的声学参数，供对比判别使用。钻孔法检测裂缝应选用频率为 20～40 kHz 的径向振动式换能器，并在其接线上作出等距离标志（一般间隔为 100～500 mm）。测试前，应先向测孔中灌注清水，作为耦合介质，将 T 和 R 换能器分别置于裂缝两侧的对应孔中，以相同高程等间距地自上而下同步移动，在不同的深度上进行对测，逐点读取声时和波幅数据。以换能器所处深度 d 和对应的波幅值 A 绘制 d-A 坐标图，如图 8-9 所示。随着换能器位置的下移，波幅值逐渐增大，当波幅达到最大并基本稳定时，该位置对应的深度便是裂缝深度 d_c。

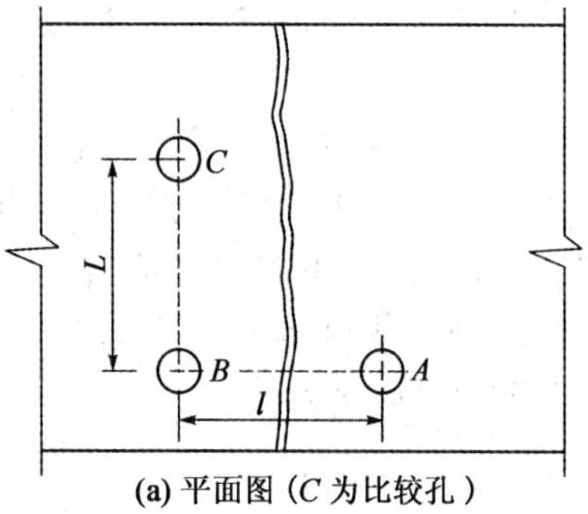

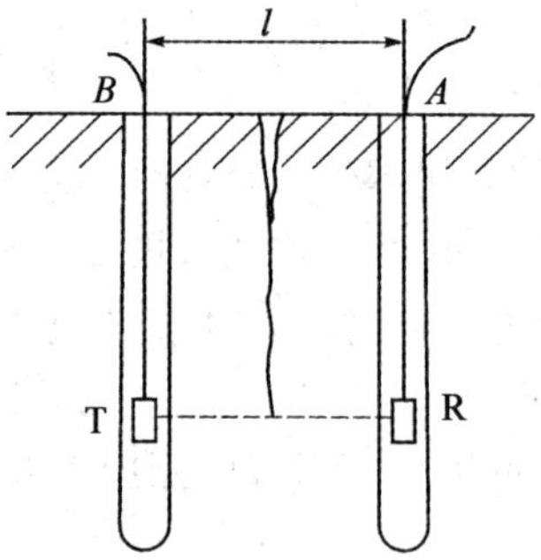

图 8-8　钻孔法检测裂缝深度

钻孔检测法还可用于检测混凝土钻孔灌注桩的质量。采用换能器沿预埋在桩内的管道作对穿式检测，桩内混凝土的缺陷使超声波传播的声时、波幅和波形产生突变，借此可判断桩的混凝土灌注质量，检测混凝土的孔洞、蜂窝、疏松不密实和桩内泥沙或砾石夹层，以及可能出现的断桩的部位。

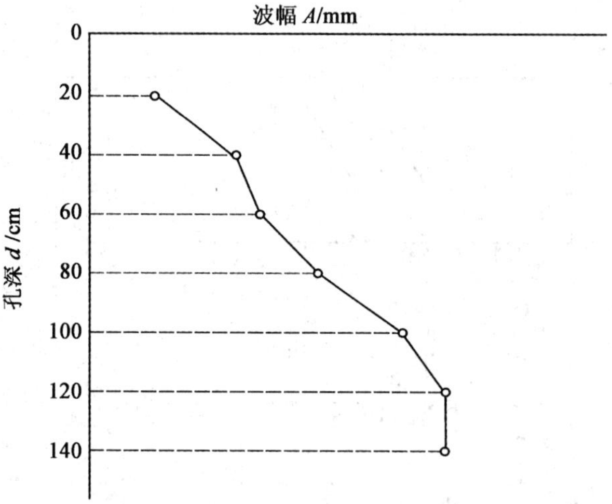

图 8-9　d-A 坐标图

4.3　混凝土表层损伤检测

混凝土结构在使用过程中，因高温（如火灾）、冰冻和化学（酸、碱、盐）侵蚀，其表面会受到损伤，损伤厚度可以利用超声法进行检测。

检测时，应根据结构损伤的情况和外观质量选取有代表性的部位布置测区。测点布置时应避开钢筋，同时避免两个换能器的连线与附近主钢筋的轴线平行。测点表面应平整并处于自然干燥状态，且无接缝和饰面层。

4.3.1 测试方法

换能器常选用频率较低的厚度振动式，采用表面平测法进行检测。检测时，换能器布置如图 8-10 所示。发射换能器布置在 T 点耦合好后不动，接收换能器依次耦合安置在 $R_1, R_2, R_3, \cdots$，并测读相应的声时值 $t_1, t_2, t_3, \cdots$ 及两个换能器之间的距离 $L_1, L_2, L_3, \cdots$。换能器每次移动距离不宜大于 100 mm，每一测区内不得少于 5 个测点。如结构的损伤层厚度不均匀时，应适当增加测区数。

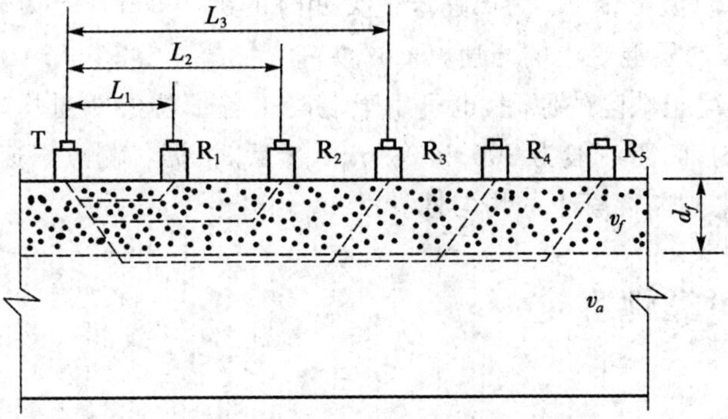

图 8-10 平测法检测混凝土表层损伤厚度

4.3.2 数据处理

数据处理及判定根据各测点的声时及测距，绘制“时-距”坐标图，如图 8-11 所示。由于混凝土损伤后使超声波传播速度变化，因此在“时-距”坐标图上出现转折点。由此可求得超声波在损伤层混凝土与未损伤混凝土中的传播速度。

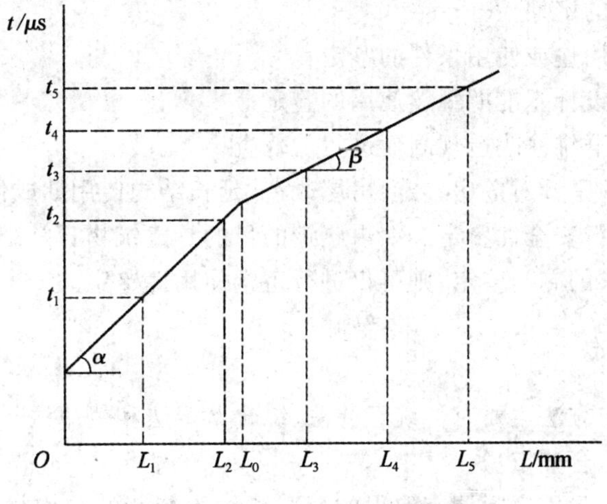

图 8-11 损伤层检测“时-距”坐标图

损伤层混凝土的声速为：$v_f = \cot\alpha = \dfrac{L_2 - L_1}{t_2 - t_1}$ (8-19)

未损伤混凝土的声速为：$v_a=\cot\beta=\dfrac{L_5-L_3}{t_5-t_3}$ (8-20)

式中，L_1，L_2，L_3，L_5 分别为转折点前后各测点的测距，mm；t_1，t_2，t_3，t_5 为相对于测距 L_1，L_2，L_3，L_5 的声时，μs。

混凝土表面损伤层的厚度：$d_f=\dfrac{L_0}{2}\sqrt{\dfrac{v_a-v_f}{v_a+v_f}}$ (8-21)

式中，d_f 为损伤层厚度，mm；L_0 为声速产生突变时的测距，mm；v_a 为未损伤混凝土的声速，(km/s)；v_f 为损伤层混凝土的声速，(km/s)。

超声法检测混凝土缺陷的原理，也可用于混凝土各部位的相对均匀性的检测。检测时，测点布置应均匀，间距一般为 200～500 mm，然后，根据各测点声速均匀性(用标准差和离差系数判断)来判断混凝土的均匀性。

5 建筑结构可靠性鉴定

5.1 鉴定目的和分类

结构可靠性是指结构在规定的时间内、规定的条件下，完成预定功能的能力。它包括安全性、适用性和耐久性。结构可靠性鉴定就是根据现场调查和检测结果对结构安全性和使用性进行鉴定，然后根据安全性鉴定和使用性鉴定结果对结构可靠性进行评级。

在下列情况下，应进行结构的可靠性鉴定：

(1)建筑物大修前的全面检查；

(2)重要建筑物的定期检查；

(3)建筑物改变用途或使用条件的鉴定；

(4)建筑物超过设计基准期继续使用的鉴定；

(5)为制订建筑群维修改造规划而进行的普查。

如果鉴定的目的是针对危房鉴定、房屋改造、延长结构使用期或使用性鉴定中发现有安全问题，则可仅进行安全性鉴定。如果鉴定的目的是建筑物日常维护检查、使用功能鉴定或有特殊使用要求的专门鉴定，则可仅进行正常使用性鉴定。

5.2 鉴定方法和标准

结构可靠性鉴定方法主要有传统经验法、综合鉴定法和概率法。在工程实践中，我国目前主要采用的是综合鉴定法。

(1)传统经验法：采用实际调查取得的荷载和经验判断的结构材料强度，对原设计采用的规范依据、理论公式和计算图形加以分析，评定结构与实际差异的一种经验评定法。

(2)综合鉴定法：采用实际调查取得的荷载和试验取得的结构材料强度，对结构进行计算分析，按规范或规程要求进行多级综合性鉴定的一种方法。

(3)概率法：运用概率论和数理统计原理，采用非定值理论对已建结构可靠性进行评价和鉴定。

5.3 鉴定程序和内容

5.3.1 鉴定程序

结构可靠性鉴定，首先应根据委托方提出的鉴定原因和要求，进行初步调查，然后确定鉴定的目的、范围和内容，具体鉴定程序框图见图 8-12。

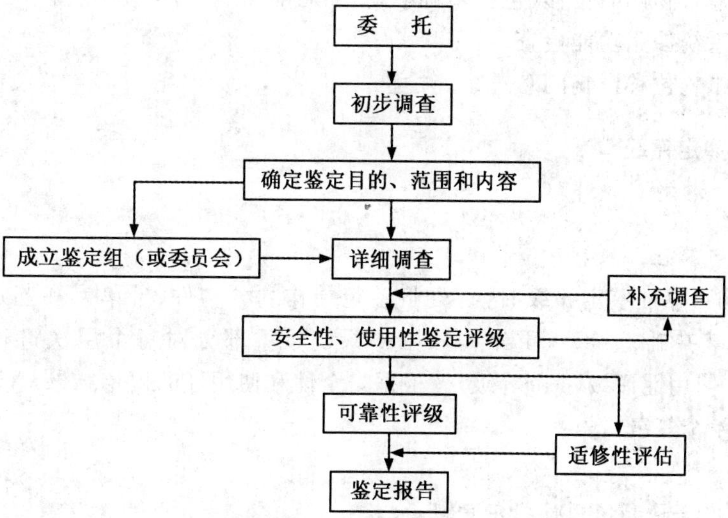

图 8-12　鉴定程序

5.3.2 初步调查

初步调查包括下列基本工作内容：

(1)图纸及施工资料：如岩土工程勘察报告、设计计算书、设计变更记录、施工图、施工及施工变更记录、竣工图、竣工质检及验收文件(包括隐蔽工程验收记录)、定点观测记录、事故处理报告、维修记录、历次加固改造图纸等。

(2)建筑物历史：如原始施工、历次修缮、改造、用途变更、使用条件改变以及受灾等情况。

(3)考察现场：按资料核对实物，调查建筑物实际使用条件和内外环境；查看已发现的问题，听取有关人员的意见等。

(4)填写初步调查表。

(5)制订详细调查计划及检测、试验工作大纲，并提出需由委托方完成的准备工作。

5.3.3 详细调查

详细调查可根据实际需要选择下列工作内容：

(1)结构基本情况勘查：结构布置及结构形式；圈梁、支撑布置；结构及其支承构造；构件及其连接构造；结构及其细部尺寸，其他有关的几何参数。

(2)结构使用条件调查核实：作用、环境、使用史。

(3)地基基础检查：场地类别与地基土、地基稳定性(斜坡)、地基变形，或其在上部结构中的反应；评估地基承载力的原位测试及室内物理力学性质试验；基础和桩的工作状态。其他因素(如地下水抽降、地基浸水、水质、土壤腐蚀的影响或作用)。

(4)材料性能检测分析：结构构件材料；连接材料；其他材料。

(5)承重结构检查：构件及其连接工作情况；结构支承工作情况；建筑物的裂缝分布；结构整体性；建筑物侧向位移(包括基础移动)和局部变形；结构动力特性。

(6)围护系统使用功能检查。

(7)易受结构位移影响的管道系统检查。

5.4 可靠性鉴定评级

5.4.1 可靠性评级程序

进行结构可靠性鉴定评级时，首先将鉴定结构划分构件、子单元和鉴定单元 3 个层次，然后按地基基础、上部承重结构和围护系统承重部分对每个层次进行安全性评级(4 个等级)和使用性评级(3 个等级)。根据安全性和使用性的评定结果，评定每个层次的可靠性等级(4 个等级)。

5.4.2 安全性和使用性鉴定评级

在进行民用建筑结构安全性和正常使用性的鉴定评级时，首先应该把鉴定结构划分为构件、子单元和鉴定单元(结构整体或独立区段)3 个层次，然后再把每个层次按地基基础、上部承重结构和维护系统承重部分进行鉴定评级。每一层次评定分为 4 个安全性等级和 3 个使用性等级(表 8-2)，分别按构件、子单元和鉴定单元顺序进行，从第一层次开始，分层进行。

表 8-2　安全性和使用性鉴定评级的等级划分

层次		构件	子单元	鉴定单元
安全性鉴定等级	地基基础	a_u, b_u, c_u, d_u	A_u, B_u, C_u, D_u	$A_{su}, B_{su}, C_{su}, D_{su}$
	上部承重结构			
	围护系统承重部分			
正常使用性等级	地基基础	a_s, b_s, c_s	A_s, B_s, C_s	A_{ss}, B_{ss}, C_{ss}
	上部承重结构			
	围护系统承重部分			

(1)构件评级：根据构件各检查项目的评定结果，确定单个构件等级；

(2)子单元评级：根据子单元各检查项目及各种构件的评定结果，确定子单元等级；

(3)鉴定单元评级：根据各子单元的评定结果，确定鉴定单元等级。

结构安全性鉴定评级 4 个等级的标准大致为：

(1)一级：具有足够的承载力，满足设计规范要求；不必采取措施。

(2)二级：略低于一级标准要求，尚不显著影响承载力；可采取措施。

(3)三级：不符合一级标准要求，显著影响结构承载力；应采取加固或补救措施。

(3)四级：不符合一级标准要求，严重影响结构承载力；必须立即采取措施。

结构正常使用性鉴定评级 3 个等级的标准大致为：

(1)一级：具有正常的使用功能，满足设计规范要求；不必采取措施。

(2)二级：略低于一级标准要求，尚不显著影响使用功能；可不采取措施。

(3)三级：不符合一级标准要求，显著影响使用功能；应采取加固或补救措施。

5.4.3 可靠性鉴定评级

各层次可靠性鉴定评级，应以该层次安全性和正常使用性的评定结果为依据综合确定，每一层次的可靠性等级分为 4 个等级，如表 8-3 所示。可靠性鉴定的分级标准大致为：

(1)一级：满足设计规范要求的承载力和正常使用功能；不必采取措施。

(2)二级：可靠性略低于一级标准要求，但不显著影响结构承载力和正常使用功能，一般可不作处理，少数构件要处理。

(3)三级：可靠性不满足一级要求，显著影响结构承载力功能和使用功能，但有一定储备不致立即发生危险，需要采取加固或补救措施。

(4)四级：不满足一级要求，严重影响安全，必须立即采取措施。

表 8-3 可靠性鉴定等级划分层次

等级	构件	子单元	鉴定单元
地基基础	a_u，b_u，c_u，d_u	A_u，B_u，C_u，D_u	Ⅰ，Ⅱ，Ⅲ，Ⅳ
上部承重结构			
围护系统承重部分			

5.4.4 结构适修性评级

结构适修性评级分为 4 个等级，评定时应按每种构件、每一子单元和鉴定单元分别进行，且评估结果应以不同的适修性等级表示。构件和子单元评为 a_u，b_u，c_u，d_u 和 A_u，B_u，C_u，D_u；鉴定单元评为 A_{su}，B_{su}，C_{su}、D_{su}；分别表示的适修性程度大概对应为易加固，稍难加固，较难加固以及已严重残损、适修性很差。结构适修性评级标准见表 8-4。

表 8-4　结构适修性评级标准

层次	鉴定对象	等级	分级标准	处理要求
一	单个构件或其检查项目	a_u	安全性符合本标准对 a_u 级的要求，具有足够的承载能力	不必采取措施
		b_u	安全性略低于本标准对 a_u 的要求，尚不显著影响承载能力	可不采取措施
		c_u	安全性不符合本标准对 a_u 级的要求，显著影响承载能力	应采取措施
		d_u	安全性极不符合本标准对 a_u 级的要求，已严重影响承载能力	必须及时或立即采取措施
二	子单元的检查项目	A_u	安全性符合本标准对级的要求，具有足够的承载能力	不必采取措施
		B_u	安全性略低于本标准对 A_u 的要求，尚不显著影响承载能力	可不采取措施
		C_u	安全性不符合本标准对 A_u 级的要求，显著影响承载能力	应采取措施
		D_u	安全性极不符合本标准对 A_u 级的要求，已严重影响承载能力	必须及时或立即采取措施
	子单元中的每种构件	A_u	安全性符合本标准对 A_u 级的要求，不影响整体承载	可不采取措施
		B_u	安全性略低于本标准对 A_u 的要求，尚不显著影响整体承载	可能有极个别构件应采取措施
		C_u	安全性不符合本标准对 A_u 级的要求，显著影响整体承载	应采取措施，且可能有个别构件必须立即采取措施
		D_u	安全性极不符合本标准对 A_u 级的要求，已严重影响整体承载	必须立即采取措施
	子单元	A_u	安全性符合本标准对 A_u 级的要求，不影响整体承载	可能有个别一般构件应采取措施
		B_u	安全性略低于本标准对 A_u 的要求，尚不显著影响整体承载	可能有极少数构件应采取措施
		C_u	安全性不符合本标准对 A_u 级的要求，显著影响整体承载	应采取措施，且可能有极少数构件必须立即采取措施
		D_u	安全性极不符合本标准对 A_u 级的要求，严重影响整体承载	必须立即采取措施
三	鉴定单元	A_{su}	安全性符合本标准对 A_{su} 级的要求，不影响整体承载	可能有极少数一般构件应采取措施
		B_{su}	安全性略低于本标准对 A_{su} 的要求，尚不显著影响整体承载	可能有极少数构件应采取措施
		C_{su}	安全性不符合本标准对 A_{su} 级的要求，显著影响整体承载	应采取措施，且可能有少数构件必须立即采取措施
		D_{su}	安全性严重不符合本标准对 A_{su} 级的要求，严重影响整体承载	必须立即采取措施

5.5 构件安全性鉴定评级

构件安全性鉴定评级，应根据构件的不同种类，按照构件的承载力、构造和不适于继续承载的变形及裂缝进行鉴定评级，取其中最低一级作为该构件安全性等级。

(1)混凝土结构构件的安全性鉴定。混凝土结构构件的安全性鉴定，应按承载能力、构造以及不适于继续承载的位移(或变形)和裂缝四个检查项目，分别评定每一受检构件的等级，并取其中最低一级作为该构件安全性等级。

(2)钢结构构件的安全性鉴定。钢结构构件的安全性鉴定，应按承载能力、构造以及不适于继续承载的位移(或变形)等三个检查项目，分别评定每一受检构件等级；对冷弯薄壁型钢结构、轻钢结构、钢桩以及处于有腐蚀性介质的工业区，或高湿、临海地区的钢结构，尚应以不适于继续承载的锈蚀作为检查项目评定其等级；然后取其中最低一级作为该构件的安全性等级。

(3)砌体结构构件的安全性鉴定。砌体结构构件的安全性鉴定，应按承载能力、构造以及不适于继续承载的位移和裂缝四个检查项目，分别评定每一受检构件等级，并取其中最低一级作为该构件的安全性等级。

(4)木结构构件的安全性鉴定。木结构构件的安全性鉴定应按承载能力、构造、不适于继续承载的位移(或变形)和裂缝以及危险性的腐朽和虫蛀等六个检查项目，分别评定每一受检构件的等级，并取其中最低一级作为该构件的安全性等级。

下面以混凝土结构构件的安全性鉴定为例加以说明。

对于承载能力和构造鉴定评级，根据表 8-5 和表 8-6 的规定分别评定每一受检构件的等级，并取其中最低一级作为该构件安全性等级。

表 8-5　混凝土结构构件承载能力等级评定

构件类别	$R/\gamma_0 S$			
	a_u 级	b_u 级	c_u 级	d_u 级
主要构件	≥1.0	≥0.95 且<1	≥0.90 且<0.95	<0.90
一般构件	≥1.0	≥0.90 且<1	≥0.85 且<0.90	<0.85

表 8-6　混凝土结构构件构造等级评定

检查项目	a_u 级或 b_u 级	c_u 级或 d_u 级
连接(或节点)构造	连接正确，构造符合国家现行设计规范要求，无缺陷，或仅有局部的表面缺陷，工作无异常	连接方式不当，构造有严重缺陷，已导致焊缝或螺栓等发生明显变形、滑移、局部拉脱、剪坏或裂缝
受力预埋件	构造合理，受力可靠，无变形、滑移、松动或其他损坏	构造有严重缺陷，已导致预埋件发生明显变形、滑移、松动或其他损坏

对于按不适于继续承载的变形评定时，应按下列规定进行：

(1)桁架(屋架、托架)的实测挠度大于其计算跨度的 1/400 时，应按表 8-5 验算其承载能力。验算时，应考虑由位移产生的附加应力的影响，并按下列原则评级：

①若验算结果不低于 b_u 级，仍可定为 b_u 级，但宜附加“观察使用一段时间”的限制。

②若验算结果低于 b_u 级，可根据其实际严重程度定为 c_u 级或 d_u 级。

(2)对其他受弯构件的挠度或施工偏差造成的侧向弯曲，应按表 8-7 的规定评级。

表 8-7　混凝土结构构件不适于继续承载的变形评定

检查项目	构件类别		c_u 级或 d_u 级
挠度	主要受弯构件——主梁、托梁等		$>l_0/250$
	一般受弯构件	$l_0 \leqslant 9$ m	$>l_0/150$ 或 >45 mm
		$l_0 > 9$ m	$>l_0/200$
侧向弯曲的矢高	预制屋面梁、桁架或深梁		$>l_0/500$

(3)对柱顶的水平位移(或倾斜)，当其实测值大于表 8-8 所列的限值时，取与该表上部承重结构相同的级别作为该柱的水平位移等级。若该位移尚在发展，应直接定为D 级。

表 8-8　各类结构不适于继续承载的侧向位移评定

检查项目	结构类别				顶点位移	层间位移
					C_u 级或 D_u 级	C_u 级或 D_u 级
结构平面内的侧向位移	混凝土结构或钢结构	单层建筑			$>H/400$	—
		多层建筑			$>H/450$	$>H_i/350$
		高层建筑	框架		$>H/550$	$>H_i/450$
			框架剪力墙		$>H/700$	$>H_i/600$
	砌体结构	单层建筑	墙	$H \leqslant 7$ m	>25 mm	—
				$H > 7$ m	$>H/280$ 或 >50 mm	—
			柱	$H \leqslant 7$ m	>20 mm	—
				$H > 7$ m	$>H/350$ 或 >40 mm	—
		多层建筑	墙	$H \leqslant 10$ m	>40 mm	$>H_i/100$ 或 >20 mm
				$H > 10$ m	$>H/250$ 或 >90 mm	
			柱	$H \leqslant 10$ m	>30 mm	$>H_i/150$ 或 >15 mm
				$H > 10$ m	$>H/330$ 或 >70 mm	
单层排架平面外侧倾					$>H/750$ 或 >30 mm	—

5.6 构件正常使用性鉴定评级

构件正常使用性鉴定评级，应根据结构构件的不同材料种类，按照构件的位移、裂缝(锈蚀)检查项目进行鉴定评级，取其中最低一级作为该构件的正常使用性等级。

(1)混凝土结构构件的正常使用性鉴定。混凝土结构构件的正常使用性鉴定，应按位移和裂缝两个检查项目，分别评定每一受检构件的等级，并取其中较低一级作为该构件使用等级(混凝土结构构件碳化深度的测定结果，主要用于鉴定分析，不参与评级。但若构件主筋已处于碳化区内，则应在鉴定报告中指出，并应结合其他项目的检测结果提出处理的建议)。

(2)钢结构构件的正常使用性鉴定。钢结构构件的正常使用性鉴定，应按位移和锈蚀(腐蚀)两个检查项目，分别评定每一受检构件的等级，并以其中较低一级作为该构件使用性等级。对钢结构受拉构件，尚应以长细比作为检查项目参与上述评级。

(3)砌体结构构件的正常使用性鉴定。砌体结构构件的正常使用性鉴定，应按位移、非受力裂缝和风化(或粉化)三个检查项目，分别评定每一受检构件的等级，并取其中最低一级作为该构件使用性等级。

(4)木结构构件的正常使用性鉴定。木结构构件的正常使用性鉴定，应按位移、干缩裂缝和初期腐朽三个检查项目的检测结果，分别评定每一受检构件的等级，并取其中最低一级作为该构件的使用性等级。

5.7 子单元安全性鉴定评级

子单元安全性鉴定评级属于民用建筑安全性的第二层次鉴定评级，应按地基基础(含桩基和桩)、上部承重结构和围护系统承重部分进行鉴定评级。

5.7.1 地基基础

地基基础的安全性鉴定，包括地基、桩基和斜坡三个检查项目。一般情况下，宜根据地基、桩基沉降观测资料或其不均匀沉降对上部结构影响的检查结果进行鉴定评级，如条件许可也可按地基、桩基承载力进行鉴定评级(包括软弱下卧层地基承载能力验算和地基稳定性验算)。最后，地基基础的安全性等级根据地基基础(或桩基、桩身)和地基稳定性的评定结果，按其中最低一级确定。地基基础安全性评级标准见表 8-9。

(1)按地基变形(建筑物沉降)或沉降裂缝的检查结果评定时，应按下列规定评级：

A_s 级：不均匀沉降小于现行国家标准《建筑地基基础设计规范》规定的允许沉降差；或建筑物无沉降裂缝、变形或位移。

B_s 级：不均匀沉降不大于现行国家标准《建筑地基基础设计规范》规定的允许沉降差，且连续 2 个月地基沉降速度小于 2 mm/月；或建筑物上部结构砌体部分虽有轻微裂缝，但无发展迹象。

C_s 级：不均匀沉降大于现行国家标准《建筑地基基础设计规范》规定的允许沉降差，或连续两个月地基沉降速度大于 2 mm/月；或建筑物上部结构砌体部分出现宽度大于 5 mm 的沉降裂缝，预制构件之间的连接部位出现宽度大于 1 mm 的沉降裂缝，且沉降裂缝短期内无终止趋势。

表 8-9　地基基础安全性评级

等级	多层及高层房屋	单层房屋
A_s	在该种构件中，不含 c_s 级和 d_s 级，可含 b_s 级，但一个子单元含有 b_s 级的楼层数不多于 $(\sqrt{m}/m)\%$，每一楼层的 b_s 级含量不多于 25%，且任一轴线（或任一跨）上的 b_s 级含量不多于该轴线（或该跨）构件数的 1/3	在该种构件中不含 c_s 级和 d_s 级，可含 b_s 级，但一个子单元的含量不多于 30%，且任一轴线（或任一跨）上的 b_s 级含量不多于该轴线（或该跨）构件数的 1/3
B_s	在该种构件中，不含 d_s 级，可含 c_s 级，但一个子单元含有 c_s 级的楼层数不多于 $(\sqrt{m}/m)\%$，每一楼层的 c_s 级含量不多于 15%，且任一轴线（或任一跨）上的 c_s 级含量不多于该轴线（或该跨）构件数的 1/3	在该种构件中不含 d_s 级可含 c_s 级，但一个子单元的含量不多于 20%，且任一轴线（或任一跨）上的 c_s 级含量不多于该轴线（或该跨）构件数的 1/3
C_s	在该种构件中，可含 d_s 级，但一个子单元含有 d_s 级的楼层数不多于 $(\sqrt{m}/m)\%$，每一楼层的 d_s 级含量不多于 5%，且任一轴线（或任一跨）上的 d_s 级含量不多于该轴线（或该跨）构件数的 1 个	在该种构件中可含 d_s 级（单跨及双跨房屋除外），但一个子单元的含量不多于 7.5%，且任一轴线（或任一跨）上的 d_s 级含量不多于 1 个
D_s	在该种构件中，d_s 级的含量或其分布多于 c_s 级的规定数	在该种构件中，d_s 级的含量或其分布多于 c_s 级的规定数

注：规范指现行《建筑地基基础设计规范》和《建筑桩基技术规范》

D_s 级：不均匀沉降远大于现行国家标准《建筑地基基础设计规范》规定的允许沉降差，连续 2 个月地基沉降速度大于 2 mm/月，且尚有变快趋势；或建筑物上部结构的沉降裂缝发展明显，砌体的裂缝宽度大于 10 mm，预制构件之间的连接部位的裂缝大于3 mm；现浇结构个别部位也已开始出现沉降裂缝。

(2)按地基承载能力评定时。采用下列标准评级：

①当承载能力符合现行国家标准《建筑地基基础设计规范》或现行行业标准《建筑桩基技术规范》的要求时，可根据建筑物的完好程度评为 A_s 级或 B_s 级。

②当承载能力符合现行国家标准《建筑地基基础设计规范》或现行行业标准《建筑桩基技术规范》的要求时，可根据建筑物损坏的严重程度评为 C_s 级或 D_s 级。

(3)当地基基础（或桩基础）的安全性按基础（或桩）评定时，宜根据下列原则进行鉴定评级：

①对浅埋的基础或桩，宜根据抽样或全数开挖的检查结果，按同类材料结构主要构件的有关项目评定每一受检基础或单桩的等级，并按样本中所含的各个等级基础（或桩）的百分比，按下列原则评定该种基础或桩的安全性等级：

A_s 级：不含 c_s 级及 d_s 级基础（或单桩），可含 b_s 级基础（或单桩）。但含量不大于 15%。

B_s 级：不含 d_s 级基础(或单桩)，可含 c_s 级基础(或单桩)，但含量不大于15%。

C_s 级：可含 d_s 级基础(或单桩)，但含量不大于5%。

D_s 级：d_s 级基础(或单桩)的含量大于5%。

②对深基础(或深桩)，宜通过计算分析进行评定：承载能力(或质量)计算结果符合现行有关国家规范要求.可根据其开挖部分的完好程度定为 A_s 级或 B_s 级；若承载能力(或质量)不符合现行有关国家规范的要求，可根据其开挖部分所发现问题的严重程度定为 C_s 级或 D_s 级。

③在下列情况下，可不经开挖检查而直接评定一种基础(或桩)的安全性等级：当地基(或桩基)的安全性等级已评为 A_s 级或 B_s 级，且建筑场地的环境正常时，可取与地基(或桩基)相同的等级；当地基(或桩基)的安全性等级已评为 C_s 级或 D_s 级，且根据经验可以判断基础或桩已损坏时，可取与地基(或桩基)相同的等级。

(4)地基基础安全性按地基稳定性(斜坡)评级时，评级标准为：

A_s 级：地基稳定，无滑动迹象及滑动史。

B_s 级：地基在历史上曾有过局部滑动，治理后已停止滑动，近期评估表明在一般情况下不会再滑动。

C_s 级：地基在历史上发生过滑动，目前虽已停止滑动，但若触动诱发因素。今后仍有可能再滑动。

D_s 级：建筑场地地基在历史上发生过滑动，目前又有滑动或滑动迹象。

5.7.2　上部承重结构

(1)上部承重结构的安全性鉴定。上部承重结构的安全性鉴定评级，应根据其所含各种构件的安全性等级、结构的整体性等级以及结构侧向位移等级进行确定。具体地讲，分三个步骤进行。

第一步：根据构件安全性评定结果中，不同安全等级，构件的数量和所占比例，评定各种主要构件和各种一般构件的安全性等级；

第二步：根据结构布置、支承系统、圈梁构造和结构间的联系，评定结构整体性的安全等级；

第三步：根据结构侧向位移的检测结果和不适于继续承载的变形限值，评定结构侧向位移的安全等级。

(2)结构整体性等级评定。如表8-10所示。当评定结构整体性等级时先对结构布置、支撑系坑、圈梁构造和结构间的联系进行评级。然后按下列原则确定该结构整体性等级：

①若四个检查项目均不低于 B_s 级，可按占多数的等级确定。

②若仅一个检查项目低于 B_s 级，可根据实际情况定为 B_s 级或 C_s 级。

③若不止一个检查项目低于 B_s 级，可根据实际情况定为 C_s 级或 D_s 级。

表 8-10　结构整体性等级的评定表

检查项目	A_s 级或 B_s 级	C_s 级 D_s 级
结构布置、支承系统（或其他抗侧力系统）布置	布置合理、形成完整系统，且结构选型及传力路线设计正确，符合现行设计规范要求	布置不合理，存在薄弱环节，或结构选型、传力路线设计不当，不符合现行设计规范要求
支承系统（或其他抗侧力系统）的构造	构件长细比及连接构造符合现行设计规范要求，无明显残损或施工缺陷，能传递各种侧向作用	构件长细比或连接构造不符合现行设计规范要求，或构件连接已失效或有严重缺陷，不能传递各种侧向作用
圈梁构造	截面尺寸、配筋及材料强度等符合现行设计规范要求，无裂缝或其他残损，能起封闭系统作用	截面尺寸、配筋或材料强度不符合现行设计规范要求，或已开裂，或有其他残损，或不能起封闭系统作用
结构间的联系	设计合理、无疏漏；锚固、连接方式正确，无松动变形或其他残损	设计不合理，多处疏漏；或锚固、连接不当，或已松动变形，或已残损

注：评定结果取 A_s 级或 B_s 级，根据其实际完好程度确定；取 C_s 级或 D_s 级，根据其实际严重程度确定。

5.7.3　围护系统的承重部分

围护系统承重部分的安全性，应根据该系统专设的和参与该系统工作的各种构件的安全性等级，以及该部分结构整体性的安全性等级进行评定。

(1)当评定一种构件的安全性等级时，应根据每一受检构件的评定结果及其构件类别，按上部结构承重构件安全等级评定方法和原则进行评级。

(2)当评定围护系统承重部分的结构整体性时，按上部结构整体性等级评定方法和原则进行评级。

(3)围护系统承重部分的安全性等级，可根据围护结构构件及其结构整体性评定结果，按下列原则确定：

①当仅有 A_s 级和 B_s 级时，按占多数级别确定。

②当含有 C_s 级或 D_s 级时，可按下列规定评级：若 C_s 级或 D_s 级属于主要构件时，按最低等级确定；若 C_s 级或 D_s 级属于一般构件时，可按实际情况，定为 B_s 级或 C_s 级。

③围护系统承重部分的安全性等级，不得高于上部承重结构等级。

5.8　鉴定单元鉴定评级

5.8.1　安全性评级

民用建筑鉴定单元的安全性鉴定评级，应根据地基基础、上部承重结构和围护系统承重部分等的安全性等级，按下列原则确定：

(1) 一般情况下，鉴定单元安全性等级取地基基础和上部承重结构的较低等级。

(2)对于评为 A_{su} 级或 B_{su} 级，但围护系统承重部分的等级为 C_{su} 级或 D_{su} 级时，可根据实际情况降低一级或二级，但不得低于 C_{su} 级。

(3)对下列任一情况，可直接评为D_{su}级建筑：建筑物周围有危房且直接受到其威胁；建筑朝一方向倾斜且速度开始变快。

(4)建筑动力特性与原先记录或理论分析的计算值相比有明显变化（周期显著变长、振型明显改变），可判其承重结构可能有异常，应进一步检查、鉴定后再评级。

5.8.2 使用性评级

民用建筑鉴定单元的正常使用性鉴定评级，应根据地基基础、上部承重结构和围护系统的使用性等级，以及与整幢建筑有关的其他使用功能进行评定。

一般情况，取三个子单元中最低等级作为鉴定单元的使用性等级。对于评为A_{su}级或B_{su}级的鉴定单元，若遇到下列情况之一时，宜将所评等级降为C_{su}级：房屋内外装修已大部分老化或残损；房屋管道、设备已需全部更新。

5.9 民用建筑可靠性评级

民用建筑的可靠性鉴定。按构件、子单元、鉴定单元三个层次，以安全性和正常使用性的鉴定结果为依据逐层进行。

(1)当不要求给出可靠性等级时，民用建筑各层次的可靠性，可采取直接列出其安全性等级和使用性等级的形式予以表示。

(2)当需要给出民用建筑各层次的可靠性等级时，可根据其安全性和正常使用性的评定结果，按下列原则确定：

①当该层次安全性等级低于b_u级、B_u级或B_{su}级时，应按安全性等级确定。

②除上述情形外，可按安全性等级和正常使用性等级中较低等级确定。

③当考虑鉴定对象的重要性或特殊性时，允许对第②条的评定结果作不大于一级的调整。

5.10 民用建筑适修性评估

在民用建筑可靠性鉴定中，若委托方要求对C_{su}级和D_{su}级鉴定单元，或C_u级和D_u级子单元（或其中某种构件）的处理提出建议时，宜对其适修性进行评估。

适修性评估按下列处理原则提出具体建议：

(1)对评为A_s、B_s或A'_r、B'_r的鉴定单元和子单元（或其中某种构件），应予以修复使用。

(2)对评为C_r的鉴定单元和C'_r子单元（或其中某种构件），应分别作出修复与拆换两方案，经经验评估后再作选择。

(3)对评为C_{su}-D_r、D_{su}-D_r和C_u-D'_r、D_u-D_r的鉴定单元和子单元（或其中某种构件），宜考虑拆换或重建。

(4)对有纪念意义或有文物、历史、艺术价值的建筑物，不进行适修性评估，而应予以修复和保存。

5.11 鉴定报告

结构可靠性鉴定工作完成后，应提出鉴定报告。鉴定报告内容为：

(1)工程概况:基本情况(结构形式、层数、面积、建造时间等)调查表。

(2)鉴定目的:存在问题,鉴定目的。

(3)鉴定依据:检测鉴定相关规范、规程及标准等。

(4)鉴定内容:根据委托和结构具体情况,确定检测鉴定内容。

(5)仪器设备:仪器编号、仪器名称、型号规格、量程精度、检定证书编号及有效期。

(6)检测方法:检测参数的测试方法。

(7)检测方案:单元及测区划分、测点布置及编号。

(8)检测结果:各类构件检查检测结果及相应评级,给出评级表及构件编号平面图。

(9)鉴定评级:根据构件评级表进行单元评级,然后确定结构鉴定评级,给出评级表,并给出 c_u 级、d_u 级构件及 C_u 级和 D_u 级构件分布图。

(10)结论与建议:结构鉴定评级等级和处理建议。

(11)附录:检查检测照片、必要的结构分析结果等。

在鉴定报告中,应对安全性评级为 c_u 级、d_u 级构件及 C_u 级和 D_u 级检查项目的数量、所处位置及其处理建议,逐一作出详细说明,复杂时尚应绘制分布图。对于使用性鉴定中发现 c_u 级构件或 C_u 级项目已严重影响建筑物的使用功能时,也应按上述要求,在鉴定报告中作出说明。对于承重结构或构件的安全性问题,可根据其严重程度和具体情况采取相应的处理措施:

(1)减少结构上的荷载;

(2)加固或更换构件;

(3)临时支撑;

(4)停止使用;

(5)拆除部分结构或全部结构。

对于承重结构或构件的使用性问题,可根据实际情况有选择地采取下列措施:

(1)考虑经济因素而接受现状;

(2)考虑耐久性要求而进行修补、封护或化学药剂处理;

(3)改变使用条件或改变用途;

(4)全面或局部修缮、更新;

(5)进行现代化改造。

参考文献

[1] 王谦源,陈凡秀,韩明岚,等.工程力学实验教程[M].北京:科学出版社,2008.

[2] 李永信.材料力学实验指导[M].武汉:武汉理工大学出版社,2012.

[3] 熊丽霞,吴庆华.材料力学实验[M].北京:科学出版社,2006.

[4] 中华人民共和国国家质量监督检验检疫总局.GB 1499.1—2008.钢筋混凝土用钢 第1部分:热轧光圆钢筋[S].北京:中国标准出版社,2008.

[5] 中华人民共和国国家质量监督检验检疫总局.GB 1499.2—2007.钢筋混凝土用钢 第2部分:热轧带肋钢筋[S].北京:中国标准出版社,2007.

[6] 中华人民共和国国家质量监督检验检疫总局.GB/T 228.1—2010.金属材料 拉伸试验 第1部分:室温试验方法[S].北京:中国标准出版社,2010.

[7] 中华人民共和国国家质量监督检验检疫总局.GB/T 232—2010.金属材料 弯曲试验方法[S].北京:中国标准出版社,2010.

[8] 国家标准化管理委员会.GB/T 8170—2008.数值修约规则与极限数值的表示和判定[S].北京:中国标准出版社,2006.

[9] 过静君.土木工程测量[M].北京:中国建筑工业出版社,2000.

[10] 张正禄.工程测量学[M].武汉:武汉大学出版社,2002.

[11] 中华人民共和国建设部.GB 50026—2007.工程测量规范[S].北京:中国计划出版社,2007.

[12] 中华人民共和国国家质量监督检验检疫总局.GB 175—2007.通用硅酸盐水泥[S].北京:中国标准出版社,2007.

[13] 中华人民共和国国家质量监督检验检疫总局.GB/T 8074—2008.水泥比表面积测定方法 勃氏法[S].北京:中国标准出版社,2008.

[14] 中华人民共和国国家质量监督检验检疫总局.GB/T 208—2014.水泥密度测定方法[S].北京:中国标准出版社,2014.

[15] 中华人民共和国国家质量监督检验检疫总局.GB/T 1346—2011.水泥标准稠度用水量、凝结时间、安定性检验方法[S].北京:中国标准出版社,2011.

[16] 中华人民共和国建设部.GB/T 50080—2002.普通混凝土拌合物性能试验方法标准[S].北京:中国建筑工业出版社,2002.

[17] 中华人民共和国国家质量监督检验检疫总局.GB/T 14685—2011.建设用卵石、碎石[S].北京:中国标准出版社,2011.

[18] 中华人民共和国国家质量监督检验检疫总局.GB/T 14684—2011.建设用砂[S].北京:中国标准出版社,2011.

[19] 中华人民共和国国家质量监督检验检疫总局.GB/T 50081—2002.普通混凝土力学性能试验方法标准[S].北京:中国建筑工业出版社,2002.

[20] 贺五洲，陈嘉范，李春华，等. 水力学实验[M]. 北京：清华大学出版社，2004.
[21] 毛根海. 应用流体力学实验[M]. 北京：高等教育出版社，2008.
[22] 赵振兴，何建京. 水力学实验[M]. 南京：河海大学出版社，2001.
[23] 杨小亭，冯彩风，李琼. 水力学实验[M]. 北京：中国水利水电出版社，2008.
[24] 张志昌. 水力学实验[M]. 北京：机械工业出版社，2006.
[25] 中华人民共和国住房和城乡建设部. GB 50010—2010. 混凝土结构设计规范[S]. 北京：中国建筑工业出版社，2010.
[26] 中华人民共和国住房和城乡建设部. GB 50204—2015. 混凝土结构工程施工质量验收规范[S]. 北京：中国建筑工业出版社，2015.
[27] 王天稳. 土木工程结构试验[M]. 3 版. 武汉：武汉理工大学出版社，2013.